JN412424

CASBEE™ 마을 만들기

건축물 종합환경성능 평가시스템

● 평가매뉴얼

재단법인 건축환경 · 에너지절약기구 편

최정민 · 강순주 공역

건국대학교출판부

역자 서문

'저탄소 녹색성장'이 화두다. 미래의 성장동력이자 경제개발 패러다임으로 급부상하고 있는 친환경! 지속가능한 개발에서 빠뜨릴 수 없는 키워드이다. 전 세계적으로 건축물에 사용되는 에너지는 전체 에너지 소비량의 약 37% 정도로 추계하고 있다. 건축물에 있어서는 에너지 소비를 줄이고 성능을 높이는 것이 중요하므로, 건축물의 환경성능을 종합적인 관점에서 평가하기 위한 시스템은 이러한 목적에서 개발되었다. 잘 알려진 영국의 BREEAM, 미국과 캐나다의 LEED, 국제적인 GB Tool 등이 그것이다.

일본에서도 이러한 움직임에 영향을 받아 2001년부터 (재)건축환경・에너지절약기구에서 독자의 평가시스템인 CASBEE의 개발에 착수하여 2002년 'CASBEE-사무소판'을 내놓았다. 이를 시작으로 〈주택 부문〉, 〈건축 부문〉, 〈마을 만들기 부문〉 등 크게 세 부문의 영역을 설정하여 분야별 다양한 평가툴을 개발하여 내놓고 있다. 본 역서는 이 중에서 〈마을 만들기 부문〉에 있는 'CASBEE-마을 만들기' 평가매뉴얼을 한국어로 번역한 것이다.

CASBEE-마을 만들기는 개별 건축물이 아니라 가구(block)나 지구(district) 단위에서 복수의 건축물군(群)으로 이루어진 일정 규모의 프로젝트를 대상으로 환경성능을 평가한다는 점이 특징이라고 할 수 있다. 지구 전체의 외부공간 환경성능, 공공성에 관한 성능, 면적 에너지 도입에 따른 부하 삭감 등 도시 차원의 환경성능의 평가에 착안하고 있으므로, 각종 시가지재개발사업이나 도시재생 등의 평가에 적합하다고 하겠다.

향후 환경성능 평가에서 요구되는 것은 개별 분야별 접근뿐만이 아니라 통합적인 접근이므로, 사회 전체의 관점에서 탄소를 저감하려는 노력에 대한 평가가 중요하다. 도시는 그 자체가 대량의 에너지를 소비한다. 이러한 관점에서 본 역서는 우리나라의 도시, 건축, 주거환경 등 다양한 분야에서 종사하는 이들에게 실로 많은 도움이 되기를 기대한다.

2009년 7월

역자 씀

머리말

지속가능성(Sustainability)의 추진은 인류에게 부과된 가장 큰 과제이다. 건축분야에서도 1980년대 후반부터 지속가능 건축의 추진 움직임이 퍼지는 가운데, 영국의 BREEAM(Building Research Establishment Environmental Assessment Method), 북미의 LEED™(Leadership in Energy and Environment Design), 국제적인 GB Tool(Green Building Tool) 등 건축물의 환경성능에 관한 평가수법이 많이 개발되어 폭넓은 관심을 모으고 있다.

일본에서는 2001년 4월에 국토교통성 주택국의 지원을 받아 '건축물의 종합적 환경평가 연구위원회'(사무국 : 재단법인 건축환경・저에너지기구)가 발족되었고, 이후 그 산하에 산관학 공동프로젝트 'Japan・Sustainable・Building・Consortium(JSBC)'가 '건축물 종합환경성능 평가시스템(CASBEE=Comprehensive Assessment System for Building Environmental Efficiency)'의 연구개발에 임하고 있다. CASBEE는 건축물의 환경성능 평가에 있어서 환경품질(Q=Quality)과 외부를 향한 환경부하(L=Load)의 양면을 평가하고, 또한 Q/L에 의해 '건축물의 환경효율(BEE=Building Environmental Efficiency)'이라는 종합적인 평가지표를 정의하는 등 새로운 개념을 도입한 일본 독자의 시스템 툴이다.

CASBEE의 개발 초기부터 그 이념이나 방법론을 살리면서, 개별 건축물뿐만 아니라 건축군으로서의 환경성능평가수법 개발의 중요성이 인식되었다. 그러나 2004년 12월 10일 도시재생본부가 결정한 '도시재생사업을 통한 지구온난화 대책・열섬현상 대책의 전개'에 있어서 '도시재생사업의 환경등급제'를 시도함으로써, 면적, 도시계획적인 프로젝트의 평가에 적용할 수 있는 툴 개발이 요청되는 단계에 이르게 되었다. 그리고 지구 차원에서의 CASBEE 실용화를 목표로 한 연구를 본격화하여, 그 연구결과로서 새로운 툴 'CASBEE-마을 만들기'를 2006년 7월에 발표하였다.

그 이후 곧바로 계획의 초기단계에도 쉽게 대응할 수 있도록 '간이판' 개발에 착수하였으나, 마침 CASBEE 패밀리 전체로서 지구온난화 대책 관련 평가의 명확화를 목적으로 하는 개정 검토에 들어갔기 때문에, 마을 만들기에 있어서도 동일 목적으로 검토하여 여기에 개정・2007년판을 간행하게 되었다.

기존 단일 건축물을 대상으로 하는 CASBEE 툴의 활용과 아울러, 지구(block) 규모의 프로젝트에 대해서도 그 기획・계획・설계・시공・운용 현장에서 CASBEE가 널리 활용되어 지속가능한 마을 만들기 추진에 크게 공헌할 것을 기대한다.

Japan Sustainable Building Consortium(JSBC)

위원장 **무라카미 슈우조**

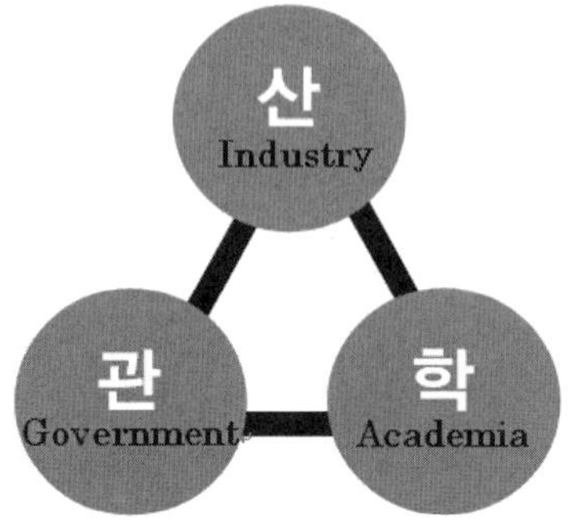

목 차

※영문자 기호의 첨자 UD는 Urban Development에 대응하는 것이다.

PART Ⅰ. CASBEE-마을 만들기의 개요

1. CASBEE-마을 만들기의 구조

1.1 CASBEE란

CASBEE(건축물 종합환경성능 평가시스템)는 건축물을 환경성능으로 평가하여 등급을 설정하는 수법이다. 저에너지나 환경부하가 적은 자재 및 기자재의 사용이라는 환경 배려는 물론, 실내 쾌적성이나 경관에 대한 배려 등을 포함한 건축물 품질을 종합적으로 평가한다. CASBEE에 의한 평가에서는 'S등급(훌륭하다)'부터, 'A등급(상당히 좋다)' 'B^{+}등급(좋다)' 'B^{-}등급(조금 부족하다)' 'C등급(부족하다)'이라는 5단계의 등급 설정이 이루어진다.

CASBEE는 2001년 국토교통성 주도하에 (재)건축환경・저에너지기구 내에 설치된 위원회에서 개발이 추진되고 있으며, 2002년에는 최초의 평가 툴 'CASBEE-오피스판'이, 그 후 2003년 7월에 'CASBEE-신축', 2004년 7월에 'CASBEE-기존', 2005년 7월에는 'CASBEE-리모델링'이 완성되었다. CASBEE의 평가 툴은 ① 건축물의 라이프사이클을 통한 평가가 가능한 것, ② '건축물의 환경품질(Q)'과 '건축물의 환경부하(L)'의 양면에서 평가하는 것, ③ '환경효율'의 발상을 이용하여 새로이 개발된 평가지표 'BEE(건축물의 환경효율, Building Environmental Efficiency)'로 평가한다는 3가지 이념에 근거하여 개발되었다.

CASBEE에는 그림 I.1.1에서 나타낸 것과 같이 라이프사이클에 따른 4가지 기본 툴과 개별 목적에 따른 확장 툴이 있다. 이것들을 총칭하여 'CASBEE 패밀리'라 부르고 있다.

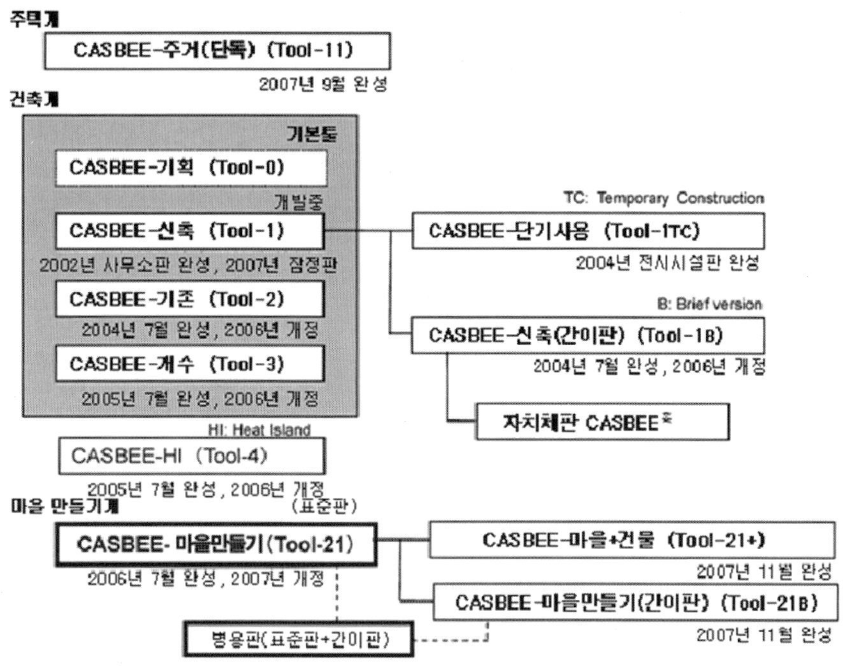

※ CASBEE-나고야(2004. 04 시행), CASBEE-오사카(2004. 10 시행), CASBEE-요코하마(2005. 07 시행) 등 전국의 자치단체에서 도입이 진행되고 있다.

그림 I.1.1 CASBEE 패밀리의 구성

1.2 CASBEE-마을 만들기 개발 목적

기존의 CASBEE는 개별 건축물을 평가대상으로 하고 있으나 CASBEE-마을 만들기에서는 원칙적으로 건축군(建築群)을 대상으로 한다. 그 목적은 '어느 정도 대규모 토지에 있어서 통일적인 정비 의지하에 복수의 건축물로 구성되는 프로젝트를 계획・실행할 시 각 건축물의 환경 배려 설계에 그치지 않고, 건축군으로 새롭게 더욱 충실한 환경 배려 방안과 효과를 명확히 하여, 도시재생・마을재생에 있어 종합적인 환경성능 향상에 이바지한다'는 것에 있다.

또한, 본서에서는 건축군(지구 스케일)을 대상으로 하는 'CASBEE-마을 만들기'와 비교 설명할 시에 편의상 기존의 CASBEE를 'CASBEE(건축 스케일)'로 표기할 때가 있다.

1.3 CASBEE 패밀리에 있어서의 CASBEE-마을 만들기의 위치 설정

CASBEE-마을 만들기는 CASBEE(건축 스케일)의 이념을 계승하여, 평가항목에 있어서도 주로 CASBEE-신축의 Q3[실외환경(택지 내)]와 LR3(택지 외 환경)을 참조하면서 개발한 CASBEE의 확장 툴 중의 하나이다. 단, CASBEE-마을 만들기는 건축물이 집합함에 따라 발생하는 현상 및 건축물의 외부공간에 주목하여, 건축군 총체(지구 스케일)의 환경성능을 평가하기 위한 툴이며, 기존 건축 스케일의 CASBEE와는 독립된 시스템이다. 또한 후술하는 바와 같이 CASBEE-마을 만들기에서는(일부 평가항목에 예외는 있지만) 건축물 내부는 평가대상에서 제외하고 있다.

따라서 ① 'CASBEE-마을 만들기에 의해 어떤 면적개발 전체를 평가한다' 외에, 그 대상구역 내에 존재하는 각각의 건축물에 대하여 ② 'CASBEE(건축 스케일)에 의해 해당 건축물 고유의 환경성능도 평가한다'라는 방법이 가능하다. 이러한 ①과 ②의 평가 결과의 종합표시 방식도 별도 'CASBEE-마을+건물'(이하 '마을+건물'로 표기하는 경우가 있음)로 정하고 있어서 '건축물까지 포함한 "마을 전체"의 평가'의 요청에도 부응하고 있다. 또 CASBEE-마을 만들기의 평가항목에는 건축 스케일에서는 필수적이지 않은 도시・지역계획 분야의 중요한 요소를 도입하고 있기 때문에 단일 건축물이라도 특히 공공성이 높은(사회적 영향이 큰) 프로젝트인 경우에는 '마을+건물'을 활용하여 건축 스케일의 평가와 함께 CASBEE-마을 만들기에 의한 평가도 적용할 것을 추천한다.

온열환경에 관한 평가에 대해서는 CASBEE-마을 만들기에 있어서도 CASBEE-HI(열섬현상)의 수법을 원용하고 있다. 단, 건축과 지구의 스케일 특성의 차이를 감안하여 항목에 따라서는 평가방법이나 평가기준을 적당히 변경하였다.

건축물의 라이프사이클에 대하여 CASBEE(건축 스케일)에서는 기획/신축/기존/개수에 대응한 4가지 기본 툴이 있으나, CASBEE-마을 만들기에서는 당분간 신축용 한 가지 종류의 툴로 대응한다. 라이프사이클의 배려는 평가항목 내에서 대응한다. 단, 기존 마을의 평가에도 본 툴을 활용 가능하도록 하기 위하여 적용조건이나 평가항목의 부분개정 등에 대해서는 계속 검토 중이다.

또한 계획 초기단계에도 쉽게 활용할 수 있도록 CASBEE-신축을 참고하여 간이판도 설정하였다.

1.4 건축군 정비에 관한 여러 제도와의 관계

각 자치단체의 도시계획의 지속가능성 확보 향상에 기여하는 것도 CASBEE-마을 만들기의 목적이며, 각종 지구계획, 단지의 종합적 설계 등의 관계 법령 제도 등의 운용과 연동되는 규칙 정비도 기대된다.

대규모 개발프로젝트에서는 환경종합검토가 필요한 경우가 많으나 CASBEE의 적용은 환경종합검토의 실시를 전제로 하는 것은 아니다. 일반적으로 환경종합검토수법은 해당 프로젝트의 주변환경 저해요인 대책으로, CASBEE 평가로 말하면 LR의 일부를 담당한다. 따라서 CASBEE 평가작업의 실무에 있어 환경종합검토의 성과가 활용되는 것을 저해하는 것은 아니다. 그러나 CASBEE는 지구(地球) 환경문제 대응의 중요성을 염두에 두고, 해당 프로젝트의 환경 측면에서의 장단점을 종합적으로 평가한다는 점에서 환경종합검토와는 이념과 역할이 다르다는 것에 유의할 필요가 있다.

1.5 가상경계의 기본적인 사고방식

CASBEE-마을 만들기는 평가의 방법론이나 구조에 있어서도 기존 CASBEE의 사고방식을 계승 및 원용하고 있다. 즉, 평가되어야 할 면적 정비 프로젝트에 가상경계를 설정하고, 이 가상경계 내부의 환경품질(Q_{UD} : 주로 건축 스케일의 Q3의 영역에 대응)과 가상경계의 외측에 대한 환경부하(L_{UD} : 주로 건축 스케일의 L3 영역에 대응)라는 양 측면에서 평가한다. 단, 건축물 자체의 평가는 기존 CASBEE(건축 스케일)에 의존하는 바가 크므로 원칙적으로는 CASBEE-마을 만들기의 평가대상에 포함될 수 없다.

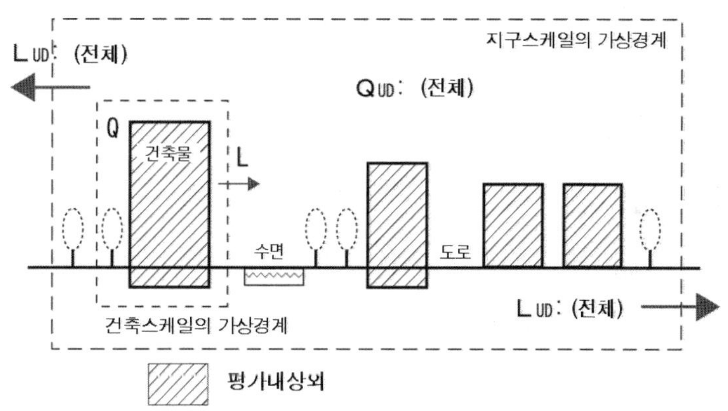

그림 I.1.2 CASBEE-마을 만들기 평가대상의 사고방식

1.6 평가대상 프로젝트의 '대상구역' 설정의 사고방식

1.6.1 기본원칙

가상경계의 설정에 있어서 그 기초가 되는 일련의 공간적 확대(혹은 경계선)의 의미를 '대상구역'이라고 한다. 건축 스케일의 경우는 당연히 '대상구역=해당 프로젝트의 건축부지(부지경계)'이다. 지구 스케일의 경우는 앞서 설명한 '통일적인 정비 의지'를 가장 단적으로 반영하여, 객관적으로 인식하기 쉬운 대상구역으로서 다음과 같은 특징을 갖는다.

1. CASBEE-마을 만들기에 있어서 평가해야 할 프로젝트의 구역 설정은 원칙적으로 해당 프로젝트의 계획・정비에 적용되고 있는 각종 법령・제도・수법 등으로 정해진 계획구역・사업구역 등으로 한다.
2. 여기서 적용이 검토되는 제도・수법으로서, 시가지재개발사업, 토지구획정리사업, 도시재생 특별지구, 각종 지구계획, 단지의 종합적 설계, 연담건축물 설계제도 등이 있다.

3. 단 예외로서, 지구 스케일에서의 종합적 환경성능평가의 관점에서 타당하다고 판단되는 경우에는 상기 구역 외의 근린부분을 평가대상 범위로 하거나, 반대로 상기 구역의 일부를 평가대상 범위에서 제외하는 것도 가능하다. 본 항의 예외를 적용할 경우 평가자는 그 설정 사유를 명시하여야 한다.

1.6.2 사고방식의 배경

1) 가상경계 내부의 환경품질(Q)과 가상경계 외측에 대한 환경부하(L)와의 양 측면에서의 평가라는 CASBEE의 방법론은 건축 스케일의 경우, '부지경계=가상경계'이므로 "부지 내 공간=건물주・설계자 등 해당 건물 관계자에 의해 제어 가능한 '사유재산'으로서의 환경, 부지 외 공간=제어 불가능하나 건물주로서도 배려해야 할 '공유재산'으로서의 환경(공적 환경)"이라는 사고방식과 그대로 연결된다. 즉, 지구환경의 관점까지 포함하여 '사유재산'의 가치를 높이는 반면 '공적 환경'에 대한 부정적 영향은 가능한 억제하려는 활동을 평가하는 CASBEE 이념과 일치하고 있다.

2) 지구 스케일의 경우, 일반적으로는 평가해야 할 프로젝트가 여러 건축부지를 포함하고, 부지 상호간에 도로 등 '공적 환경'이 존재하는 형태이다. 따라서 건축 스케일에서의 구역 설정의 사고방식(건축부지=대상구역)을 그대로 적용하여도 일련의 시가지환경이나 지역환경을 평가하는 취지에서 쉽게 벗어나지 않는다.

3) 오히려 해당 프로젝트의 근거법령 등에 의하여 소정의 절차를 거쳐 결정된 구역을 채용하면 행정관계자나 건설당사자 쌍방이 합의한 구역이며, 일반적으로 보아도 명확히 알기 쉽다.

4) 이상에 따라 상술한 기본원칙 1.과 같이 하였으나, 이렇게 하면 평가대상구역 내에 '공적 환경'이 포함되어 1)과 같은 명확한 대응은 인정하기 어려워진다. (예를 들어, 도시재개발법에 근거한 시가지재개발사업의 사업구역은 시설건축물 부지뿐만이 아니라 주변의 도로도 부분적으로 포함하여 도시계획이 결정되는 것이 일반적이다. 단, 기본원칙 2.에서 예시하는 여러 제도에는, 도로 등의 비건축부지를 포함한 대상구역이 되는 제도와 전적으로 건축부지만이 대상구역이 되는 제도가 혼재하고 있다.)

5) 그러나 이런 식으로 대상구역에 포함되는 '공적 환경'을 소위 'semi private/semi public한 공간'으로 위상매김하여, 이 부분에 대하여 해당 프로젝트 관계자가 주인의식을 가지고 환경품질・성능을 높이기 위한 노력을 한다면, 주변을 포함한 지역 전체로서의 종합적 환경품질・성능 향상에 대하여 기존 건축 스케일과 다른 차원의 효과와 공헌을 기대할 수 있다.

6) 기본원칙 3.의 단서는 동 1.의 법령 등에서 정해진 구역의 외부라 할지라도 해당 구역과 계획단계에 있어서 지리적, 사회적으로 연속성이 있거나 또는 상위 계획 등의 자리 매김에 있어 일체적으로 취급하는 것이 적절한 경우에는 그 구역 외의 인접부분을 평가대상 범위에 포함시키는 것이 가능하다. [예를 들어, 평가하려는 신시가지개발사업의 구역이 하천에 접하고 있으며 해당 개발사업과 동시에 고규격 제방(초대형 제방)정비사업도 동시에 시행하는 경우에는 양 사업을 합쳐 하나의 대상구역으로 간주하여 평가하는 것을 가정한 것이다] 한편, 구획정리사업 실시 구역이나 지구계획의 구역이 너무나 광범위하여 평가하려는 프로젝트의 범위를 넘는 경우는 기본원칙 1.의 법령 등에 정해진 구역에 따르지 않고 대상구역을 설정하는 것도 검토할 수 있다.

1.7 평가대상의 인식에 관한 유의사항

1) 위에서 설명한 바와 같이 CASBEE-마을 만들기의 평가대상공간은, 원칙적으로는 지구 스케일의 가상경계 내의 건축물 그 자체를 제외한 모든 부분[이하 '외부 공간(구역 내)'이라 함]이다. 따라서 CASBEE(건축 스케일)로 취급하는 '옥외 환경(부지 내)'은 CASBEE-마을 만들기에 있어서도 연속하는 '외부 공간(구역 내)'의 일부로서 평가대상에 포함된다.

2) CASBEE-마을 만들기의 평가에서는 건축이 군(群)이 되었을 때에 새롭게 나타나는 가치(개개의 건축물만으로는 얻을 수 없는 환경성능 개선효과)를 정확히 포착하는 것이 중요하다. 아래의 예시와 같이 플러스 효과와 마이너스 효과의 양면이 생각되므로 관련 공간은 반드시 전 항(외부 공간)으로 한정되는 것이 아니다. 따라서 전술한 설명도 그림 I.1.2에서 건축물 내부는 '평가대상 외'로 하고 있으나 본 항의 취지에 따르는 한 건축물 내부 요소도 관련 지어 평가할 필요가 있다.

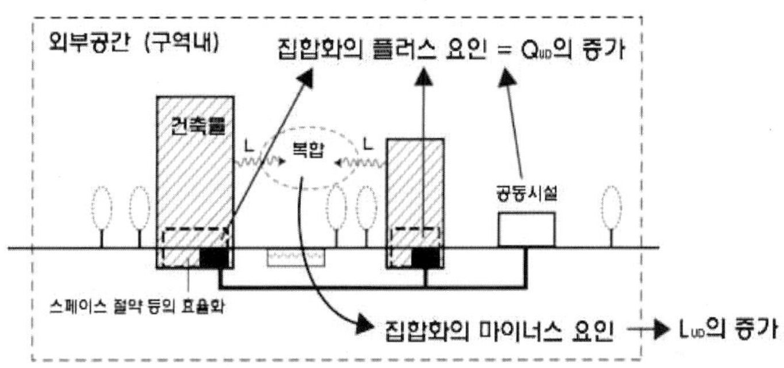

그림 I.1.3 건축군이 됨으로써 일어날 수 있는 평가 관련 사항

(例) • 건축물이 상호 융통함으로써 설비 총 용량의 감축
• 회의실이나 종업원용 식당을 공동화함으로써 공간의 유효 활용
• 집합화의 규모경제를 활용한 대지냉각 등 공용 플랜트 도입
• 집합화에 의한 복합 일사, 복합 풍해, 열섬현상의 증대

3) 해당 프로젝트를 실시함으로써 대상구역 외(가상경계의 외측)의 환경품질 향상에도 기여할 수 있는 '지역 공헌'이 인정되는 경우에는 이것을 Q_{UD}의 확장 종으로서 평가한다.

4) 지구 스케일의 프로젝트에서는 그 정비나 운영에 대하여 여러 주체가 상호 독립성을 유지한 채로 관여하는 사례[공구(工區), 동별 등]를 종종 볼 수 있다. 이러한 경우 관여하는 여러 주체 간에 통일적인 정비 의사가 있어야만 CASBEE-마을 만들기가 적용된다. 또한 평가의 실시나 평가 결과에 대해 관계 주체 간에 공통적 인식이 형성되어 있을 필요가 있다. 이상을 고려하여 평가항목 중에는 관계 주체 간의 연계 정도를 보는 항목도 포함된다.

1.8 평가의 유효기간

CASBEE(건축 스케일)의 기본 툴은 건축물의 라이프사이클에 대응한 구성을 취하여 환경성능이나 평가기준이 시간 경과에 의해 변하는 점을 감안하여, 〈CASBEE-신축〉의 평가 결과는 준공 후 3년간 유효, 그 이후에는 〈CASBEE-기존〉을 이용하여 평가하고 그 평가 결과는 평가 후 5년간 유효하다.

CASBEE-마을 만들기에 있어서는 프로젝트가 비교적 장기간에 걸쳐 진행되어 단계적인 정비가 이루어지는 일이 많으므로 이번 개발 툴은 '신축'판이지만, 건축 스케일의 '기존'에 준하여 평가 후 5년간 유효하도록 한다.

1.9 활용방법

CASBEE-마을 만들기의 주된 활용법은 예를 들면 아래의 4가지를 들 수 있다.

1) 면적개발형 프로젝트에 있어서의 환경 배려 계획 툴로서 활용
2) 환경 라벨링 툴로서 활용
3) 지구 스케일에서의 저에너지 개수 등의 계획・평가 툴로서 활용
   이것은 종합적으로 면적개발사업에서의 환경 배려에 대한 인센티브가 될 것으로 기대된다.
4) 도시계획을 지속가능한 마을 만들기 관점에서 보강하는 툴로서 활용
   ① 일단은 시가지재개발사업, 도시재생특별지구, 각종 지구계획, 단지의 종합적 설계, 연담건축물 설계 제도 등 여러 제도의 대상 프로젝트 각각의 종합적 환경성능 향상을 유도
   ② 앞으로는 ①에 의해 일정 수준의 환경성능이 확보된 면적개발사업을 선도적 거점으로 하여 도시 전체 지속가능성의 계획적 향상을 유도

2. 평가방법

2.1 평가항목 및 환경효율

기존의 CASBEE(건축 스케일)와 동일하게 Q(환경품질)와 L(외부 환경부하) 각각을 별개로 평가・채점한다. Q_{UD}(마을 만들기에 관련된 환경품질)와 L_{UD}(마을 만들기에 있어서의 외부 환경부하)는 각각 3분류의 대항목으로 구성되어 있으나, 대상구역의 평가 결과는 각 6분야의 득점을 bar-chart나 radar-chart로 다각적으로 나타낸다. 또한 모든 항목을 아래의 식과 같이 종합화하여 마을 만들기에 관련된 환경효율(BEE_{UD})로 지표화한다.

$$\text{마을 만들기에 관련된 환경효율}(BEE_{UD}) = \frac{\text{마을 만들기에 관련된 환경품질}(Q_{UD})}{\text{마을 만들기에 있어서의 환경부하}(L_{UD})}$$

L은 우선 LR(환경부하 저감성)로서 평가하는데, 기존의 CASBEE와 같다.

$Q_{UD}1$부터 $LR_{UD}3$의 각 대항목은 4~6항의 중항목으로 구성하고, 또한 각 중항목은 필요에 따라 적당히 소항목으로 구성한다. 각 소항목마다 미리 설정한 기준으로 5단계로 채점하여 평가분야 간의 가중계수에 의한 가중 조정을 거쳐 결과를 산출하는 방법도 CASBEE(건축 스케일)와 같다.

2.2 채점기준의 발상

각 평가항목의 채점기준은 아래의 발상에 따라 설정되어 있다.

① 레벨 1~5의 5단계 평가를 원칙으로 하며, 기준이 되는 점수는 레벨 3으로 한다.
단, 실용성 관점에서 항목에 따라서는 3단계(레벨 1, 3, 5 혹은 레벨 2, 3, 4 등)나 4단계(1~5 등의 레벨 설정이 없음)의 평가로 하는 경우가 있다.

② 레벨의 설정방식은 각 소항목의 특성에 따르면서 기본적으로는
레벨 1 : 관계 법령 등이 요구하는 최소한의 필수조건을 충족하고 있는 경우
레벨 3 : 평가 시점의 일반적인 기술・사회 수준에 상당한다고 판단되는 경우
레벨 5 : 평가 시점에 일반적으로는 최고의 기술・사회 수준이라고 판단되는 경우
로 하여 레벨 2, 4는 각각 레벨 1과 3, 레벨 3과 5의 중간수준으로 한다. 법령 등에서 요구하는 필수조건과 일반적인 기술・사회 수준이 동등한 항목은 레벨 3으로 한다.

③ '사회 수준'에 대해서는 관계 법령에 의한 규정의 유무를 떠나 해당 프로젝트가 주변지역에 대해 배려하는 사회적 공헌 등의 정도를 포함하여 판단한다.

2.3 평가 유형

CASBEE-마을 만들기가 평가대상으로 하는 건축군은 2~3동의 건축물(즉, 일반적으로는 2~3구획의 서로 이웃한 건축부지군)일 경우도 있으며, 이른바 뉴타운과 같이 수십, 수백・수천의 건축 부지와 도로, 공원 등 비건축 토지가 혼재된 경우도 있다. 이처럼 규모, 구성 내용 모두 다양하지만 기본적으로는 다음 2유형을 프로젝트의 특성(입지・용도, 상대적인 개발 규모 등)에 따라 구분하여 사용한다. 적용 유형의 선정은 해당 프로젝트의 기준 용적률(도시계획의 지정 용적률. 다른 2 이상의 지정 용적률 지역에 걸친 경우에는 대응하는 구역 면적으로 가중평균)에 의한 것으로 하여, 기준 용적률이 대체로

500%를 웃도는 지역에 있어서의 고도이용 개발인가, 그 이외의 일반 개발인가에 따라 어느 하나의 유형을 이용한다.

도심 유형 = 고도이용 개발형(대체로 기준 용적률 500% 이상)
일반 유형 = 도심 유형에 속하지 않는 일반 개발형(대체로 기준 용적률 500% 미만)

이러한 2종은 공통의 평가항목을 적용하여 평가기준의 발상도 기본적으로 동일한 시스템이지만, 일반적인 공간특성 및 입지특성의 차이를 고려하여 부분적으로 적용 항목의 채택 여부 및 가중치를 바꾸고 있다.

평가대상 프로젝트의 기준 용적률이 500%에 못 미친 사안이라 할지라도 해당 프로젝트 주변환경의 상황이나 정비 목적 등으로부터 '고도이용 개발형'으로 평가하는 것이 적당한 경우[예를 들어, 정령지정도시(政令指定都市)[1)]나 중핵시(中核市)[2)]의 도심 정비의 일환으로서 자리매김된 도시계획사업, 여러 특례제도의 적용을 전제로 하여 500% 초과의 계획 용적률을 상정하여 진행되는 프로젝트 등]에는 그 적용 이유를 명확하게 한 다음 '도심 유형'을 적용할 수가 있다.

2.4 사회적 중요성

상위 계획(도시계획 마스터플랜 등)에 의해 대상 프로젝트가 다른 평가항목과 비교하여 반드시 중요시해야 할 항목이 규정될 경우, 표준적 설정의 가중계수보다 비중을 높여 평가하는 것이 타당하다. 이 경우, 본 시스템에서는 중항목 레벨에서 Q_{UD}(중항목 15항), LR_{UD}(동 16항) 각각에 있어서 가장 중요한 1항목을 선정하여(Q_{UD}만, 또는 LR_{UD}만의 선택도 가능), 해당 중항목의 가중이 같은 대항목에 속하는 다른 중항목에 비해 2배 정도로 평가되도록 가중계수를 재배분하여 평가한다.

본 시스템 적용의 전제로서 관련 상위 계획의 정밀조사는 필수이며, 또한 본 항을 적용할 경우에는 근거가 되는 상위 계획의 인용과 설명이 필요하다.

2.5 표준판, 병용판, 간이판

CASBEE-마을 만들기에서는 평가에 있어 필요로 하는 전문영역이 다방면에 걸쳐 있고, 또한 일정 수준의 계획 정밀도를 전제로 하는 평가항목이 있으므로 평가자의 부담을 증대시켰다고 생각된다. 따라서 2007년 개정에서는 손쉬우면서도 계획 초기단계에서 간단히 적용할 수 있도록 '간이판(簡易版)'을 설정하였다.

'간이판'의 평가항목 구성은 소항목에 이르기까지 기존의 '표준판'과 동일하나, 각 항목에서의 평가방법이나 판단기준은 대폭적으로 간략화되었다. 단, 간략화에 따라 평가의 엄밀함이 상대적으로 낮아질 우려가 있기 때문에 '표준판'과 비교하여 '간이판'은 높은 레벨 평가가 되기 어려운 구조로 하였다. 이는 계획의 숙련도에 따라 상세한 평가로 진행하게 되는 인센티브도 된다. 이러한 구조에 의해 환경 배려형 계획지원 툴로서의 활용이 촉진될 것을 의도하여, CASBEE-마을 만들기에서는

역주 1) 지정도시제도는 일본의 대도시 등에 관한 3개의 특례제도의 하나로, 1956년부터 운용하여 왔다. 일본 지방자치법에는 지정도시를 '인구 50만 이상의 시'라고 규정하고 있다.
역주 2) 일본의 대도시제도의 하나로 지방공공단체 가운데 지방자치법에서 정하는 정령에 의한 지정을 받은 시를 말하며, 현재의 지정 요건은 법정 인구가 30만 이상이어야 한다.

임의의 소항목 단위로 간이판에서 표준판으로 이행 가능한 방식으로 하여 일부 소항목을 표준판에 옮겨놓은 상태행하게병용판(併用版)'이 이러호칭하도록 하였다.(이하, 본 메뉴얼 중에는 표준판 항목에, 본 평가행하=표준평가', 간이판 항목에 의한 평가를 '간이평가'라고 나타내기도 함.) 또한 표준판에 있어서도 평가작업이 비교적 쉬운 항목에 대해서는 간이판도 표준판과 같은 내용으로 하였다.

2.6 평가항목의 구성

2.6.1 Q_{UD} : 마을 만들기에 관련된 환경품질

CASBEE(건축 스케일)에서는 건축물의 환경품질을 '건축물에 있어서 사용자의 생활 쾌적감 향상에 관련된 품질'이라 하고 있다. CASBEE-마을 만들기에서는 평가대상의 중심이 '건축물'이 아니라 '건축군을 둘러싼 외부 공간'이 되어, Q_{UD}는 '대상구역에 있어서의 사용자(거주자, 취업자, 방문자)의 쾌적감 향상에 관련된 품질'에 대응한다.

표 I.2.1 'Q_{UD} : 마을 만들기에 관련된 환경품질'에 포함되는 평가항목 일람

Q_{UD}1 자연환경 (미기후 · 생태게)	1.1 미기후의 배려 · 보전	1.1.1 통풍을 배려한 혹서환경의 완화(여름)
		1.1.2 그늘 형성에 따른 혹서환경의 완화(여름)
		1.1.3 녹지 · 수면 등에 의한 보행자 공간의 혹서환경의 완화(여름)
		1.1.4 배열(排熱) 위치 등에 대한 배려
	1.2 지상(地象)의 배려 · 보전	1.2.1 기존 지형특성을 배려한 건축물의 동 배치 계획 및 외구(外構) 계획
		1.2.2 표토의 보전
		1.2.3 토양오염에 대한 배려
	1.3 수상(水象)이 배려 · 보전	1.3.1 수역의 보전
		1.3.2 지하수맥의 보전
		1.3.3 수질에 대한 배려
	1.4 생물환경의 보전과 창출	1.4.1 자연환경의 잠재력 파악
		1.4.2 자연자원의 보전 · 창출
		1.4.3 생태계 네트워크의 형성
		1.4.4 동식물의 생식 · 생육환경에 대한 배려
	1.5 기타 대상구역 내 환경에 대한 배려	1.5.1 양호한 공기질 · 음환경 · 진동환경의 확보
		1.5.2 풍환경의 향상
		1.5.3 일조의 확보
Q_{UD}2 지구의 서비스 성능	2.1 지구 전체의 공급처리시스템 성능(상하수, 에너지)	2.1.1 공급처리시스템의 신뢰성
		2.1.2 공급처리시스템의 수요변화 · 기술혁신에 대한 유연성
	2.2 지구 전체의 정보시스템 성능	2.2.1 정보시스템의 신뢰성
		2.2.2 정보시스템의 수요변화 · 기술혁신에 대한 유연성
		2.2.3 사용자 편의성

표 I.2.1 계속

Q_{UD}2 지구의 서비스 성능	2.3 교통시스템 성능	2.3.1 교통시스템의 편리성
		2.3.2 보행자 공간 등의 안전성 확보
	2.4 방재 · 방범 성능	2.4.1 대상구역 전체로서의 자연재해 리스크 대책
		2.4.2 피난장소로서의 방재공지 확보
		2.4.3 유기적인 피난로 네트워크 형성
		2.4.4 방범 성능(감시성 · 영역성)
	2.5 생활의 편리성	2.5.1 가까운 생활편의시설 등까지의 거리
		2.5.2 가까운 의료 · 복지시설까지의 거리
		2.5.3 가까운 교육 · 문화시설까지의 거리
	2.6 유니버설 디자인에 대한 배려	
Q_{UD}3 지역사회로의 공헌 (역사 · 문화, 경관, 지역 활성화)	3.1 지역자원의 활용	3.1.1 지역산업, 인재 · 기능의 활용
		3.1.2 역사, 문화, 자연유산의 보전과 활용
	3.2 지역사회 기반 형성으로의 공헌	
	3.3 양호한 커뮤니티 양성에 대한 배려	3.3.1 지역의 코어 형성 및 활기나 커뮤니티의 양성
		3.3.2 다양한 주민참여 기회의 창출
	3.4 마을풍경 · 경관 형성에 대한 배려	3.4.1 대상구역 전체로서의 마을풍경 · 경관 형성
		3.4.2 주변과의 조화성

2.6.1.1 Q_{UD}1 자연환경(미기후 · 생태계)

이 대항목은 지구 스케일의 가상경계 내의 자연환경적 요소를 종합적으로 평가하는 것으로, 다음과 같은 발상 아래 5개의 중항목으로 구성한다.

- CASBEE(건축 스케일)의 Q3에 있는 '부지 내 온열환경의 향상' 및 '생물환경의 보전과 창출'에 관한 내용을 발전적으로 답습한다. 이 중에서 온열환경 관계는 CASBEE-마을 만들기의 중항목에서는 '기상'(미기후)에 포함된다.
- 위 항의 2항목과 '지상(地象)', '수상(水象)'에 의하여 지구환경의 기본구성인 대기권, 수권, 지권 및 생물권에 대응하여 대상구역 자연환경의 종합적인 성능평가가 가능하게 된다.
- 일반적으로 자연환경의 풍요로움의 대명사격인 '녹지'에 대해서는 대상구역 내에서의 환경품질 향상에 대한 구체적인 공헌 효과를 평가하기 위하여 '미기후' 및 '생물환경의 보전과 창출'에 관한 소항목으로 정리한다.

지구(block) 내부에서의 이른바 공해 대책이나 환경보전 대책 측면에서의 배려도 다루어 대상공간의 기초적인 환경품질을 파악한다.

2.6.1.2 Q_{UD}2 지구의 서비스 성능

이 대항목은 건축군(지구 스케일) 총체로서 평가해야 할 서비스 성능을 대상으로 하는 것으로, 다음과 같은 발상을 근거로 6개의 중항목으로 구성한다.

- CASBEE(건축 스케일)는 Q2에 있어서 일하기 편함이나 편안함을 '기능성'으로 평가하고, 건축물의 장수명화에 관한 사항을 '내용성 · 신뢰성', '대응성 · 갱신성'으로 평가하고 있다. CASBEE-마을

만들기에서는 그 공간 스케일에서의 '기능성'을 나타내는 기초지표로서 공급처리 등의 인프라성능, 그리고 종합환경성능의 구성요인이 되는 안전성(방)는방범성능), 생활편리성 및 유니버설 디자인에 대한 배려의 정도를 평가한다.

- 인프라성능은 '기능성'과 함께, 각 시스템의 '신뢰성', '유연성' 등에 대해서도 평가한다. 이때 당연히 각 건축물 내부에 있는 관련 설비 등도 포함하는 시스템 전체로서의 성능에 유의해야 한다. 그러나 CASBEE-마을 만들기가 주된 평가대상으로 해야 하는 것은 각 건축물이 내부에 갖추는 부분의 우열이 아니라 건축군으로서 대상구역 전체의 성능 향상이 시도된다는 부분이다.

2.6.1.3 $Q_{UD}3$ 지역사회로의 공헌(역사・문화, 경관, 지역활성화)

지역사회나 주민에 대한 배려, 커뮤니티 형성이나 경관에 대한 배려 등 대상구역 내외의 쾌적성을 높이는 시도에 대해서 평가하는 대항목이다. CASBEE(건축 스케일)의 Q3부터 '마을풍경・경관에 대한 배려'와 '지역성・쾌적함에 대한 배려'를 답습하면서 CASBEE-마을 만들기에서는 가능한 한 항목을 세분화시켜 대상구역의 시도를 개별・구체적으로 평가하는 방침으로 하여 4개의 중항목으로 구성한다.

2.6.2 LR_{UD} : 마을 만들기에 있어서의 환경부하 저감성

LR_{UD}는 주로 CASBEE(건축 스케일)의 LR3(부지 외 환경)의 내용을 이어받지만 LR1(에너지 부하 저감), LR2(자원・재료의 소비저감)에 준하는 내용에 대해서도 지구 스케일의 시도로서 평가해야 할 항목은 적절히 포함시킨다.

표 I.2.2 'LR_{UD} : 마을 만들기에 있어서의 환경부하 저감성'에 포함되는 평가항목 일람

$LR_{UD}1$ 미기후・외부 공간의 환경영향	1.1 지구 외에 대한 온열환경 악화의 개선(여름)	1.1.1 바람이 불어 가는 쪽 지역에 통풍을 차단하지 않는 건축군의 배치・형태 계획
		1.1.2 지표면 피복재의 배려
		1.1.3 건축 외장재(옥상・벽면)의 배려
		1.1.4 배열 삭감에 대한 배려
	1.2 지구 외의 지반・지질에 대한 영향의 억제	1.2.1 대상구역 외에 대한 토양오염의 방지
		1.2.2 지반침하의 억제
	1.3 지구 외에 대한 대기오염의 방지	1.3.1 발생원에 있어서의 대책
		1.3.2 교통 수단에 있어서의 대책
		1.3.3 대기 정화에 대한 시도
	1.4 지구 외에 대한 소음・진동・악취의 방지	1.4.1 소음이 대상구역 외에 미치는 영향의 경감
		1.4.2 진동이 대상구역 외에 미치는 영향의 경감
		1.4.3 악취가 대상구역 외에 미치는 영향의 경감
	1.5 지구 외에 대한 풍해・일조 저해의 억제	1.5.1 대상구역 외에 대한 풍해의 억제
		1.5.2 대상구역 외에 대한 일조 저해의 억제(겨울)
	1.6 지구 외에 대한 광해(光害)의 억제	1.6.1 조명・광고물 등의 광해의 억제
		1.6.2 건물 외벽이나 옥외 구조물에 의한 주광반사의 억제
$LR_{UD}2$ 사회기반	2.1 상수 공급(부하)의 저감	2.1.1 저장 빗물의 적극적 이용 촉진
		2.1.2 중수도 시스템에 의한 물의 순환 이용
	2.2 빗물 배수 부하의 저감	2.2.1 침투성 포장이나 침투 트렌치 등에 의한 외부 공간의 표면 유출의 억제
		2.2.2 조정지・유수지 등에 의한 빗물의 유출 억제(피크 컷)

표 I.2.2 계속

LR_{UD}2사회기반	2.3 오수 · 잡배수의 처리 부하의 저감	2.3.1 오수 · 잡배수의 고도처리 등에 의한 부하 저감
		2.3.2 배수 조정조 등에 의한 부하의 평준화
	2.4 쓰레기 처리 부하의 저감	2.4.1 쓰레기 보관시설의 집약 정비에 의한 수집 부하 저감
		2.4.2 쓰레기의 용적 축소화 · 감량화, 혹은 퇴비화하기 위한 시설 도입 및 운용
		2.4.3 쓰레기의 분리 수준과 처리 · 처분 루트의 확보
	2.5 자동차 교통량에 관한 배려	2.5.1 다른 교통 수단으로의 전환에 의한 자동차 교통량의 총량 삭감
		2.5.2 주변 도로로의 부하를 억제하는 동선 계획
	2.6 지구 전체의 면적인 에너지 이용	2.6.1 미사용 에너지 · 신에너지의 면적인 이용
		2.6.2 면적 이용에 의한 전력 · 열부하의 평준화
		2.6.3 면적인 고효율 에너지의 활용
LR_{UD}3지역환경 관리	3.1 지구온난화에 대한 배려	3.1.1 시공 · 재료 등 관계
		3.1.2 에너지 관계
		3.1.3 교통 관계
	3.2 환경 배려형 건설계획	3.2.1 ISO14001의 인증 취득
		3.2.2 공사에 의해 발생하는 부산물 삭감
		3.2.3 시공 시의 에너지 절약 활동
		3.2.4 대상구역 외의 공사상 영향의 저감
		3.2.5 지구환경을 배려한 재료 선정
		3.2.6 건강의 영향을 배려한 재료의 선정
	3.3 교통에 관한 광역적 시도	3.3.1 교통시설 정비에 관한 상위 계획과의 일치
		3.3.2 교통 수요 매니지먼트 등의 시도
	3.4 모니터링과 관리 체제	3.4.1 대상구역의 에너지 사용량 삭감을 향한 모니터링과 관리체제
		3.4.2 대상구역 주변에 있어서의 외부 환경 보전을 위한 모니터링과 관리체제

2.6.2.1 $LR_{UD}1$ 미기후 · 외부공간의 환경영향

이 대항목은 대상구역 외의 각종 공해 영향의 방지 및 억제로의 시도를 평가하는 것으로, 아래의 발상을 근거로 6개 중항목으로 구성한다.

- CASBEE(건축 스케일)의 LR3(부지 외 환경)의 모든 항목을 인용하여 지구 스케일로의 확장 적용을 도모한다.
- 그 중에서도 열섬현상 대책에 대해서는 CASBEE-HI의 연구 · 개발 성과도 참조하여 $Q_{UD}1$의 미기후에의 배려와 대응되는 필두의 중항목에 둔다.

2.6.2.2 $LR_{UD}2$ 사회기반

대상구역이 운용될 때 보다 광역 레벨로 해당 지구를 지탱하고 있는 각종 도시 인프라에게 주는 부하를 얼마나 저감하고 있는지, 그 시도를 평가하는 대항목이다. 기술적인 대책의 평가가 쉽고 명확히 되도록 기존의 일반적인 도시 · 지역 인프라 시스템의 종별에 대응하는 6개 중항목으로

구성한다.

• 각 종별마다 대체자원 활용이나 발생량의 감축에 의한 외부로의 수요(또는 처리 부하) 저감, 일시 저장이나 상호 융통에 의한 외부로의 수요(또는 처리 부하) 평준화를 평가한다.
• 단, 자동차 교통량에 관해서는 여기서는 주로 총량 삭감을 평가하고, 평준화에 대해서는 다른 교통 관리 시책과 함께 $LR_{UD}3$에서 취급한다.

2.6.2.3 $LR_{UD}3$ 지역환경관리

지구 스케일의 프로젝트의 특징(복합성 · 장기성)을 근거로, 라이프사이클 대응이나 소프트적 대책의 평가를 포함하는 대항목이다. CASBEE(건축 스케일)에서는 LR1, LR2에서 취급하는 저환경 부하 자재나 에너지의 효율적 운용에 관한 평가도 도입하면서, 4개의 중항목으로 구성한다.

• 처음 중항목은 지구온난화에 대한 배려이다. 시공 · 재료, 에너지, 교통의 3분야에서 CO_2 발생량 삭감을 목표로 이루어지는 여러 노력을 평가한다.
• 제2의 중항목은 주로 건설 · 정비 단계(시공 시)에 관한 내용, 뒤의 2항은 주로 운용 단계(준공 후)에 관한 내용이지만, 기획 · 계획 단계에 있어서도 모든 항목에 대해 미래에 걸쳐 임해야 할 사항으로서 평가한다.
• 여기서 모니터링에 대해 폭넓게 취급하고 있지만 자동차 교통관계의 모니터링은 총량 삭감과 관계가 깊기 때문에 $LR_{UD}2$에서 다루고 있다.

2.7 가중계수

평가 분야 간의 가중계수의 결정에는 CASBEE-신축(2004년판)에서의 방법을 참고하여, 지구 스케일의 CASBEE 활용과 관련한 다양한 영역의 전문가를 대상으로 설문조사(유효 회답 109 샘플)를 실시하여 AHP(Analytic Hierarchy Process)법을 이용해 설정하였다. 도심 유형, 일반 유형에서의 각 가중계수는 표 I.2.3과 같다. 또한 중항목, 소항목 레벨의 가중에 대해서는 사례연구 결과를 참조하여 이것도 유형별로 다른 계수를 설정하였다.

표 I.2.3 가중계수

평 가 분 야		도 심 유 형	일 반 유 형
$Q_{UD}1$	자연환경(미기후 · 생태계)	0.25	0.35
$Q_{UD}2$	지구의 서비스 성능	0.45	0.35
$Q_{UD}3$	지역사회에의 공헌(역사 · 문화, 경관, 지역 활성화)	0.30	0.30
$LR_{UD}1$	미기후 · 외부공간의 환경영향	0.30	0.35
$LR_{UD}2$	사회기반	0.45	0.35
$LR_{UD}3$	지역환경관리	0.25	0.30

2.8 지구온난화 대책($LCCO_2$의 삭감)에 대하여

지구온난화 대책에 대해서는 CASBEE-마을 만들기에서는 2007년도판의 개정에 있어 앞서 설명한 (2.6, 2.3) 바와 같이 중항목 $LR_{UD}3.1$ '지구온난화에의 배려'로 명시하도록 하였다.

건축 스케일의 CASBEE에서는 '지구온난화의 배려'를 중항목으로 명시함과 동시에, 현행 평가항목

중에서 라이프사이클 CO_2(이하, $LCCO_2$)의 영향이 비교적 큰 항목을 추출하여, 그 입력정보를 기초로 평가대상 건축물의 $LCCO_2$를 개산(概算)하여 일반 건축물과 비교한 배출률의 정량 평가도 함께 나타내는 방법을 찾는 방향으로 검토가 진행되고 있다.

그러나 CASBEE-마을 만들기에서는 관련 연구영역의 현황을 고려할 때 다음과 같은 과제가 남아 있으므로 지구온난화 대책에 관해서는 일단 정량적 평가는 도입하지 않고 정성적인 평가만을 나타내는 것으로 하였다.

1) 재개발이나 부분 개수가 집적되어 성립하는 '마을 만들기' 전체를 고려한 적절한 라이프사이클의 발상
2) CASBEE-마을 만들기가 주된 평가 분야로 하고 있는 '외부 공간', 즉 도로, 공원, 녹지 등에 대해 종합적으로 파악하고 얻는 라이프사이클의 발상
3) 교통과 같이 기반 정비나 차량 제조 등 폭넓은 영역에 관한 사항에 대하여 간결한 $LCCO_2$ 평가가 어려움

또한, 1. 3에서 언급한 '마을+건축'(건축 스케일의 평가와의 병용 사례)에서는 대상구역 내의 개별 건축물에 대해 $LCCO_2$가 정량적으로 명시될 수 있게 된다.

3. 평가순서

3.1 평가시트의 구성

CASBEE-마을 만들기는 평가 결과의 다양한 활용을 상정하여 범용 표계산 소프트웨어상에서 간단히 입력할 수 있도록 개발되어 있다. 주된 평가시트로서 입력용에 '메인시트'와 '채점시트', 출력용으로 '스코어시트'와 '평가 결과 표시시트'가 준비되어 있다. '메인시트'에는 평가 실시에 관한 기본정보를 입력한다. '채점시트'에서는 평가항목마다 채점기준이 표시되어 있어 이것을 참조하면서 각 항목에 채점 결과를 입력한다.

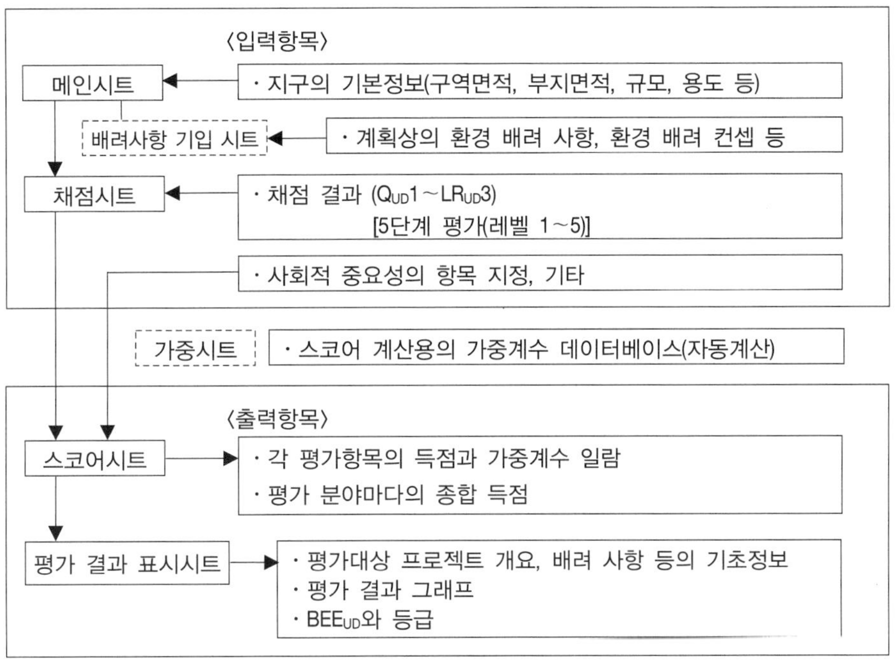

그림 I.3.1 평가시트의 전체 구성

3.2 메인시트

메인시트는 평가자가 제일 먼저 입력하는 시트로, 평가대상 프로젝트의 개요나 평가에 있어 필요한 정보를 입력한다. 그림 I.3.2에 메인시트를 제시한다.

여기서 '1) 개요 입력 ① 대상구역 개요'의 '평가 유형'이란, '2.3 평가 유형'에서 언급한 '도심 유형' 혹은 '일반 유형'을 가리키며, 풀다운으로 어느 쪽이든 선택하면 대응하는 가중계수 등이 자동적으로 지정된다.

건폐율과 용적률에 대해서는 지정, 기준, 허용, 계획의 4종류를 아래의 의미로 구분하여 사용하고 있다.

- 지정 건폐율, 지정 용적률 : 도시계획에서 용도 등과 함께 지정되고 있는 지역별 건폐율, 용적률
- 기준 건폐율, 기준 용적률 : 평가대상 구역이 2 이상의 다른 지정 건폐율, 지정 용적률의 지역에 걸쳐 있는 경우, 그들 지역에 속하는 대상 프로젝트의 구역면적에 따라 가중평균한 건폐율, 용적률

• 허용 건폐율, 허용 용적률 : 해당 프로젝트에 적용되는 건폐율, 용적률의 최고 한도. 통상은 대부분 기준 건폐율, 기준 용적률이 이에 해당되지만 각종 지구계획 등의 제도 수법에 따라 평가대상 구역 고유의 수치가 별도 규정되는 경우는 그 수치가 허용 건폐율, 허용 용적률이 된다.
• 계획 건폐율, 계획 용적률 : 해당 프로젝트로 실시(또는 계획) 중인 계획시설의 규모와 부지면적에 의해 산출되는 건폐율, 용적률. 허용 건폐율, 허용 용적률의 범위 내이다.

지정 건폐율, 지정 용적률을 포함한 도시계획의 지역 · 지구의 기입란은 (1)~(4)로 표시되듯이 4종류까지 기입할 수 있다. 대상구역이 5종류 이상의 다른 지역 · 지구에 걸친 경우는 주요 4개를 기입한다.

'1) 개요 입력 ② 사회적 중요성'의 란에는 후술하는 스코어시트 상에서 사회적 중요성의 대상 항목을 지정하는 것으로 항목명은 자동표시되므로, 그 설정 근거가 되는 상위 계획 등을 기입한다. '③ 평가의 실시'에서는 평가의 실시일과 평가 담당자(해당 평가시트 작성자)를 기입한다. 작성자는 6명까지 기입할 수 있다. 또한 입력 정보 및 평가 결과의 체크체제를 명시하기 위해서 확인일과 확인자(1명)를 기입한다.

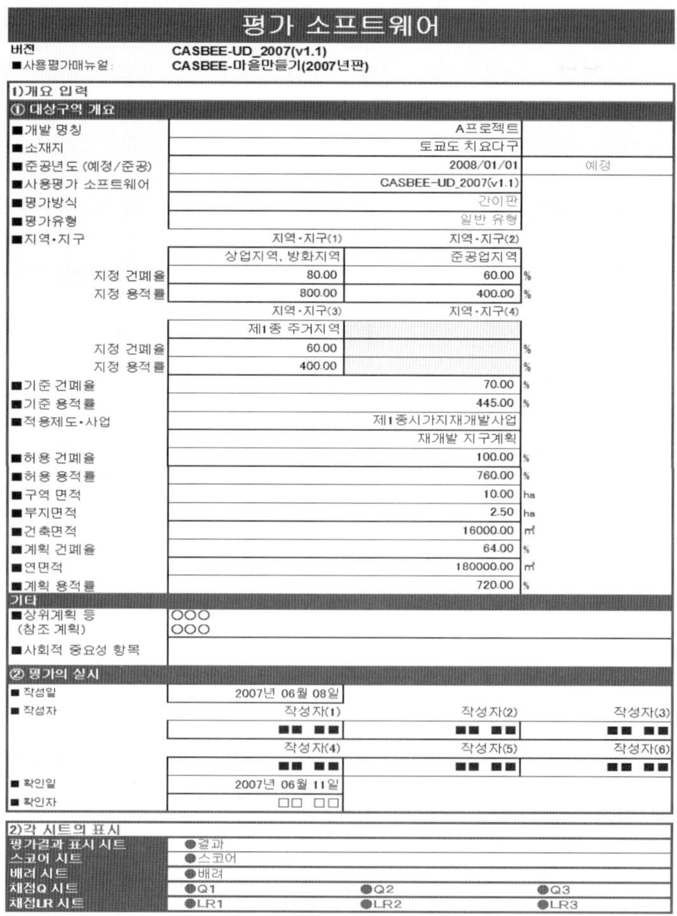
CASBEE™ 마을만들기

평가 소프트웨어

버전 CASBEE-UD_2007(v1.1)
■사용평가매뉴얼 : CASBEE-마을만들기(2007년판)

1)개요 입력

① 대상구역 개요

■개발 명칭	A프로젝트		
■소재지	토쿄도 치요다구		
■준공년도 (예정/준공)	2008/01/01		예정
■사용평가 소프트웨어	CASBEE-UD_2007(v1.1)		
■평가방식	간이판		
■평가유형	일반 유형		
■지역·지구	지역·지구(1)	지역·지구(2)	
	상업지역, 방화지역	준공업지역	
지정 건폐율	80.00	60.00	%
지정 용적률	800.00	400.00	%
	지역·지구(3)	지역·지구(4)	
	제1종 주거지역		
지정 건폐율	60.00		%
지정 용적률	400.00		%
■기준 건폐율	70.00		%
■기준 용적률	445.00		%
■적용제도·사업	제1종시가지재개발사업		
	재개발 지구계획		
■허용 건폐율	100.00		%
■허용 용적률	760.00		%
■구역 면적	10.00		ha
■부지면적	2.50		ha
■건축면적	16000.00		㎡
■계획 건폐율	64.00		%
■연면적	180000.00		㎡
■계획 용적률	720.00		%

기타

■상위계획 등 (참조 계획)	○○○ ○○○
■사회적 중요성 항목	

② 평가의 실시

■ 작성일	2007년 06월 08일		
■ 작성자	작성자(1)	작성자(2)	작성자(3)
	■■ ■■	■■ ■■	■■ ■■
	작성자(4)	작성자(5)	작성자(6)
	■■ ■■	■■ ■■	■■ ■■
■ 확인일	2007년 06월 11일		
■ 확인자	□□ □□		

2)각 시트의 표시

평가결과 표시 시트	●결과		
스코어 시트	●스코어		
배려 시트	●배려		
채점Q 시트	●Q1	●Q2	●Q3
채점LR 시트	●LR1	●LR2	●LR3

그림 I.3.2 메인시트 화면(입력 예)

'2) 각 시트의 표시'란은 ●표의 시트 명을 클릭하는 것으로써 해당 시트를 화면상에 불러낼 수 있다.

메인시트의 부록으로 '배려'시트가 있다. 여기에는 평가대상 프로젝트의 환경 배려에 관련된 계획 사항과 실시 사항에 대한 컨셉 등의 종합적인 코멘트와 $Q_{UD}1 \sim LR_{UD}3$의 6분야, 기타의 배려 사항을 기술한다.

메인시트로 입력된 정보는('배려'시트도 포함하여) 각 시트 및 평가 결과 표시시트의 필요한 난에 자동적으로 옮겨진다.

3.3 채점시트

채점시트는 평가자가 실제로 채점 입력을 실시하는 시트이며, $Q_{UD}1 \sim 3$, $LR_{UD}1 \sim 3$의 평가 분야마다 6시트가 준비되어 있다. 각 시트 내의 평가항목마다 나타나는 평가기준에 따라 레벨 1~5로 평가한다.

2007년 개정 간이판 설정에 따라, "표준판과 간이판에서 동일한 일부의 평가항목을 제외하고 먼저 항목마다 평가방식(표준평가나 간이평가)을 선택하여 각 항목에서의 지정방법에 따라 채점한다."라는 입력 순서로 하였다. 또 상당수 항목에 있어서 '득점률'(표준판)이나 '항목수'(간이판)에 의한 평가방법을 채용한 결과, 해당 레벨을 '직접 선택'하는 방법과 합하여 3종류의 방법이 병립하는 구조가 되고 있다. 표준평가・간이평가라는 3종의 평가방법과의 대응 관계를 정리하면 다음과 같다.

표준평가・간이평가가 동일한 항목 → '직접 선택'
표준평가・간이평가를 선택하는 항목 …… 먼저 평가방식을 선택하고 지정방법에 따른다.
(1) 표준평가 : '직접 선택'의 경우 → 간이평가 : '직접 선택'
(2) 상　　동 : '득점률'의 경우 → 간이평가 : '직접 선택' 또는 '항목수'

시트상에는 입력해야 할 셀이 하늘색으로 표시되어 표주평가・간이평가의 어느 쪽이든 하나를 풀다운으로 선택하면 다른 쪽이 불필요해지므로 덮어진다. 득점률이나 항목수도 화면상의 지시에 따라 선택해가면 자동 계산되므로 조작방법은 간단하다.

또한 표준판에 있어서는 앞서 설명한 '병용판'(표준판과 간이판과의 병용 : 표준판을 기본으로 하여도 소항목마다 간이평가로 치환이 가능, 반대로 간이판을 기본으로 해도 소항목 단위로 표준판으로 이행 가능한 방식)에 쉽게 대응할 수 있도록 각 항목의 채점시트는 간이판과 표준판을 좌우로 병렬 배치하고 있다.

아래에 3종류의 평가방법마다 채점시트의 입력방법을 나타낸다.

1) 직접 선택

그림 I.3.3에 나타내듯이 채점시트에는 채점기준이 표시되어 있어, 평가자는 그 표에 해당 등급을 직접 선택함에 따라 채점을 실시한다.

채점기준은 항목마다 레벨 1~5의 단계 설정이 되어, 채점란에서는 그 레벨수를 풀다운으로 선택(레벨 3의 경우는 3을 선택)한다. 대상구역의 개별 조건에 의해 채점기준을 그대로 적용할 수 없는 경우, 일부 평가항목에서 '대상 외'를 선택할 수가 있다. '대상 외'를 선택했을 경우, 따로 지시되지 않는 한 대상 외로 한 항목의 가중이 '0'으로 계상되어 그것 이외 항목의 가중에 비례배분된다.

1.3.1 수역의 보전 ※간이 평가, 표준평가공통

레벨 3.0	가중계수(디폴트)= 0.33 대상구역내의 수역(연못, 조정지, 흐름)에 대한 보전조치
레벨 1	보전하고 있지 않다
레벨 2	(해당없음)
■레벨 3	부분적으로 보전하고 있다
레벨 4	과반을 보전하고 있다
레벨 5	거의 전역을 보전하고 있다

그림 I.3.3 채점시트 화면(예)

표 I.3.1 채점시트에 있어서의 구성항목(직접 선택의 경우)

구 성 항 목	설 명
채점란	채점 결과를 레벨 1~5(또는 대상 외)의 풀다운으로 선택
채점기준란	각 항목의 채점기준을 표시
가중계수(기정)란	선택한 평가 유형(도심 유형, 일반 유형)에 의해 규정되고 있는 가중계수를 표시 (변경 불가)

2) 득점률

표준판에서는 과반의 채점 항목에 대해 채점기준표 부속의 '평가하는 시도'표의 부합 정도를 체크하는 것으로 채점을 실시한다. '평가하는 시도'표에는 환경 배려 계획을 실시하는 데 있어서 배려해야 할 사항이 체크 항목 또는 수법의 리스트로 정리되어 있다. 일부 항목에서는 면적비율, 거리, 삭감률 등 계획 내용에 근거한 계측이나 계산이 필요하다. 리스트에 나타나는 개별 시도의 정도를 '포인트 0~4' 혹은 '대상 외'로 채점하여, 이 정도에 따라 주어지는 합계 포인트를 최고 포인트로 나눈 득점률에 의해 항목의 채점을 실시한다.

시트상에는 각 소항목의 채점기준표와 부속 '평가하는 시도표'가 위아래로 배치되어 있어, 아래쪽의 '평가하는 시도'마다 풀다운으로 포인트(또는 대상외)를 선택하면 득점률이 자동 계산되어 이에 대응하는 레벨이 위쪽의 표에 자동 선택된다.

3.4 마을풍경•경관형성의 배려

3.4.1 대상구역 전체의 마을풍경 · 경관형성

레벨 3.0	가중계수(디폴트)= 0.50	
	간이 평가	표준평가
레벨 1	시도하고 있는 항목이 없다	평가항목 득점률(④)이 0. 0≦득점률<0. 2
레벨 2	시도하고 있는 항목수가 1•2	평가항목 득점률(④)이 0. 2≦득점률<0. 4
■레벨 3	시도하고 있는 항목수가 3~5	평가항목 득점률(④)이 0. 4≦득점률<0. 6
레벨 4	시도하고 있는 항목수가 6•7	평가항목 득점률(④)이 0. 6≦득점률<0. 8
레벨 5	시도하고 있는 항목수가 8	평가항목 득점률(④)이 0. 8≦득점률

평가방법 : 표준평가

간이 평가			표준평가						
채점	평가 시도		채점	평가 시도	점수 0	점수 1	점수 2	점수 3	점수 4
<외장 디자인의 배려>			<외장 디자인의 배려>						
YES	①벽면의 위치 배려	가이드라인 등에 의해 구체적인 룰을 규정하고 실현 수단을 담보하고 있다	점수 2.0	①벽면의 위치 배려	배려하고 있지 않다	부분적으로 배려하고 있다	가이드라인 등에 의해 목표와 방침을 정하고 있다	(해당없음)	지구계획, 경관지구, 가이드라인 등에 의해 구체적인 룰을 규정하고 실현 수단을 담보하고 있다
YES	②외장 소재?색채 조화의 배려	가이드라인 등에 의해 구체적인 룰을 규정하고 실현 수단을 담보하고 있다	점수 2.0	②외장 소재?색채 조화의 배려	배려하고 있지 않다	부분적으로 배려하고 있다	가이드라인 등에 의해 목표와 방침을 정하고 있다	(해당없음)	지구계획, 경관지구, 가이드라인 등에 의해 구체적인 룰을 규정하고 실현 수단을 담보하고 있다
YES	③저층부의 휴먼스케일에 배려	가이드라인 등에 의해 구체적인 룰을 규정하고 실현 수단을 담보하고 있다	점수 2.0	③저층부의 휴먼스케일에 배려	배려하고 있지 않다	부분적으로 배려하고 있다	가이드라인 등에 의해 목표와 방침을 정하고 있다	(해당없음)	지구계획, 경관지구, 가이드라인 등에 의해 구체적인 룰을 규정하고 실현 수단을 담보하고 있다
<가로 및 광장경관의 배려>			<가로 및 광장경관의 배려>						
YES	④포장 재료의 소재?색채의 조화 배려	가이드라인 등에 의해 목표와 방침을 정하고 있다	점수 2.0	④포장 재료의 소재?색채의 조화 배려	배려하고 있지 않다	부분적으로 배려하고 있다	가이드라인 등에 의해 목표와 방침을 정하고 있다	(해당없음)	가이드라인 등에 의해 구체적인 룰을 규정하고 실현 수단을 담보하고 있다
YES	⑤재배의 수종, 배치 배려	가이드라인 등에 의해 목표와 방침을 정하고 있다	점수 2.0	⑤재배의 수종, 배치 배려	배려하고 있지 않다	부분적으로 배려하고 있다	가이드라인 등에 의해 목표와 방침을 정하고 있다	(해당없음)	가이드라인 등에 의해 구체적인 룰을 규정하고 실현 수단을 담보하고 있다
YES	⑥조명, 가구, 사인 계획 배려	가이드라인 등에 의해 목표와 방침을 정하고 있다	점수 2.0	⑥조명, 가구, 사인 계획 배려	배려하고 있지 않다	부분적으로 배려하고 있다	가이드라인 등에 의해 목표와 방침을 정하고 있다	(해당없음)	가이드라인 등에 의해 구체적인 룰을 규정하고 실현 수단을 담보하고 있다
YES	⑦인프라에 의한 경관 영향 배려	가이드라인 등에 의해 구체적인 룰을 규정하고 실현 수단을 담보하고 있다	점수 2.0	⑦인프라에 의한 경관 영향 배려	배려하고 있지 않다	부분적으로 배려하고 있다	가이드라인 등에 의해 목표와 방침을 정하고 있다	(해당없음)	가이드라인 등에 의해 구체적인 룰을 규정하고 실현 수단을 담보하고 있다
대상외	⑧대규모 평면 주차장 배려 (해당 시설이 없는 경우는 평가 대상외)	가이드라인 등에 의해 구체적인 룰을 규정하고 실현 수단을 담보하고 있다	대상외	⑧대규모 평면 주차장 배려 (해당 시설이 없는 경우는 평가 대상외)	배려하고 있지 않다	부분적으로 배려하고 있다	가이드라인 등에 의해 목표와 방침을 정하고 있다	(해당없음)	가이드라인 등에 의해 구체적인 룰을 규정하고 실현 수단을 담보하고 있다
시도하고 있는 항목수(절상)		8		①합계점수: 14		②최고점수: 28		④득점률(①÷②)=	0.50

그림 I.3.4 '득점률' 방식의 채점시트(예)

표 I.3.2 채점시트에 있어서의 구성항목(득점률의 경우)

구 성 항 목	설 명
레벨란	채점 결과를 레벨 1~5로 자동표시
채점기준란	각 항목의 채점기준을 득점률의 범위로 표시
채점란	배려해야 할 혹은 임해야 할 사항마다 채점 결과를 포인트 0~4(또는 대상 외)의 풀다운으로 선택
가중계수(기정)란	선택한 평가 유형(도심 유형, 일반 유형)에 의해 규정되고 있는 가중계수를 표시 (변경 불가)

3) 항목수

간이판에서는 많은 채점항목에 있어서 채점기준표에 부속되는 '평가하는 시도'표에 해당 항목을 체크하는 방식으로 채점을 실시한다. '평가하는 시도'표에는 환경 배려 계획을 실시하는 데 있어서 배려해야 할 사항이 리스트로 정리되어 있다. 각 시도마다 리스트에 나타나는 조건을 충족시키면 'YES'(1개), 충족 못하면 'NO'(0개), 대상 외의 경우는 '대상 외'(0.5개)로 채점하고 그 합계 개수에 의해 채점을 실시한다.

시트 상에는 각 소항목의 채점기준표와 부속 '평가하는 시도표'가 위아래에 배치되어 있어, 아래쪽의 '평가하는 시도'마다 풀다운으로 YES/NO(또는 대상 외)를 선택하면 항목수가 자동으로 계산되어 이에 대응하는 레벨이 위쪽의 표에 자동 선택된다.

2.1.1 저장우수의 적극적 이용 촉진

레벨 3.0	간이 평가
레벨 1	(해당없음)
레벨 2	(해당없음)
■레벨 3	시도하고 있는 항목이 없다
레벨 4	시도하고 있는 항목수가 1 또는 2
레벨 5	시도하고 있는 항목수가 3

평가방법 : **간이 평가**

간이 평가		
채점	평가 시도	
NO	①외부 공간에서의 우수저장과 활용	활용하고 있다
NO	②집합 우수 저장조의 상호 이용	상호이용하고 있다
NO	③단일 저장의 의무부여	의무화 하고 있다
	시도하고 있는 항목수(절상)	**0**

그림 I.3.5 항목수의 채점시트(예)

표 I.3.3 채점시트에 있어서의 구성항목(항목수의 경우)

구 성 항 목	설 명
레벨란	채점 결과를 레벨 1~5로 자동표시
채점기준란	각 항목의 채점기준을 만족해야 할 항목수로 표시
채점란	배려해야 할 혹은 임해야 할 사항마다 채점 결과를 YES/NO(또는 대상 외)의 풀다운으로 선택
가중계수(기정)란	선택한 평가 유형(도심 유형, 일반 유형)에 의해 규정되고 있는 가중계수를 표시(변경 불가)

3.4 스코어시트

그림 I.3.6～그림 I.3.7에 스코어시트를 제시한다. 스코어시트 상에는 채점시트에서 입력된 채점 결과가 일괄 표시된다. 각 항목의 득점에는 각 가중계수가 곱해져 그 결과를 순차 합산하여, $Q_{UD}1$～$Q_{UD}3$, $LR_{UD}1$～$LR_{UD}3$까지의 분야별 종합득점 $SQ_{UD}1$～$SQ_{UD}3$, $SLR_{UD}1$～$SLR_{UD}3$, 또한 평가분야 Q_{UD}의 종합득점 SQ_{UD}, 평가분야 LR_{UD}의 종합득점 SLR_{UD}이 자동적으로 표시된다.

스코어시트는 출력용 시트이지만 사회적 중요성 항목은 여기에 입력(지정)한다. 스코어시트 중앙부에 있는 '사회적 중요항목'의 칸에서 Q_{UD} 전체부터 중항목 단위로 1항목, LR_{UD} 전체부터 동일하게 1항목을 풀다운으로 선택 지정한다. 지정하지 않는 것도 가능하다. 시트는 Q_{UD}, LR_{UD} 각각에서 2항목 이상 선택할 수 없도록 설정되어 있다.

같은 란 오른쪽의 '환경 배려 계획의 개요 기입란'은 평가점수가 4 이상의 고득점이 되면 하늘색으로 변하여 고득점이 된 구체적인 시도 내용을 기술하도록 권장하고 있다.

CASBEE-마을만들기(2007년판)
A프로젝트

■사용평가매뉴얼: CASBEE-마을만들기(2007년판)
■평가 소프트웨어: CASBEE-UD_2007(v1.1)

스코어 시트　　일반 유형

배려 항목	사회적 중요성 항목	환경배려계획의 개요 기입란	평가점수	가중계수	전체
QUD 마을만들기에 관한 환경품질				0.25	3.0
$Q_{UD}1$ 자연환경(미기후·생태계)			3	0.35	3.0
1.1 미기후에 대한 배려·보전			3.0	0.30	
1.1.1 통풍을 배려한 혹서 환경의 완화(여름)			3.0	0.20	
1.1.2 그늘 형성에 의한 혹서 환경의 완화(여름)			3.0	0.30	
1.1.3 녹지·수면 등에 의한 보행자 공간의 혹서 환경의 완화(여름)			3.0	0.20	
1.1.4 배열의 위치 등에 대한 배려			3.0	0.20	3.0
1.2 지상(地象) 의 배려·보전			3.0	0.33	
1.2.1 기존 지형 특성에 배려한 건축물의 배동계획 및 외구계획			3.0	0.33	
1.2.2 표토의 보전			3.0	0.33	
1.2.3 토양오염에의 배려			3.0	0.15	3.0
1.3 수상(水象) 의 배려·보전			3.0	0.33	
1.3.1 수역의 보전			3.0	0.33	
1.3.2 지하수의 보전			3.0	0.33	
1.3.3 수질에의 배려			3.0	0.10	3.0
1.4 생물 환경의 보전과 창출			3.0	0.25	
1.4.1 자연환경의 잠재력 파악			3.0	0.25	
1.4.2 자연자원의 보전·창출			3.0	0.25	
1.4.3 생태계 네트워크의 형성			3.0	0.25	
1.4.4 동식물의 생식·생육 환경에의 배려			3.0	0.20	3.0
1.5 기타 대상구역내 환경의 배려			3.0	0.33	
1.5.1 양호한 공기질·음환경·진동환경의 확보			3.0	0.33	
1.5.2 풍환경의 향상			3.0	0.33	
1.5.3 일조의 확보				0.45	3.0
$Q_{UD}2$ 지구의 서비스 성능			3	0.20	3.0
2.1 지구 전체의 공급처리시스템 성능 (상하수·에너지)			3.0	0.50	
2.1.1 공급처리시스템의 신뢰성			3.0	0.50	
2.1.2 공급처리시스템의 수요 변화·기술 혁신에 대한 유연성			3.0	0.15	3.0
2.2 지구 전체로의 정보시스템 성능			3.0	0.33	
2.2.1 정보시스템의 신뢰성			3.0	0.33	
2.2.2 정보시스템의 수요 변화·기술 혁신에 대한 유연성			3.0	0.33	
2.2.3 사용하기 편리함			3.0	0.15	3.0
2.3 교통 시스템의 성능			3.0	0.50	
2.3.1 교통 시스템의 편리성			3.0	0.50	
2.3.2 보행자 공간 등의 안전성의 확보			3.0	0.20	3.0
2.4 방재·방범 성능			3.0	0.25	
2.4.1 대상구역 전체로의 자연재해 리스크 대책			3.0	0.25	
2.4.2 피난 장소로서의 방재 공지 확보			3.0	0.25	
2.4.3 유기적인 피난로 네트워크의 형성			3.0	0.25	
2.4.4 방범 성능(감시성·영역성)			3.0	0.15	3.0
2.5 생활의 편리성			3.0	0.33	
2.5.1 근처의 생활 편리시설 등까지의 거리			3.0	0.33	
2.5.2 근처의 의료·복지시설까지의 거리			3.0	0.33	
2.5.3 근처의 교육·문화 시설까지의 거리			3.0	0.15	3.0
2.6 유니버설 디자인의 배려				0.30	3.0
$Q_{UD}3$ 지역사회로의 공헌(역사·문화, 경관, 지역 활성화)			3	0.20	3.0
3.1 지역 자원의 활용			3.0	0.50	
3.1.1 지역 산업, 인재·기능의 활용			3.0	0.50	
3.1.2 역사, 문화, 자연 자산의 보전과 활용			3.0	0.30	3.0
3.2 지역사회 기반 형성 공헌			3.0	0.20	3.0
3.3 양호한 커뮤니티 양성으로의 배려			3.0	0.50	
3.3.1 지역의 핵의 형성 및 활기나 커뮤니티의 양성			3.0	0.50	
3.3.2 다양한 주민참가의 기회의 창출			3.0	0.30	3.0
3.4 마을풍경·경관형성의 배려			3.0	0.50	
3.4.1 대상 구역 전체로의 마을풍경·경관형성			3.0	0.50	
3.4.2 주변과의 조화성					

그림 I.3.6 CASBEE-마을 만들기의 스코어시트(1/2)

LRUD 마을만들기의 환경 부하 저감성				0.30	3.0
LRUD1 미기후·외부공간의 환경영향			3	0.30	3.0
1.1 지구외에 대한 온열 환경 악화의 개선(여름)			3.0	0.20	
1.1.1 풍하 쪽 지역의 통풍로를 차단하지 않는 건축 배치·형태의 계획			3.0	0.20	
1.1.2 지표면 피복재 고려			3.0	0.20	
1.1.3 건축 외장재(옥상·벽면)의 고려			3.0	0.40	
1.1.4 배열 삭감 배려			3.0	0.15	3.0
1.2 지구 외의 지반·지질 영향의 억제			3.0	0.70	
1.2.1 대상구역외의 토양오염 방지			3.0	0.30	
1.2.2 지반침하 방지			3.0	0.10	3.0
1.3 지구외 대기오염 방지			3.0	0.40	
1.3.1 발생원의 대책			3.0	0.20	
1.3.2 교통 수단 대책			3.0	0.40	
1.3.3 대기 정화 시도			3.0	0.10	3.0
1.4 지구외 소음·진동·악취의 방지			3.0	0.33	
1.4.1 소음이 대상구역외에 미치는 영향의 경감			3.0	0.33	
1.4.2 진동이 대상구역 외에 미치는 영향의 경감			3.0	0.33	
1.4.3 악취가 대상구역 외에 미치는 영향 경감			3.0	0.25	3.0
1.5 지구 외의 풍해·일조 저해 억제			3.0	0.50	
1.5.1 대상구역 외의 풍해 억제			3.0	0.50	
1.5.2 대상구역 외의 일조 저해 억제(겨울)			3.0	0.10	3.0
1.6 지구외의 광해(光害) 억제			3.0	0.50	
1.6.1 조명·광고물 등의 광해 억제			3.0	0.50	
1.6.2 건물 외벽이나 옥외 구조물에 의한 주광반사 억제				0.45	3.0
LRUD2 사회기반			3	0.15	3.0
2.1 상수 공급(부하)의 저감			3.0	0.50	
2.1.1 저장우수의 적극적 이용 촉진			3.0	0.50	
2.1.2 중수도 시스템에 의한 물 순환 이용			3.0	0.10	3.0
2.2 우수 배수 부하의 저감			3.0	0.50	
2.2.1 침투성 포장이나 침투 트렌치 등에 의한 외부 공간의 표면 유출의 억제			3.0	0.50	
2.2.2 조정지·유수지 등에 의한 우수의 유출 억제(피크 컷; peak cut)			3.0	0.10	3.0
2.3 오수·잡배수의 처리 부하 저감			3.0	0.50	
2.3.1 오수·잡배수의 고도처리 등을 통한 부하의 저감			3.0	0.50	
2.3.2 배수 조정조 등에 의한 부하의 평준화			3.0	0.20	3.0
2.4 쓰레기 처리 부하의 저감			3.0	0.33	
2.4.1 쓰레기 보관 시설의 집약 정비에 의한 수집 부하 저감			3.0	0.33	
2.4.2 쓰레기의 용적 축소화·감량화, 혹은 퇴비화하기 위한 시설의 도입 및 운용			3.0	0.33	
2.4.3 쓰레기 분리 수준과 처리·처분 루트의 확보			3.0	0.15	3.0
2.5 자동차 교통량에 관한 배려			3.0	0.50	
2.5.1 다른 교통 수단 전환을 통한 자동차 교통량의 총량 삭감			3.0	0.50	
2.5.2 주변 도로의 부하를 억제하는 동선계획			3.0	0.30	3.0
2.6 지구 전체의 면적인 에너지 이용			3.0	0.33	
2.6.1 미이용 에너지·신 에너지의 면적인 이용			3.0	0.33	
2.6.2 면적 이용에 의한 전력·열부하의 평준화			3.0	0.33	
2.6.3 면적인 고효율 에너지의 활용				0.25	3.0
LRUD3 지역환경관리			3	0.25	3.0
3.1 지구 온난화의 배려			3.0	0.10	
3.1.1 재료 등 관계			3.0	0.50	
3.1.2 에너지 관계			3.0	0.20	
3.1.3 교통 관계			3.0	0.50	
3.2 환경 배려형 건설 계획			3.0	0.10	
3.2.1 ISO14001의 인증 취득			3.0	0.20	
3.2.2 공사에 의해 발생하는 부산물의 삭감			3.0	0.10	
3.2.3 시공시의 저에너지 활동			3.0	0.20	
3.2.4 대상구역 외의 공사상 영향의 저감			3.0	0.20	
3.2.5 지구 환경을 배려한 재료의 선정			3.0	0.20	
3.2.6 건강의 영향을 배려한 재료의 선정			3.0	0.15	3.0
3.3 교통에 관한 광역적 시도			3.0	0.50	
3.3.1 교통 시설 정비에 관한 상위 계획과의 정합			3.0	0.50	
3.3.2 교통 수요관리 등의 시도			3.0	0.25	3.0
3.4 모니터링과 관리 체제			3.0	0.50	
3.4.1 대상구역의 에너지 사용량 삭감을 위한 모니터링과 관리 체제			3.0	0.50	
3.4.2 대상구역 주변의 외부 환경보전을 위한 모니터링과 관리 체제			3.0	0.50	

색깔 컬럼은 풀다운메뉴에서 선택
색깔 컬럼은 수치나 코멘트를 기입

그림 I.3.7 CASBEE-마을 만들기의 스코어시트(2/2)

3.5 평가 결과 표시시트

평가 결과 표시시트에서는 Q_{UD}(마을 만들기에 관련된 환경품질)과 LR_{UD}(마을 만들기에 있어서의 환경부하 저감성) 또한 BEE_{UD}(마을 만들기에 관련된 환경효율)의 결과가 그래프와 수치로 표시된다. 또한 대상 프로젝트의 관련 정보를 1장의 시트로 요약표시하여, CASBEE-마을 만들기의 평가 결과를 한눈에 알아보기 쉽도록 만들어져 있다. 동 시트의 전체 이미지는 그림 I.3.8에 나타내는 바와 같으며, CASBEE-마을 만들기의 특색을 표시하면서 디자인의 큰 틀은 CASBEE 패밀리로서 여타의 평가 툴과 통일되어 있다.

1. 대상구역 개요

먼저, CASBEE-마을 만들기의 로고 바로 하단에 해당 평가방식(표준판, 병용판, 간이판)과 평가유형(도심 유형 또는 일반 유형)이 표시된다.

'1-1 마을 만들기의 개요'에는 메인시트에 입력한 정보(개발명칭이나 소재지, 지역・지구, 건폐율, 용적률 등 프로젝트의 개요 등)가 자동 표시된다. 해당 평가에 사용한 유형(도심 유형 또는 일반 유형) 표시와 함께 작성일, 작성자, 확인일, 확인자와 같은 평가실시에 관련된 기본 사항도 자동 표시된다.

'1-2 대상구역'에는 원칙적으로 평가대상 구역의 전체 평면도(시설 배치도)를 표시한다. 또한 그 하단의 '마을 만들기의 이미지'란에는 적절한 투시도 등을 부착하여 사용한다.

2. 평가 결과

마을 만들기에 관련된 환경성능 평가 결과를 표시하는 난이다. 이 난에는 스코어시트에서 집계된 각 채점항목의 입력 결과를 기초로 그래프 표시된다.

각 평가항목의 스코어는 소수점 이하 2자리 절사처리한 수치가 표시된다. 또한 각 항목의 스코어 산출에 있어서 유효 자리수의 처리를 하지 않은 수치를 근거로 집계한다.

2-1. 마을 만들기에 관련된 환경효율(BEE_{UD} : Building Environment Efficiency of Urban Development)

Q_{UD}(마을 만들기에 관련된 환경품질)과 L_{UD}(마을 만들기에 있어서의 외부 환경부하)의 평가 결과부터 산출되는 '마을 만들기에 관련된 환경효율 : BEE_{UD}'을 표시한다. 또한 결과 표시시트 상에서는 간략화를 위해 첨자를 생략하고 있다.

Q_{UD}와 L_{UD}의 값은 각각 Q분야의 종합득점 SQ_{UD} 및 LR_{UD}분야의 종합득점 SLR_{UD}부터, 아래의 BEE_{UD} 계산식에 의해 유도된다.

$$BEE_{UD} = \frac{Q_{UD}}{L_{UD}} = \frac{25 \times (SQ_{UD} - 1)}{25 \times (5 - SLR_{UD})}$$

여기서, 먼저 분자의 Q_{UD}는 마을 만들기에 관련된 환경품질의 득점 SQ_{UD}(1~5점)을 Q_{UD}의 스케일인 0~100의 수치로 변환하기 때문에 $Q_{UD}=25\times(SQ_{UD}-1)$로 정의한다. 한편, 분모의 L_{UD}는 마을 만들기에 있어서의 환경부하 저감성 득점 SLR_{UD}(1~5점)을 역시 환경부하 L_{UD}의 스케일인 0~100의 수치로 변환하기 때문에 $L_{UD}=25\times(5-LR_{UD})$로 정의한다.

BEE는 소수점 이하 2자리를 절사처리한 수치가 표시된다. 또한 BEE 산출에 있어서는 유효자리수의 처리를 하지 않은 수치를 근거로 최종적인 BEE까지 산정한다.

칸의 왼쪽에는 세로축에 Q_{UD}, 가로축에 L_{UD}를 취하여 BEE_{UD}를 표시한 그래프로, 원점($Q_{UD}=0$, $L_{UD}=0$) 및 Q_{UD}값과 L_{UD}값의 좌표점을 잇는 직선의 경사가 BEE_{UD}값을 나타낸다. Q_{UD}값이 높고, L_{UD}값이 낮을수록 이 경사가 커지며, 보다 지속가능한 성향을 나타내는 마을 만들기라 평가할 수 있다.

CASBEE에서는 이 기울기에 따라 C, B^-, B^+, A, S의 5등급으로 분할되는 영역에 의해 마을 만들기에 관련된 종합적인 환경성능 평가 결과를 표시한다. 또한, 각각의 등급은 표 I.3.3에 나타내는 평가 표현에 대응하여 알기 쉽도록 별 개수로 표현된다.

표 I.3.3 BEE값에 의한 등급과 평가의 대응

등 급	평	가	BEE값 외	등급표시
S	Excellent	훌륭하다	BEE=3.0 이상, Q=50 이상	★★★★★
A	Very Good	상당히 좋다	BEE=1.5 이상 3.0 미만	★★★★
B^+	Good	좋다	BEE=1.0 이상 1.5 미만	★★★
B^-	Fairly Poor	조금 부족하다	BEE=0.5 이상 1.0 미만	★★
C	Poor	부족하다	BEE=0.5 미만	★

【표시내용】

1-1 마을 만들기의 개요

1-2 대상구역

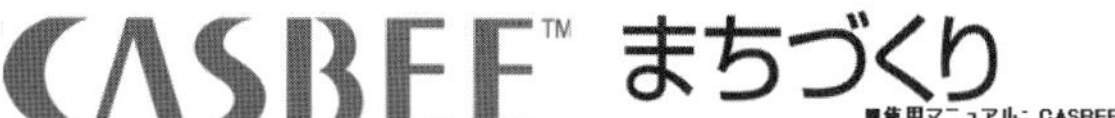

■使用マニュアル: CASBEE-まちづくり(2007年版)　■評価ソフト: CASBEE-UD_2007(v1.0)

評価方式・タイプ	評価方式	標準版	評価タイプ	都心タイプ

1-1 まちづくりの概要

開発名称	Aプロジェクト	適用制度・事業	第一種市街地再開発事業
所在地	東京都千代田区	許容建蔽率/容積率	100% ／ 760%
区域面積	10.0 ha	敷地面積	2.5ha
竣工(供用開始)年	2008年1月 予定	建築面積/計画建蔽率	16000m² ／ 64%
地域・地区	(1) 商業地域、防火地域	延床面積/計画容積率	180000m² ／ 720%
(指定建蔽率/容積率)	(80% ／ 800%)	評価の実施日	2007年6月8日
	(2) 準工業地域	作成者	(1) ■■ ■■
	(60% ／ 400%)		(2) ■■ ■■
	(3) 第一種住居地域		(3) ■■ ■■
	(60% ／ 400%)		(4) ■■ ■■
	(4)		(5) ■■ ■■
	(% ／ %)		(6) ■■ ■■
基準建蔽率/容積率	70% ／ 445%	確認日	2007年6月11日
		確認者	□□ □□

1-2 対象区域

対象区域図等

図を貼り付けるときは
シートの保護を解除してください

2-1 마을 만들기의 환경효율

2-2 레이더 차트

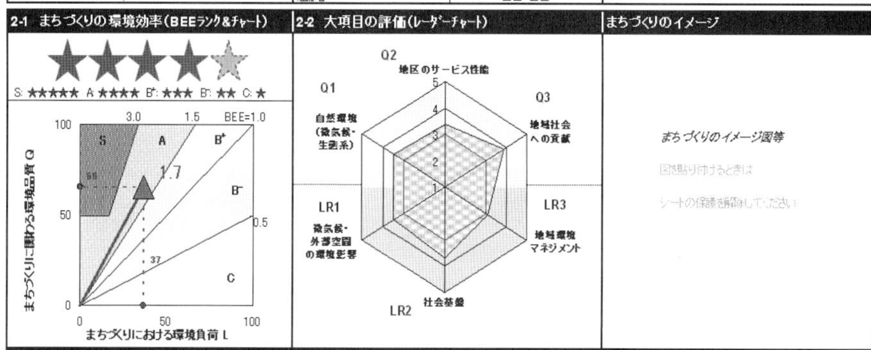

2-3 바 차트

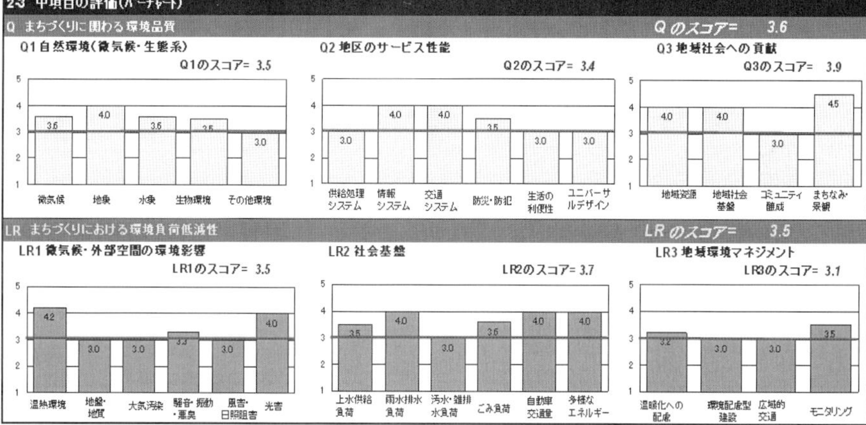

3 설계상의 배려사항

3 設計上の配慮事項

総合		その他
Q1 自然環境(微気候・生態系)	Q2 地区のサービス性能	Q3 地域社会への貢献
LR1 微気候・外部空間の環境影響	LR2 社会基盤	LR3 地域環境マネジメント

4 사회적 중요성 항목

4 社会的重要性項目

社会的重要性が高い項目	上位計画等
	○○○
	○○○

■CASBEE: Comprehensive Assessment System for Building Environmental Efficiency (建築物総合環境性能評価システム)
■Q: Quality (まちづくりに関わる環境品質)、L: Load (まちづくりにおける環境負荷)、LR: Load Reduction (まちづくりにおける環境負荷低減性)、
BEE: Building Environmental Efficiency (まちづくりの環境効率)
■CASBEE全体の表記ルールに従えば、CASBEE-まちづくりの場合、BEE_{UD}、Q_{UD}、LR_{UD}などとすべきであるが、本シート上では簡略化のためUDを省略した

그림 I.3.8 CASBEE-마을 만들기의 평가 결과 표시시트

2-2. 레이더 차트

Q_{UD}1부터 LR_{UD}3까지 6분야의 득점이 2개 난 오른쪽 상단에 레이더 차트로 일괄 표시되어 대상구역에서의 환경 배려 특징이 한눈에 보이도록 되어 있다.

2-3. 바 차트

Q_{UD}(마을 만들기에 관련된 환경품질)은 위 칸에 'Q_{UD}1 자연환경', 'Q_{UD}2 지구의 서비스 성능', 'Q_{UD}3 지역사회로의 공헌'의 분야별 평가 결과가 중항목 단위의 막대그래프로 표시된다. 또한 LR_{UD}(마을 만들기에 있어서의 환경부하 저감성)은 아래 칸에 'LR_{UD}1 미기후・외부 공간의 환경영향', 'LR_{UD}2 사회기반', 'LR_{UD}3 지역환경관리'의 평가 결과와 같이 표시된다.

3. 계획상의 배려사항

메인시트 부록의 '배려'에 기입한 대상 프로젝트의 계획상의 배려사항이 평가 결과의 참고자료로서 자동적으로 표시된다.

4. 사회적 중요성 항목

CASBEE 마을 만들기 평가의 특색인 사회적 중요성에 대하여 명시하는 칸이다. 스코어시트 상의 체크와 메인시트 상의 '개요입력'에 기입한 내용이 자동적으로 표시된다.

4. 사례연구

여기에 게재하는 평가 사례의 상당수는 적극적으로 환경 배려에 임하고 있는 사례이다. 따라서 비교적 높은 순위의 결과가 많이 모여 있음에 유의할 필요가 있다.

사례 A (도심 유형) — 평가 결과 순위 S (BEE_{UD}=3.3)

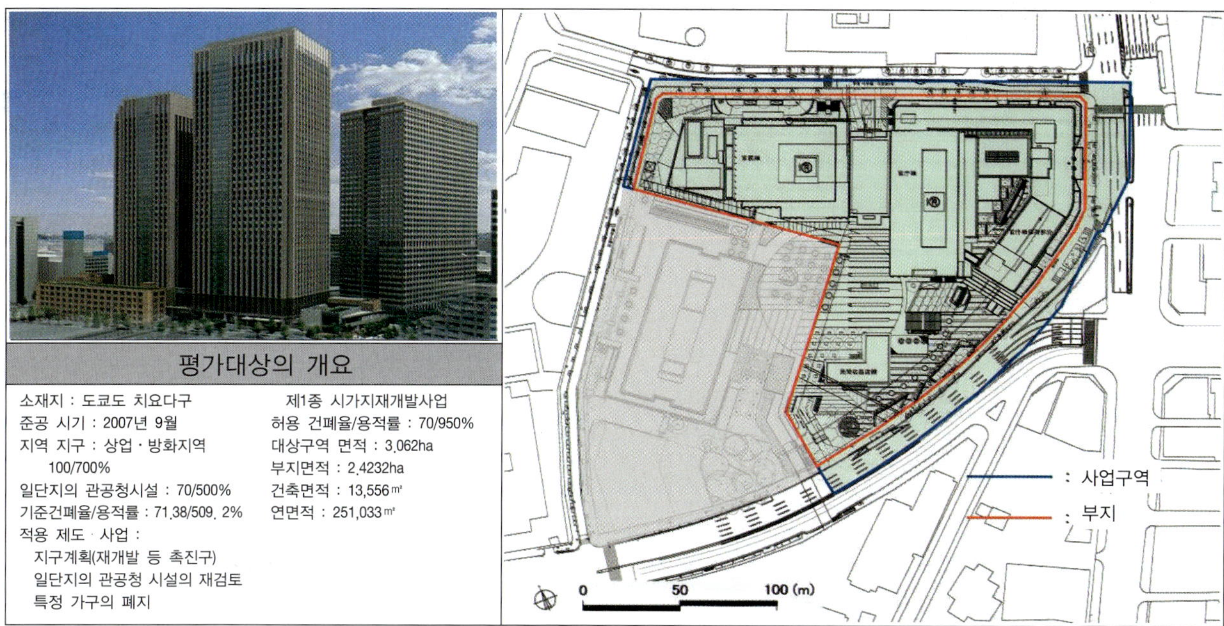

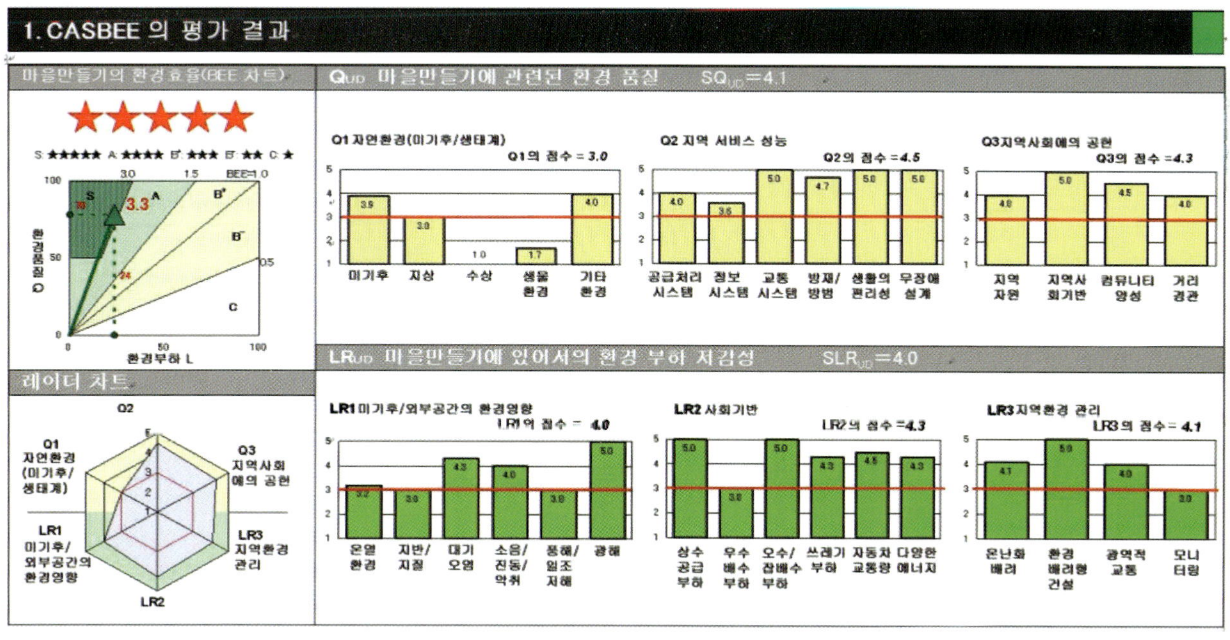

2. 평가 대상 프로젝트의 특징

■ 입지 특성

계획지는 황궁 남측에 위치하는 중앙관청거리가 토라노몬(虎ノ門)·신바시(新橋) 일대에 펼쳐지는 민간 업무 및 상업 지역과 접하는 장소에 위치한다.(사진 1) 일찍이 메이지 유신 후에는 코우부(工部)대학교(현재의 도쿄대학 공학부) 등 교육시설이 입지한 장소이며, 쇼와(昭和)에 접어들자 청사가 잇따라 건설되어 중앙관청거리로서 정비가 진행되었다. 그 후 70여 년을 거쳐 계획지 내의 중앙관청시설은 노후화가 진행되는 등 재건축의 시기를 맞이하였다.

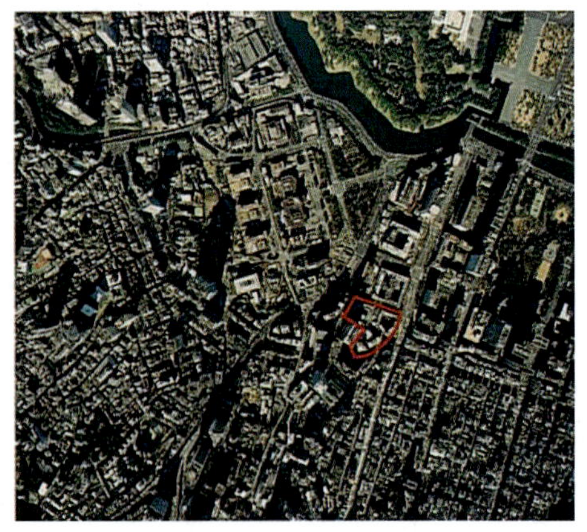

사진 1 항공사진

■ 도시재생을 리드하는 '마을 만들기'

중앙관청 시설의 재건축과 거기에 맞춘 가구 전체의 재개발 조사 실시가 도시재생 프로젝트로서 결정된 것을 계기로 관민 관계자는 향후 도시재생을 선도하는 마을 만들기 모델이 될 수 있도록 학식 경험자의 지도·조언을 받으면서 관민이 융합한 개성 있는 마을 만들기를 진행시키기로 하였다. 이 마을 만들기를 실현하기 위하여 도시계획의 재검토와 함께 시가지재개발사업 제도를 적용하여 중앙관청으로서는 처음으로 대규모 관민 공동시설을 건설한다는 프로젝트의 골격이 결정되었다.

가구의 공간구성에 있어서 활기차고 매력 있는 거리를 목표로 녹지가 풍부한 광장을 중앙관청거리 구역과 토라노몬·신바시의 민간 업무·상업 구역의 2개 구역이 겹치는 장소에 배치하여 양 구역으로부터 사람이나 문화의 흐름을 융합하도록 의도하였다. 그리고 광장을 둘러싸도록 구청사인 보존동, 점포, 초고층 빌딩을 정비하여 인접 초고층 빌딩, 관청가 등의 주변지역과 함께 일체감 있는 마을 만들기를 실시할 계획이다.

그림 1 인접한 초고층빌딩과 일체로 정비된 광장

■ 구청사를 보존·개수

쇼와(昭和) 초기에 지어진 구청사의 일부는 보존·개수에 의해 창건 당시의 외관 이미지를 재현하고 있다.(사진 2) 역사적 건축물을 보존함으로써 거리의 역사와 기억을 미래로 계승하고 있다.

사진 2 구청사 외관

■ 활기 넘치는 광장이나 보행로의 정비

광장 공간은 인접 초고층 빌딩측 부지(다른 사업자)와 일체로 정비되어 나무들로 장식된 풍부한 계절감을 만들어낼 계획이다. 나뭇잎 사이로 비치는 햇빛 넘치는 보행로는 윤기 있는 도시 경관을 창출함과 동시에 사람들에게 부드러운 동선을 확보하도록 무장애 계획을 가구 전체적으로 실시하였다. 광장이나 길가 부근에는 다양한 점포를 배치하여 활기와 편안함, 새로운 즐거움을 거리에 확산시키도록 계획하고 있다.(그림 1)

■ 고도의 신뢰성 확립

일본 최초의 대규모 관민 공동시설로서 건설되는 2동의 초고층 빌딩에는 여러 기관과 조직의 입주가 예정되어 있다. 이 초고층 빌딩은 관청시설로서 행정기관의 기능을 받아들이는 공간으로서 높은 성능을 가짐과 동시에, 재해 등 만일의 경우에 대비한 고도의 백업 시스템을 갖추고 있다. 한편, 민간 사무용 공간에 있어서는 일체적인 대공간에 다양한 요구에 대응할 수 있는 유연성과 첨단 기능을 확보하고 있다. 또 건물 전체적으로 뛰어난 내진성을 가지고 있어서 관민 쌍방 기능을 높은 신뢰성으로 지지하고 있다.

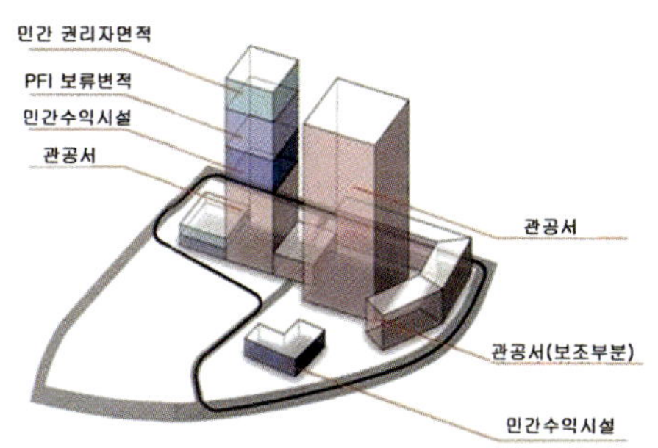

그림 2 배치 이미지

■ 사회적 중요성에 대해

관민 관계자로 구성되는 '마을 만들기 협의회'에 있어서, 환경 품질·성능 면에서는 "역사적 건축물의 보존·활용"이나 "역사적 유구의 보존·전시"가, 환경부하 저감성에서는 주변환경을 고려한 교통계획으로서 "지하철역과의 직결"이 제안되어 본 계획에서 실천에 옮긴 중요 항목이다.

3. 채점의 생각 (1) 환경 품질에 관련된 특징

Q_{UD}1 자연환경(미기후·생태계) :

1.1 미기후의 배려·보전

인공지반을 포함한 많은 오픈 스페이스를 창출함으로써 공지율은 67.64%, 중고목·차양 등에 의한 수평 투영 면적률은 50.62%로 되었다. 녹화 계획은 주변의 식재 환경과의 조화, 그리고 인접 초고층 빌딩 주변과의 일체감을 고려하여 계획하고 있다. 그 결과, 물이나 식물의 외구 피막률은 10.55%로 되었다. 또 최신 기술을 도입하여 적극적으로 옥상 녹화도 실시하고 있다.

1.3 수상(水象)의 배려·보전

도심부의 재개발이며, 주변 하천 등 자연 수역에 해당하는 것이 없어서 평가대상에서 제외되는 항목도 있다. 또한 지하수 보전에 관해서는 인공지반이 중심이므로 일부 지하수의 함양을 실시하는 것에 머물렀다.

1.5 기타 대상구역 내 환경에의 배려

주된 광장을 부지 남측에 배치할 계획이었으나 광장의 일조 시간은 남측 고층빌딩의 그늘 영향으로 동지 시에는 2시간의 일조가 되기 때문에 평가는 레벨 4에 머물렀다.(그림 3)

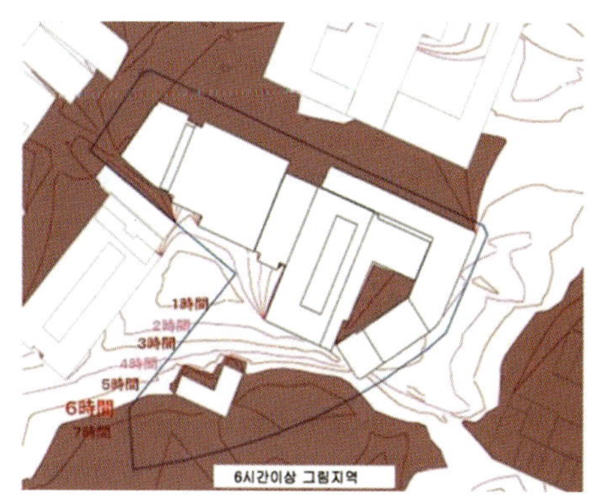

그림 3 등시간 일영도(동지)

Q_{UD}2 지구의 서비스 성능 :

2.3 교통 시스템의 성능

계획지 주변의 교통량 조사를 실시하여 새롭게 쌍방향에서 출입 가능한 중앙 관통 통로를 가구 중앙부에 정비한다. 그 운용은 주변 각 교차점의 피크 특성에 따라 변경 가능한 것으로 하고 있다. 또 중앙 관통 통로는 각 시설을 잇는 네트워크 동선의 역할도 하고 있어서, 각처에 서비스 공간을 배치하여 서비스 차량 등을 가구 내에서 처리할 수 있도록 궁리하고 있다.(그림 4, 5)

2.6 유니버설 디자인에의 배려

옥외 엘리베이터나 에스컬레이터의 설치 등에 의해 고저차를 순조롭게 연결하는 무장애 동선을 형성함과 동시에, 가구 내 안내 게시판에는 음성 유도장치 등을 도입하여 충분한 유니버설 디자인의 배려를 실시하고 있다.

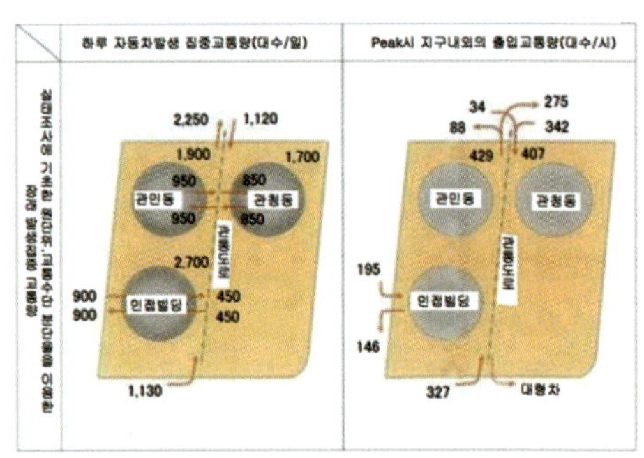

그림 4 관통통로 및 주변도로에의 영향검토

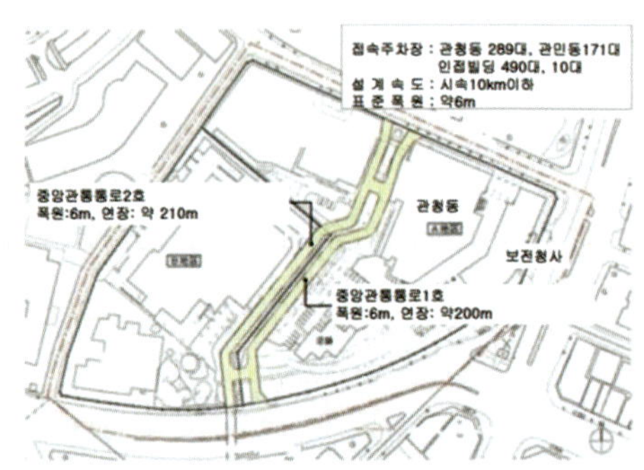

그림 5 지하 중앙 관통통로

Q_{UD}3 지역사회에의 공헌(역사 · 문화, 경관, 지역 활성화) :

3.1 지역 자원의 활용

쇼와(昭和) 초기에 지어진 구청사의 일부는 창건 당시의 외관 이미지를 재현하여 보존 · 활용된다. 또 에도성(江戸城) 바깥측 해자의 돌담 유구는 관계 기관이나 전문가와의 협의를 통하여 적절한 보존조치를 강구한 다음, 새로운 시설과 일체화한 전시를 실시하는 것으로 하고 있다.(사진 3)

3.2 지역사회 기반 형성에의 공헌

대상지역은 인프라 두절 시에도 필요한 부하에 전원을 공급할 수 있도록 비상용 발전기의 연료 비축을 실시하여 방재 거점으로서의 기능을 확보하고 있다. 또 공공 하수도 두절 시에는 배수를 건물 내의 close circuit에서 처리하여 방재 활동에 필요한 잡용수를 확보하여 외부로의 배출을 필요로 하지 않도록 계획하였다.

3.3 양호한 커뮤니티 양성에의 배려

계획 단계에서 가구의 지권자(地權者) 등에 의한 '마을 만들기 협의회'를 설립하여 적극적인 주민참가형 계획을 실시하고 있다.

사진 3 에도성 외곽의 역사적 유물 및 석담의 전시

4. 채점의 생각 (2) 환경부하 저감 성능에 관련된 특징

LR_{UD}1 미기후 · 외부공간의 환경 영향 :

1.1 지구 외에 대한 온열환경 악화의 개선(여름)

배열을 쿨링 타워에서 잠열화함으로써 현열 배열의 삭감에 배려하고 있다. 또한 야간의 외기를 이용하여 빌딩의 열을 내보내는 나이트

퍼지를 도입하고 있다.(그림 6)

1.2 지구 외의 지반 · 지질에 대한 영향의 억제

대상지역 내에는 토양오염이나 거기에 유래하는 지하수 오염은 없기 때문에 평가대상 외가 되었다.

1.5 지구 외에 대한 풍해 · 일조 저해의 억제

풍환경은 일부 지점에서는 개선을 볼 수 있지만, 반대로 약간 악화되고 있는 지점도 볼 수 있기 때문에 건설 이전의 바람 순위를 유지하고 있으므로 레벨 3으로 평가되었다.

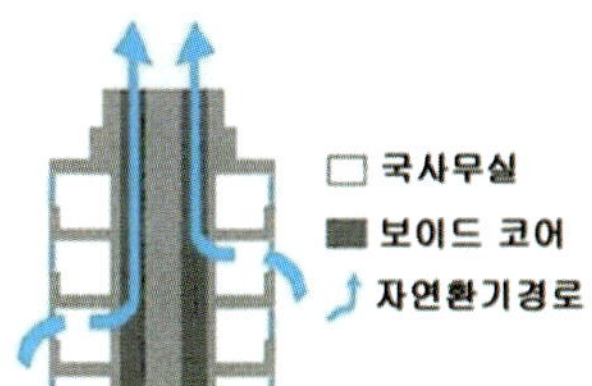

그림 6 나이트 퍼지 이미지

LR$_{UD}$2 사회기반 :

2.1 상수 공급(부하)의 저감

우수나 시설 내 잡배수의 재생수를 식재용의 관수나 변소 세정수로서 재이용하여 상수 공급 부하를 저감하고 있다.

2.4 쓰레기 처리 부하의 저감

쓰레기의 재자원화 · 리사이클, 쓰레기 처리의 경감을 목표로 하여 캡슐 강하식 자동 반송 시스템 및 음식물 쓰레기 처리 설비를 도입하고 있다. 식당 주방으로부터 발생하는 음식물 쓰레기는 지하의 쓰레기 처리실에 집적하여 미생물의 힘을 이용하여 일차 발효하고, 대강 수분비의 1/5을 감량하는 처리를 실시하고 있다. 또한 일시 보관용으로서 냉장고도 설치하고 있다.(그림 7)

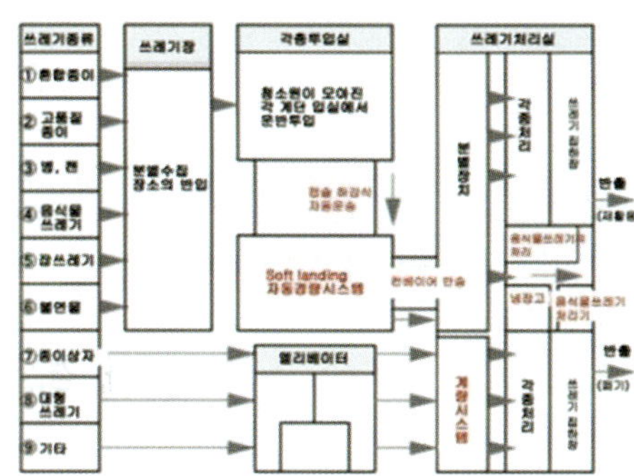

그림 7 쓰레기의 수집 : 반송개념도

2.6 지구 전체의 면적인 에너지 이용

전력과 열을 발생시키는 연료전지 설비를 도입하고 있다. 이것은 도시가스 중의 수소와 공기 중의 산소를 전기화학 반응시키는 것으로, 발전효율이 높고 대기오염의 요인이 되는 질소산화물 등도 거의 발생시키지 않기 때문에 저에너지성과 환경보전성 향상이 도모된다.(그림 8) 또한 도시가스에 의한 열병합발전시스템(CGS)도 도입하고 있어, 전기와 배열의 증기 및 고온수를 주로 냉방 열원으로 이용함으로써 높은 저에너지성을 실현하고 있다.(그림 9) 건물군 전체에서 전력과 열을 효율적으로 이용하는 계획이다.

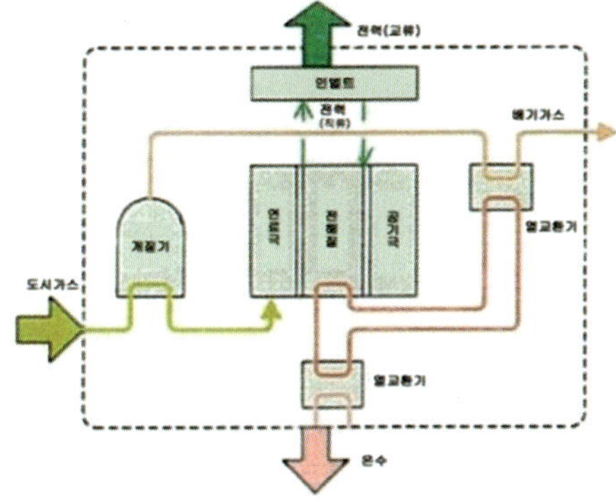

그림 8 연료전지 개념도

LR$_{UD}$3 지역환경관리 :

3.1 지구온난화의 배려

에너지 이용에 있어서 높은 저에너지성의 실현이나 환경을 배려한 건설계획으로 CO_2 배출량을 억제함으로써 지구온난화 억제에 배려하고 있다.

3.2 환경 배려형 건설 계획

시공 시의 건설 부산물의 분별과 재자원화나 화학물질의 발생 리스크의 저감 등의 환경에 배려하는 건설계획이 실시되고 있다.

3.3 교통에 관한 광역적인 시도

지하철역과 직결되는 통로의 신설이나 중앙 광장을 통과하는 보행자 동선을 확보하는 등 주변 교통의 부하를 저감하는 동선계획을 하고 있다.

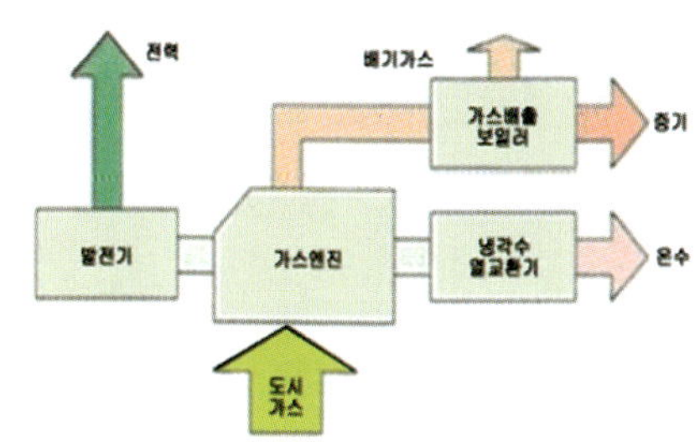

그림 9 가스엔진 GCS 개념도

사례 B (도심 유형)

평가 결과 순위 A (BEE_{UD}=2.4)

평가대상의 개요

소재지 : 도쿄도 츄오구	재개발 지구계획
준공시기 : 2001년 3월	제1종 시가지재개발사업
(일부 2001년 9월)	허용 건폐율/용적률 : 100%/760%
지역지구 :	대상구역 면적 : 100,900㎡
상업지역 : 80%/500%	부지면적 : 84,800ha
준공업지역 : 60%/400%	건축면적 : 66,350㎡
제1종 주거지역 : 60%/400%	연면적 : 약 671,500㎡
적용 제도 · 사업 : 72%/460%	

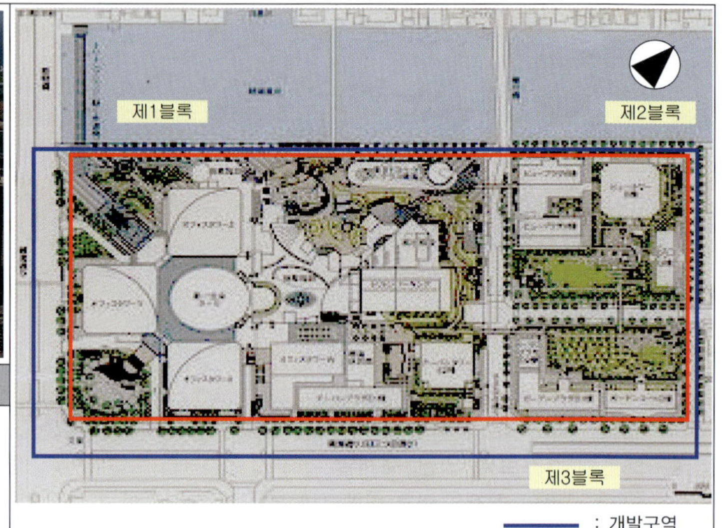

: 개발구역
: 부지

1. CASBEE의 평가결과

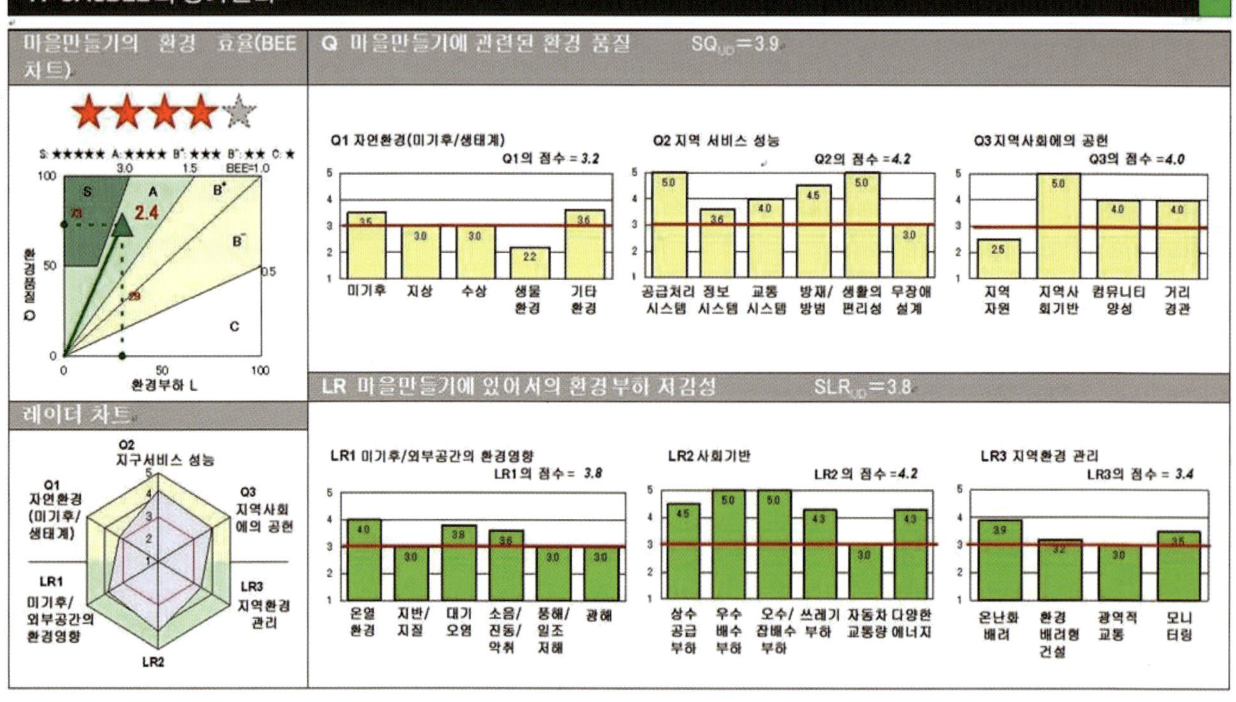

2. 평가 대상 프로젝트의 특징

■ 하루미(晴海) 아일랜드 계획

하루미 아일랜드는 도쿄역으로부터 약 3km의 도심에 위치하지만 교통편이 나쁘고, 창고나 1955년대에 건설된 공동주택이 중심인 지역이었다. 국제 견본시 대회장 이전의 움직임을 계기로 1984년에 '하루미를 좋게 만드는 모임'이 발족하고, '하루미 아일랜드 계획'의 제안을 실시하는 등 지권자 스스로 하루미를 활성화시키는 마을 만들기 활동이 시작되었다. 그 선구주자로 대상지역에서는 민간 지권자와 주택도시 정비공단(현재의 도시재생기구)에 의한 대규모 재개발이 추진되어 2001년 4월에 주간인구 약 20,000명, 야간인구 약 5,300명의 새로운 거리로 탄생되었다.

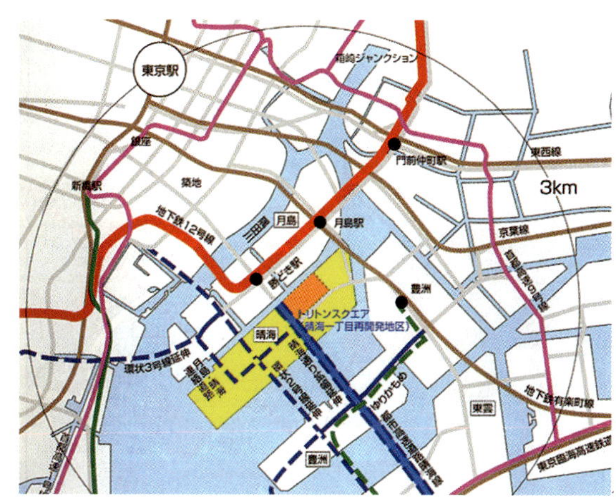

그림 1 대상구역의 위치

■ 지권자 스스로에 의한 재개발

재개발 사업의 추진은 외부 디벨로퍼 등을 포함하지 않고 지권자 스스로 추진하였다. 재개발 초기단계에서 지권자가 출자하는 사업 운영 회사를 설립하여 재개발의 사무국을 맡는 것과 동시에, 완성 후에는 통일 관리자로서 가구의 유지관리, 이벤트의 운영, 대외 절충 등을 실시하고 있다.

또한 주민이 구역 외에 전출하지 않아도 될 수 있도록 제1기 공사에서 주택을 건설하고, 주민이 이전한 후에는 제2기 공사로서 업무 존에 착수하는, 단계적 건설방식을 채택하였다.

■ 업무 · 유흥 · 주거의 융합

부지는 크게 3개의 블록으로 구성된다. 제1블록은 고밀도인 업무 존과 활기 시설을 중심으로 한 저밀도인 복합 존, 제2 · 3 블록은 중밀도인 주거 존으로 구성된다. 개발의 테마는 '업무 · 유흥 · 주거의 융합'이며, 제1블록 업무 존은 3동의 초고층 트리플 타워를 중심으로 '업무'의 역할을 담당한다. 제1블록인 복합 존은, 운하에 접하는 오픈 스페이스를 둘러싸도록 배치된 상업시설과 쇼룸, 학교 등으로 구성되는 '유흥'의 존이다. 제2 · 3 블록은 총 세대수 약 1,500세대의 공동주택으로 구성되는 '주거' 존이다.

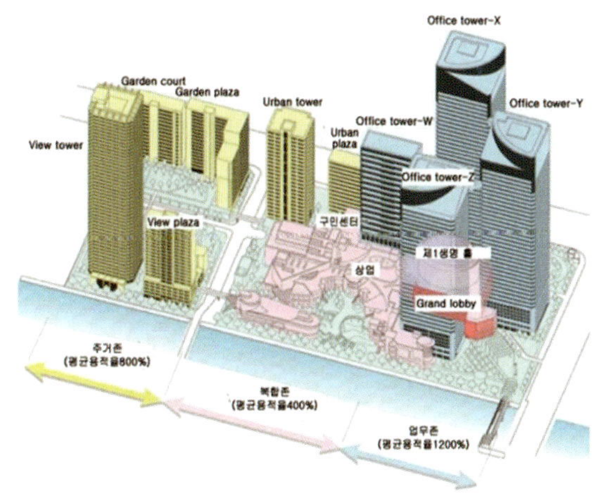

그림 2 전체 조닝

■ 녹지 풍부한 인공지반

주요 부지에 인공지반을 설치하여 사람과 자동차의 완전 분리를 도모하였다. 인공지반 위에는 수많은 식재에 의해 광장이나 산책길, 공원으로서 지역에 개방하여 블록 활기의 중심이 되고 있다.

■ 환경부하 삭감

계획단계부터 장래의 관리운영을 예상하여 저에너지 · 운영비 삭감을 설계 목표로 하였다. 완성 후에는 통일 관리자를 중심으로 에너지 · 물 · 쓰레기 배출량 관리 등 정기적 환경관리 활동을 실시하고 있다.

가구의 열원은 고효율 냉동기와 대용량 축열조와의 조합에 의한 지역 냉난방(DHC)으로 하여 높은 에너지 효율을 실현하고 있다.

■ 사회적 중요성

도쿄도 '토요스(豊洲) · 하루미 개발 정비계획'에 근거하여 주변 도로의 정비, 호안 정비 등을 실시하였다.(Q3. 2) 또 도쿄도 '지역 냉난방 추진에 관한 지도 요강'에 기초하여 제1 가구 업무 · 복합 존에 지역 냉난방 시설을 설치하였다.(LR2.6.3)

사진 1 인공지반상의 풍성

3. 채점의 생각 (1) 환경 품질에 관련된 특징

QUD1 자연환경 :

1.1 미기후에의 배려 · 보전

인공지반을 포함하여 많은 오픈 스페이스를 창출하여 부지 내의 적극적인 녹화를 실시한 결과, 공지율 63.7%, 물이나 식물의 외구 피복률 13.9%가 되고 있다.

1.3 수상의 배려 · 보전

지하수맥의 보전에 대해서는 보도나 공지 부분에 투수성 포장을 채용하여 지하수 함양을 실시하고 있다.

1.4 생물환경의 보전과 창출

과거에는 공동주택 내에서의 녹지나 가로수를 볼 수 있었지만, 양적으로 적고, 또한 전체 배치 계획과의 양립이 어렵기 때문에 보전보다 새로운 녹지 공간의 창출에 중점을 두고 있다.

1.5 기타 대상구역 내 환경의 배려

충분한 오픈 스페이스의 확보에 의하여 주요 광장에 대해 동지 시 2시간 이상의 일조를 확보하고 있다.

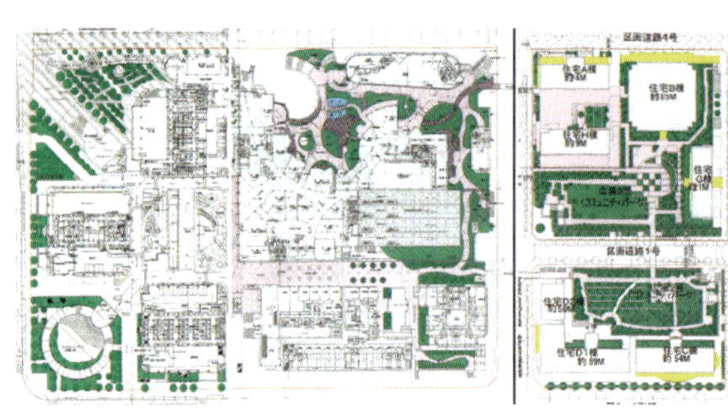

그림 3 외부 녹지

QUD2 지구의 서비스 성능 :

2.1 지구 전체로서의 공급처리시스템 성능

대상지역은 본사 기능의 입주를 상정하여 고기능 오피스를 목표로 했던 적도 있어서 상하수, 전력 등 공급처리시스템은

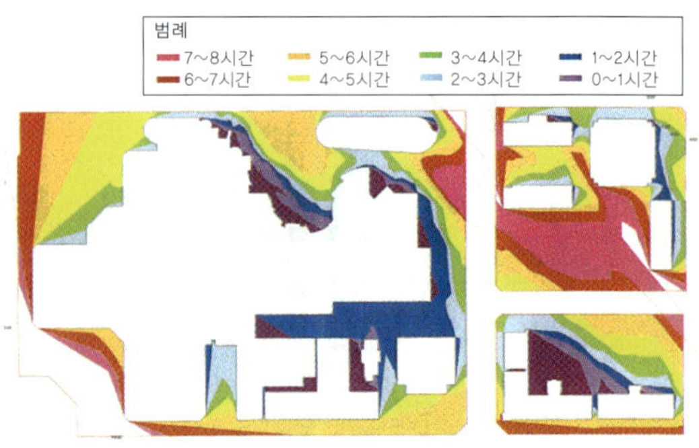

그림 4 일조시간

충분한 용량과 내진 강도를 확보하고 있다. 또 비상시에 대비하여 물과 발전기 연료를 비축하고 있다.

2.3 교통 시스템 성능

대점입지법(大店立地法)[3]에 근거하여 주변 교통의 검증과 동선계획을 실시하고 있다. 또 대부분의 대상지역에서 보행자 전용의 인공지반을 부설하여 사람과 자동차의 분리를 꾀하고 있다.

2.4 방재 · 방범 성능

피난 장소로서의 충분한 오픈 스페이스를 확보하고 있다. 또 건물 밖에 많은 ITV를 설치하여 24시간 감시로 방범성을 높이고 있다.

2.5 생활의 편리성

재개발에 맞추어 대상지역 내에 슈퍼, 금융기관, 의료시설, 구민센터 등을 설치하고 있다.

2.6 유니버설 디자인의 배려

하트빌딩법에 기초한 유도계획, 단차가 적은 계획을 실시하고 있다.

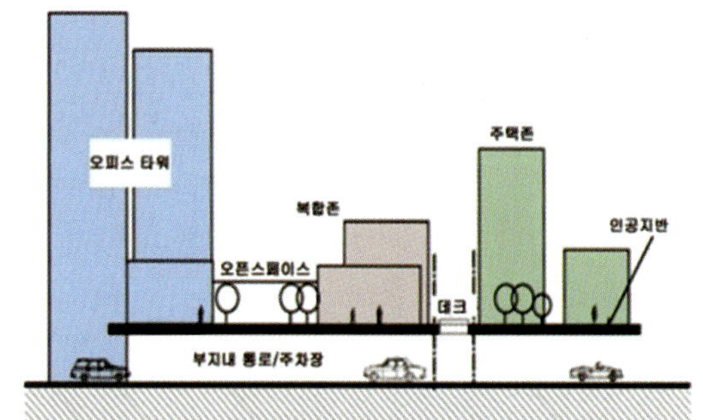

그림 5 인공지반에 의한 사람과 자동차 분리

사진 2 움직이는 인도교

Q_{UD}3 지역사회에의 공헌 :

3.2 지역사회 기반 형성에의 공헌

대상지역은 재개발에 맞추어 호안(湖岸), 움직이는 인도교, 주변 도로, 공원 등 사회 기반을 정비하고 있다.

3.3 양호한 커뮤니티 양성의 배려

종전의 거주자를 내쫓지 않고, 또한 가설 주거에의 이전 없이 재건축을 실시하였다. 완성 후에도 다양한 이벤트를 실시하는 등 지역 커뮤니티전 없이 재건출에 노력하고 있다.

3.4 거리경관 수준 · 경관 형성에의 배려

대상지역 전역에서 외장 디자인이나 외부 디자인의 통일을 꾀하고 있다.

역주 3) '대규모 소매점포 입지법'을 줄여서 일컫는데, 대규모 소매점포의 입지에 따라 그 주변 지역의 생활환경의 보관 유지를 위하여 대규모 소매점포를 설치하는 자에 대하여 그 시설의 배치 및 운영 방법에 대해 적정한 배려가 이루어지도록 할 것을 규정한 법률이다.

4. 채점의 생각 (2) 환경부하 저감성에 관련된 특징

LR_{UD}1 미기후 · 외부공간의 환경 영향 :

1.1 지구 외에 대한 온열환경 악화의 개선(여름)

대상지역은 고밀도 지역이기 때문에 여름의 상풍향(남풍)에 대한 정면 면적비가 2.0, 동간폭 비율이 0.31이 되었다. 한편으로 투수성 포장을 포장면의 50% 이상으로 실시하고, 또한 고효율 열원에 의해 배열을 억제하는 등 열섬화 현상의 억제에 노력하고 있다.

1.4 지구 외에 대한 소음 · 진동 · 악취의 방지

주차장 환기팬 등 소음 발생원에 차음장치를 마련하여 부지 외의 소음대책을 실시하고 있다. 또 주방 배기에 탈취 장치를 마련하여 악취 방지에 배려하고 있다.

1.5 지구 외에 대한 풍해 · 일조 저해의 억제

대상지역의 남측에 초고층 오피스동, 북측에 주택동, 중간에 저층의 상업시설을 배치하여 주택 및 북측 부지에 대한 일조를 확보하고 있다.

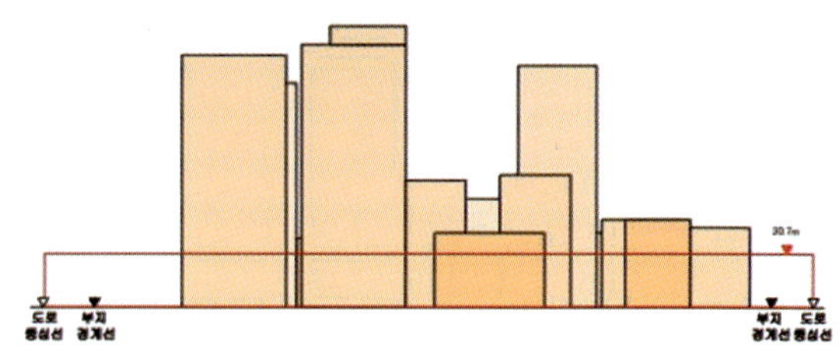

그림 6 건물 정면 면적

LR$_{UD}$2 사회기반 :

2.1 상수 공급(부하)의 저감

오피스동 지붕 우수의 이용이나 생활배수의 재이용 등 상수 부하의 저감을 꾀하고 있다.

2.2 우수 배수 부하의 저감

대상지역 내에 2,700m^{3}의 우수 저장조를 설치하고 있다. 또한 포장면의 50% 이상 침투성 포장을 채용하고 있다.

2.3 오수 · 잡배수의 처리 부하의 저감

주방배수나 잡배수를 처리하여 변소 세정수로서 재이용하고 있다.

2.4 쓰레기 처리 부하의 저감

대상지역 내에서 쓰레기의 공동 집배를 실시하고 있다. 또 분리 리사이클을 적극적으로 실시하고 있다.

2.6 지구 전체에서의 면적인 에너지 이용

고효율인 지역 냉난방(DHC)의 채용에 의하여 연간 1차 에너지 효율(COP)이 1.2로, 개별 열원의 COP0.6*에 대하여 약 2배의 효율이 되고 있다.

* 후쿠시마아사히코, 사토하라 사토시 외 '지역열공급 시스템의 저에너지성, CO_2 삭감 효과에 관한 실태 연구 · 그 2'(일본 건축학회 대회 학술강연 개요집, 2003)

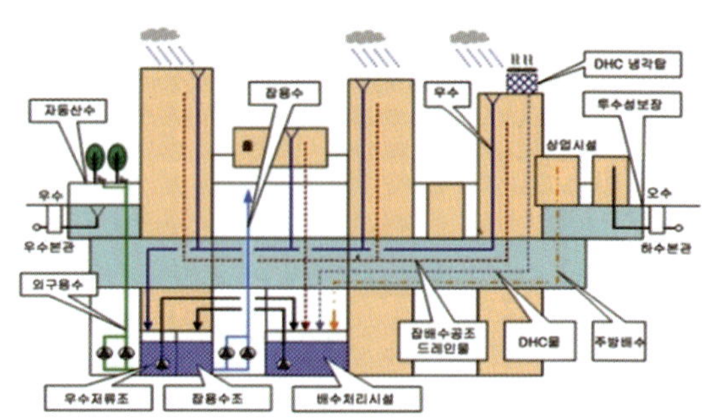

그림 7 물의 순환 재이용

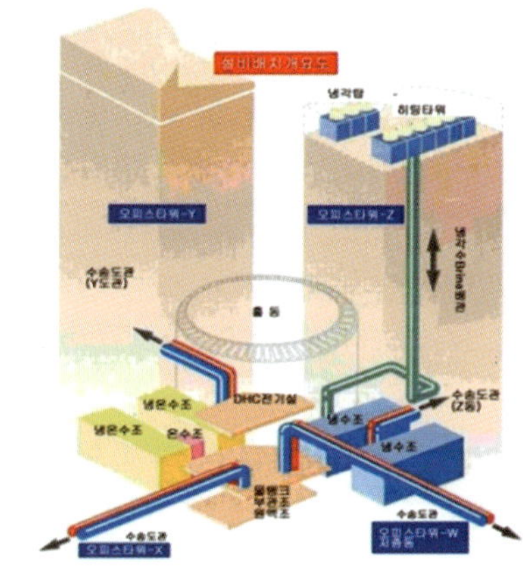

그림 8 지역냉난방(DHC)

LR$_{UD}$3 지역 환경관리 :

3.2 환경 배려형 건설 계획

대상지역은 건설시의 환경영향평가서에 따라 환경부하 삭감의 대책을 실시하고 있다.

3.4 모니터링과 관리체제

업무 복합 존에서는 통일 관리자를 중심으로 완성 후 에너지, 물, 폐기물의 정기적 모니터링과 환경 보고서를 발행하여 효율적인 운전관리를 실현하고 있다.

사진 3 투수성 포장

사례 C (일반 유형)

평가 결과 순위 A (BEE_{UD}=2.7)

평가대상의 개요

소재지 : 요코하마시 카나가와구
준공시기 : 2000년 12월
지역지구 :
  근린상업지역 80%/200%
  제1종 주거지역 60%/200%
적용 제도 · 사업 :
  재개발 지구계획
  제1종 시가지재개발사업

허용 건폐율/용적률 : 80%/400%
대상구역 면적 : 42,470㎡
부지면적 : 23,850㎡
건축면적 : 17,077.52㎡
연면적 : 91,370.09㎡

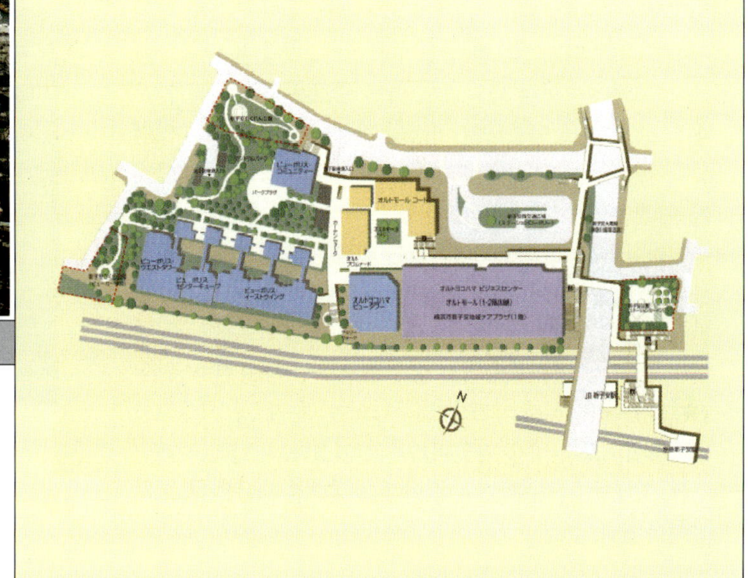

1. CASBEE의 평가결과

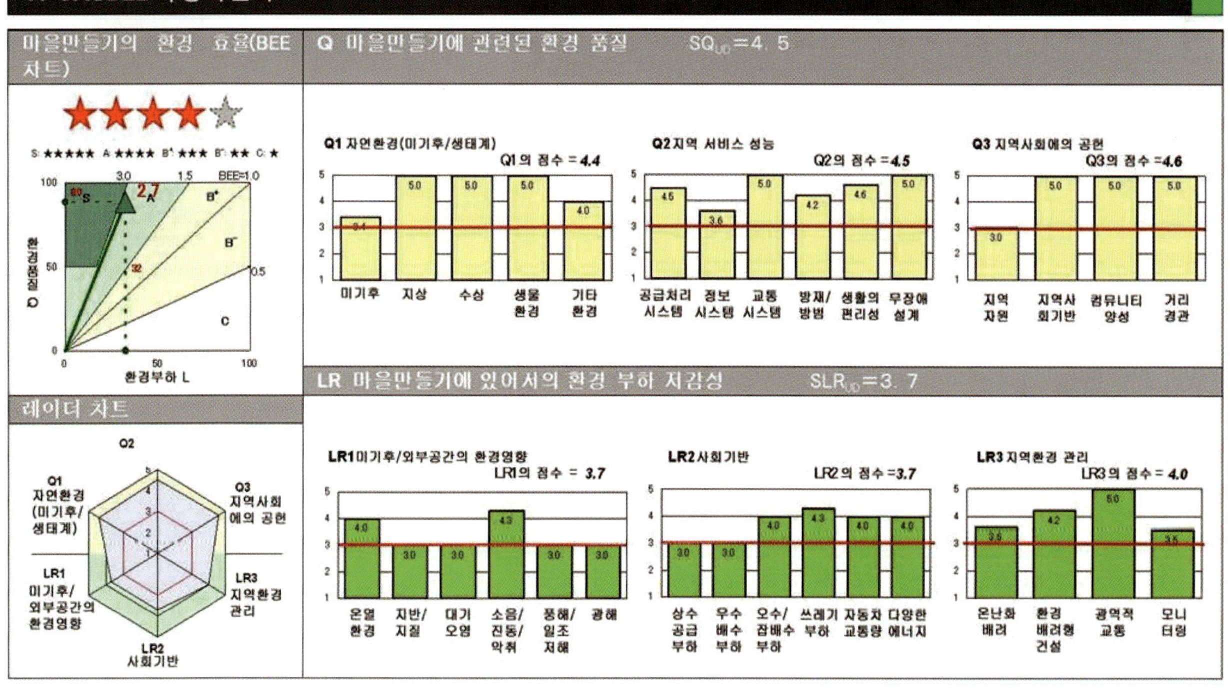

2. 평가 대상 프로젝트의 특징

(1) 계획지의 개요

대상구역은 임해부의 배후지로서 주로 주택 중심의 토지 이용이 주가 되고 있으며 상업이나 서비스시설 등은 불충분하고, 교통기능이라 할지라도 역전 광장은 정비되지 않은 채 도로 일부를 이용하여 버스의 반환이 이루어지고 있던 상황이었다. 보행자 동선도 간선도로나 철도에 의해 분단되어 안전성이나 편리성 측면에서 뒤떨어진 상태였다.

이러한 와중에 대상구역은 요코하마시의 종합계획 '유메하마 2010 플랜'으로 지역 거점으로서 자리매김됨과 동시에, 일상생활의 편리성 향상, 국제 산업 거점으로서의 재편 정비, 케이힌(京浜) 임해부의 현관으로서 중요한 역할이 기대되었다. 그래서 재개발 지구계획 아래 제1종 시가지재개발사업으로서 마을 만들기가 진행되었다. 이번의 사례연구는 재개발 지구계획 구역 약 4.2ha(사진 1)를 대상으로 실시하였다.

사진 1 재개발 지구 계획구역

(2) 재개발사업의 정비 방침

■ '거주 · 일 · 휴식' 이 융합하는 역전 정원도시로

대상구역의 개발목적은 도로나 보행자데크 등 필요한 공공시설의 정비에 맞추어 주변과의 조화를 도모하여 토지의 고도이용을 촉진해 나가는 것이다. 중고층 주택을 포함한 양호한 주택 환경의 형성을 도모함과 동시에, 업무 · 상업 · 공익시설을 도입하여 지역 거점이 되도록 재개발사업을 구체화하였다. 마을 만들기 컨셉을 '역전 정원 도시'로 하여 공원이나 광장 등의 녹지를 충실화시키고 건축물을 포함한 거리의 구성요소를 '정원'으로 한 마을 만들기로 사람들에게 부드러운 거리로 탄생하였다.

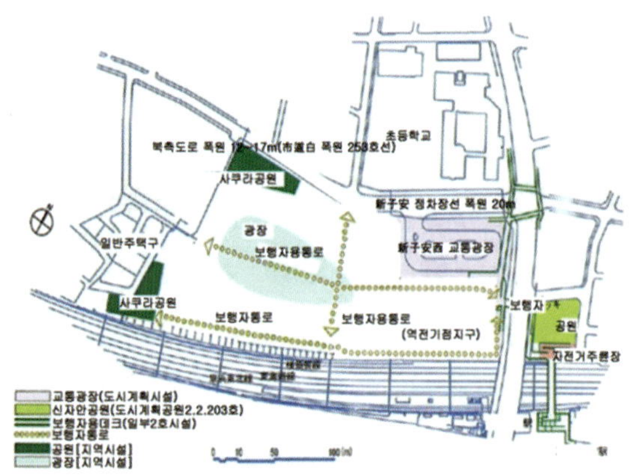

그림 1 공공시설 등 배치계획

■ 도시생활에 어울린 편리성의 추구

개발에 수반하여 도시기반 정비의 충실도 도모되었다. 2개의 철도역으로부터 대상구역까지 보행자 데크로 연결되어 엘리베이터나 슬로프도 설치되어 누구나 안전하고 쾌적하게 접근할 수 있도록 배려되었다. 또 지구 내에 교통광장을 신설하여 다방면으로 운행하는 버스 노선의 기점이 됨과 동시에, 택시 승차장도 설치하여 공공교통 이용의 추진에 기여하고 있다.(그림 1)

사람들의 모임공간으로서 지구 내에 녹지가 넘치는 광대

한 정원과 2개의 공원을 신설하여 기존 공원의 재정비와 함께 윤택한 공간을 만들어 지역에 공헌하고 있다.(사진 2)

사진 2 공원과 정원

■ 고령화사회를 대비한 복지 · 보건 상담 창구

고령화사회에 맞추어 대상구역 내에 요코하마시 복지국에 의한 지역 케어플라자가 개설되었다. 향후 복지사회를 대비한 지역 케어플라자에서는 통근 간호(데이 서비스)의 제공을 비롯하여 복지 · 보건의 친밀한 상담 창구로서의 역할을 담당하고 있다. 또 지역에 뿌리내린 자원봉사 그룹의 교류의 장소로도 이용되고 있다.

■ 사회적 중요성에 대해

대상구역은 상위계획 '유메하마 2010 플랜'에 기초하여 교통기능의 향상, 보행자의 편리성 확보를 주목적으로 개발 사업이 진행되었다. 본 평가에서는 Q3.2 '지역사회 기반 형성에의 공헌'과 LR3.3 '교통에 관한 광역적 대처'가 주요 항목이다.

3. 채점의 생각 (1) 환경 품질에 관련된 특징

Q_{UD}1 자연환경(미기후 · 생태계) :

1.1 미기후에의 배려 · 보전

해안부를 바라보는 남측에는 고층 건축물과 저층 건축물을 조합 배치하여 거대한 벽면에 의한 바람 차단이 생기지 않도록 궁리함과 동시에, 지구 내에 동서남북으로 빠지는 통로를 마련하여 바다로부터의 바람이 지구의 내부를 지나가며 불도록 계획하고 있다.

지구 내에는 광대한 정원과 2개소의 공원으로부터 구성되는 녹지대가 확보되었고, 남측의 철도 선로부에는 개발 전부터 존재한 풍부한 벚꽃길이 재현되어 여름철 햇볕을 완화하는 윤택한 산책길을 형성하고 있다.(사진 3, 4)

▲사진 3 벚꽃 가로수의 파고라

◀사진 4 벚꽃 가로수

1.4 생물환경의 보전과 창출

지구 내 녹지에는 풍토에 적합한 고목 상록수나 낙엽수 등을 식재하여, 사계절 꽃이나 열매를 맺어 새들의 성역이 형성되어 조류, 곤충류의 생식을 배려한 환경이 되고 있어 레벨 5로 평가하였다.(사진 5)

Q_{UD}2 지구의 서비스 성능 :

2.3 교통시스템의 성능

주차시설에 대해서는 주택 세대수의 약 80% 부분을 정비함과 동시에, 오피스 등에 대해서도 수요예측에 근거한 수량을 확보하여 주택용 주차장과 다른 동선 계획으로 운용하고 있다. 또 사람과 자동차를 철저히 분리하여 지구 내 보행자의 안전이 충분히 확보되고 있다.

2.4 방재 · 방범 성능

지구 내 공원과 교통광장을 피난 장소로서 준비함과 동시에, 연 2회의 주택을 포함한 지구 전체에서 방재 훈련을 실시하여 방재 계획의 실효성에 대해 검증을 실시하고 있다. 지구 내는 안전하고 편안한 빛환경을 실현하고(사진 6), 경비원에 의한 순찰을 통해 방범에 대해 철저한 대응을 취하고 있다.

2.5 생활의 편리성

지구 내에는 대형 슈퍼마켓, 우체국, 은행의 ATM, 의료 클리닉, 지역 케어 플라자 등 다채로운 생활편리시설이 집적되어 있고, 대상지구 주변에 교육문화시설도 입지하고 있으므로 레벨 4로부터 레벨 5로 평가하였다.

2.6 유니버설 디자인에의 배려

상위 계획 아래 전 통로에 난간의 배치, 엘리베이터에의 음성 안내와 감시 카메라의 설치 등 신체장애자나 고령자가 불편 없이 이용할 수 있도록 충분히 배려되고 있어 레벨 5로 평가하였다.

사진 5 지구 내의 녹지풍경

사진 6 주택동의 야경

Q_{UD}3 지역사회에의 공헌(역사 · 문화, 경관, 지역 활성화) :

3.2 지역사회 기반 형성에의 공헌

상위 계획 아래 교통광장의 정비, 철도역으로부터의 보행자 통로 설치 등 지구 주변에 맞춘 교통계획에 공헌함과 동시에, 광대한 녹지, 지구 집회소, 지역 케어 플라자 등 공공성 높은 시설을 많이 정비하고 있으므로 레벨 5로 평가하였다.

3.4 거리 경관 수준 · 경관 형성의 배려

주변지역의 지형에 배려하면서 적당한 변화를 가진 건축군으로 구성하여 그늘, 빌딩 바람, 압박감 등 건물의 높이나 매스가 주변에 미치는 영향을 최소한으로 하기 위하여 건축군 중에서 고층 건물은 부지 남측에, 초고층 건물(탑상 건물)은 중앙에 배치하는 계획이다.(그림 2)

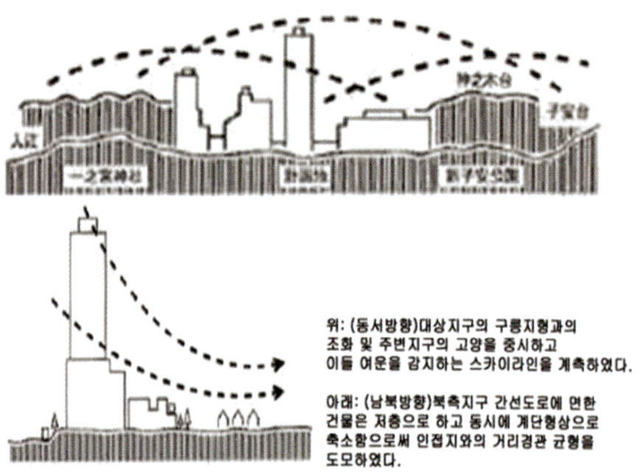

그림 2 스카이라인 개념도

4. 채점의 생각 (2) 환경부하 저감성에 관련된 특징

LR_{UD}1 미기후 · 외부공간의 환경 영향 :

1.4 지구 외에 대한 소음 · 진동 · 악취의 방지

냉각탑에는 초저소음형 활용 방진 발판을 달고, 배기덕트에는 소음장치를 설치하여 소음 진동의 저감 대책을 하고 있다. 소음, 진동, 풍해, 일조 등에 관한 지구 밖으로의 영향에 대해서는 실측조사를 실시한 뒤(그림 3), 실측 확인을 실시하여 주위에 대한 영향의 경감에 충분히 노력하고 있다. 지구 내의 쓰레기는 건물 내에 설치된 집적소로 모아 배기는 오존 탈취 장치를 통해 외기에 방출하고 있다. 업무용 음식물 쓰레기는 냉장고에 보관 후, 쓰레기 수집차로 반출하여 악취 발생을 억제하고 있다. 소음 · 진동 · 악취의 방지에 관해 적극적으로 임하고 있으므로 레벨 4로부터 레벨 5로 평가하였다.

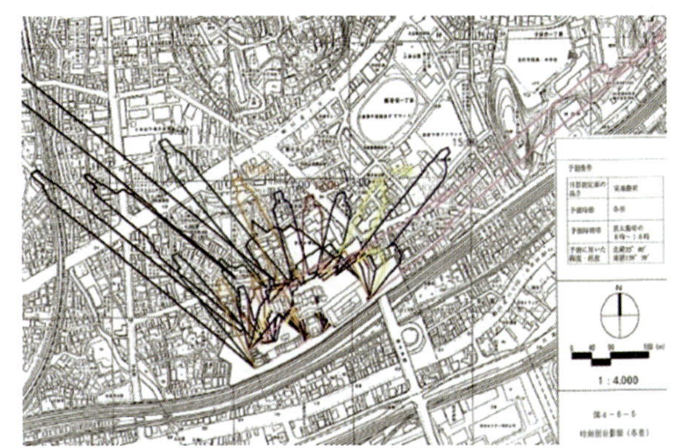

그림 3 일영 발생 예측

LR_{UD}2 사회기반 :

2.4 쓰레기 처리 부하의 저감

콤팩터에 의한 음식물 쓰레기의 용적 축소화, 입주 세입자를 포함한 리사이클 활동의 촉진에 의한 쓰레기 감량화를 철저히 실시하여 요코하마시로부터 표창을 받았다. 또 주택을 포함하여 지구 내에서 발생한 쓰레기는 15종류로 분별 수집하여 자원의 재이용에도 기여하고 있다.

2.5 자동차 교통량에 관한 배려

지구 내에 새롭게 교통광장을 설치해 버스 노선을 3계통 신설하고 기존 철도 노선과 합하여 공공 교통기관의 이용 추진을 도모하고 있다. 또 지구 동단부를 횡단하는 산업도로와 국도 1호선 교차점에 위치하고 있어 교통 처리를 염두에 두었고 지구 주변의 동선계획을 도입하여 운용 개시 후에 교통 상태를 실측하여 교통계획의 검증을 실시하고 있다.

2.6 지구 전체에서의 면적인 에너지 이용

오피스동과 상업동, 주차장동과 주택동은 각각 공동 수전으로 하여 전력 부하의 평준화를 도모함과 동시에, 열병합발전시스템으로부터 발전 전력과 배열을 유효활용하여 에너지의 고효율화를 추진하고 있다.(그림 4)

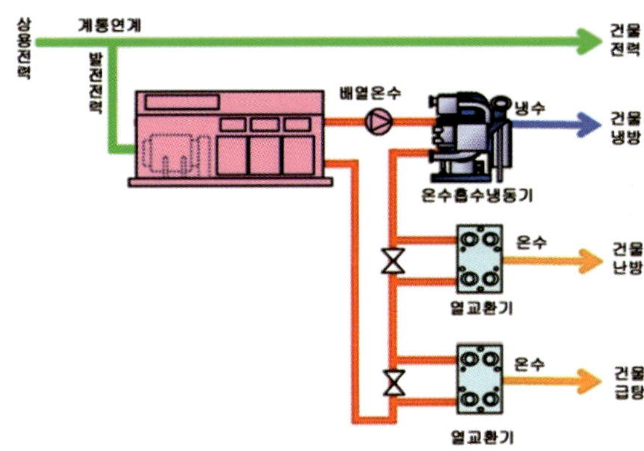

그림 4 코제너레이션 시스템 흐름

$LR_{UD}3$ 지역 환경관리 :

3.3 교통에 관한 광역적 대처

대상구역에 있어서는 상위 계획 아래 도로나 보행자 통로 등 공공시설의 정비를 확보하는 것을 목표로 재개발 지구 계획이 책정되었다. 지구 동측을 종단하는 산업도로에 대해서는 인접 초등학교 앞 교차점 부근의 도로 선형 개량을 실시하여 안전한 차량 교통을 실현함과 동시에, 저소음 효과도 기대할 수 있는 배수성 포장을 도입하여 근린 소음 대책에도 노력하고 있다. 교통광장에는 버스와 택시 승강장을 배치하여 요코하마시의 공공 교통망 정비 대처에 적극적으로 기여하고 있다.(사진 5, 6)

3.4 모니터링과 관리 체제

열병합 발전 등 에너지 설비의 가동 상황은 방재센터에서 항상 모니터링하고 있다.(사진 7) 취득 데이터를 근거로 에너지 수요 예측을 실시하여 설비의 효율적 운전을 실현함과 동시에, 더욱 저에너지 대책에 활용하고 있다.

사진 5 교통광장 전경

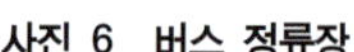

사진 6 버스 정류장

사진 7 방재센터

사례 D (일반 유형)

평가 결과 순위 A (BEE_{UD}=2.1)

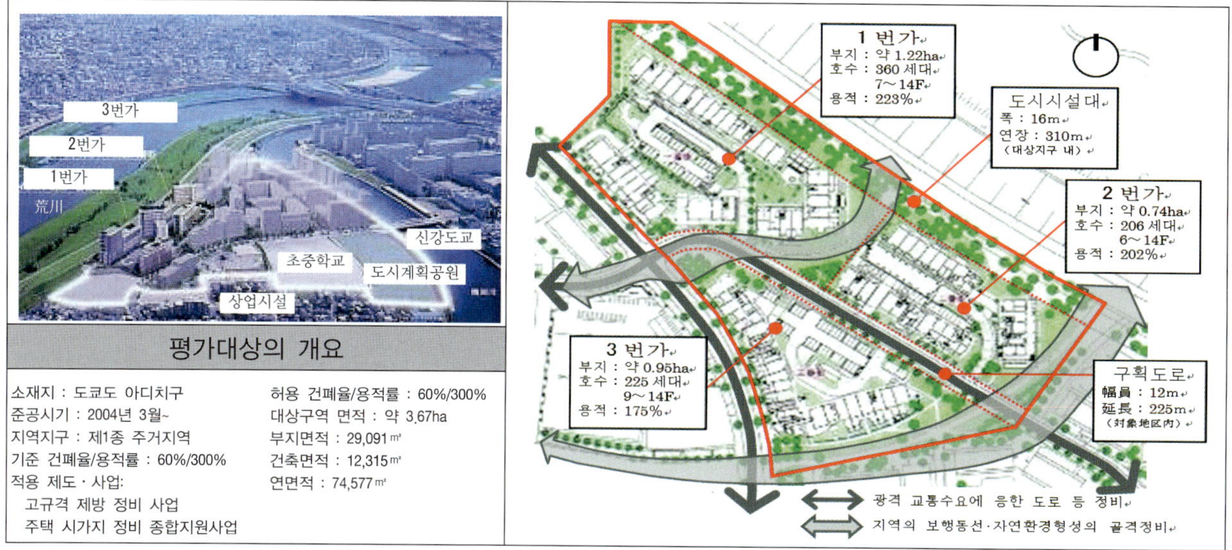

1. CASBEE의 평가결과

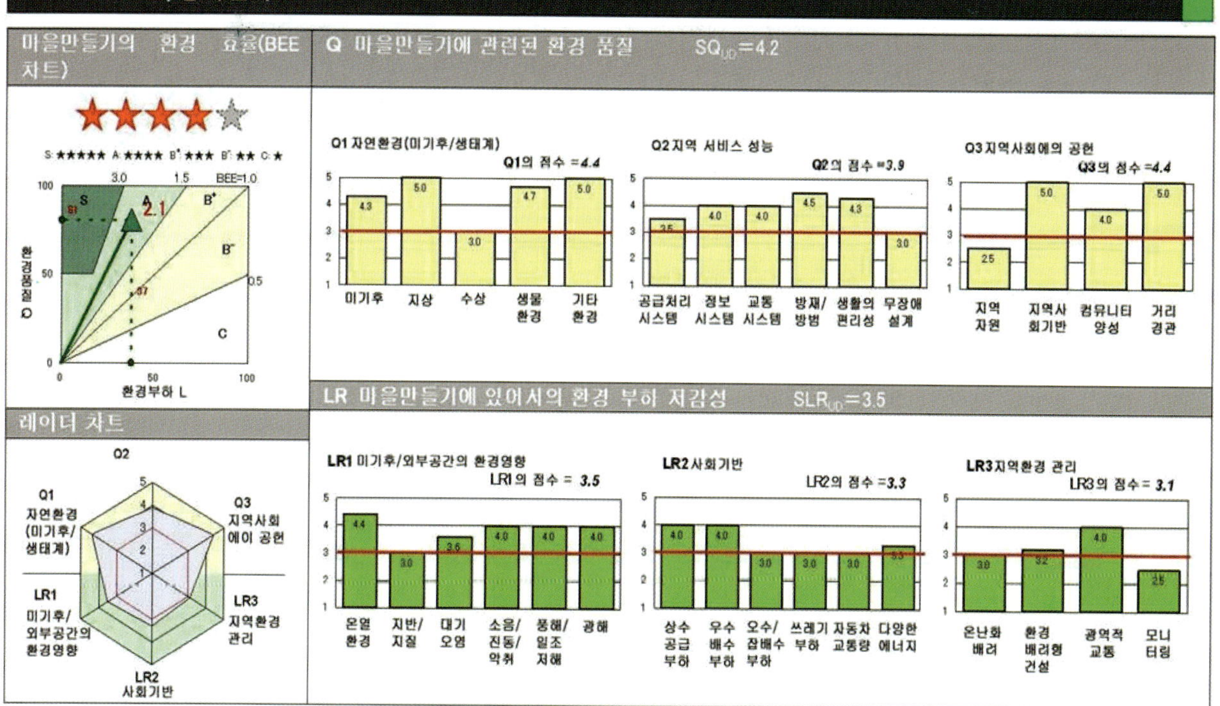

2. 평가 대상 프로젝트의 특징

(1) 계획지의 개요

대상지구가 포함되는 개발 구역(약 20ha, 계획 호수 3,000 세대)은 도쿄도 아라카와와 스미다가와에 끼워진 섬 형상의 지구이다. 이 구역은 대규모 공장 이전을 계기로 안전하고 쾌적한 주택 시가지로의 토지이용의 전환과 도시 기반 정비를 꾀하기 위하여 슈퍼제방사업, 주택 시가지 종합정비사업 등이 진행되고 있다. 이번 사례연구는 이 개발 구역 안에서 도시재생기구 사업으로서 주택 정비가 진행되고 있는 1번가, 2번가, 3번가, 이 3블록에 둘러싸인 구획도로, 인접 아라카와 도시시설 지역의 합계 약 3.67ha를 대상으로 하였다.

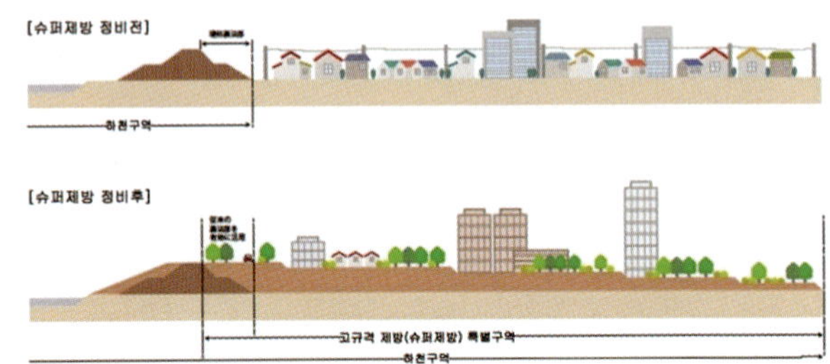

그림 1 슈퍼제방사업에 의한 새로운 지형의 창조

(2) 개발 구역의 정비 방침

■ 마을과 강을 이음

주택 등 정비에 앞서 슈퍼제방사업에 의하여 당시까지 '면도기'라고 불리고 있던 제방이 안전한 친수공간으로 개선되었다.(그림 1) 이를 계기로 계획지에서는 지역의 거주자가 계획지 내를 빠져 제방에 올라, 널찍한 강기슭의 오픈 스페이스를 즐길 수 있는 지역구조, 생활환경을 실현하는 것을 목표로 하였다. 또 계획지 내의 건축물 불연화로 광역 피난장소인 하천 부지로 동선을 확보하여 지역의 방재성 향상에도 공헌하고 있다.(그림 2)

그림 2 거리와 강을 잇는 컨셉도

■ 강을 의식한 주거환경 · 경관 만들기

아라카와와 스미다가와라는 도쿄의 워터프런트의 경관과 환경 만들기를 주요 과제로 하여 디자인 코디네이터로서 전문가를 초빙한 디자인회의를 발족시켜, 경관 만들기에 임해왔다.(그림 3) 또 하천 특유의 풍환경을 살리기 위하여 통풍로 등을 고려하여 쾌적한 거주 환경의 형성을 꾀하고 있다.

그림 3 리듬감과 깊이감 있는 아라카와(荒川)부터의 전망

■ 광역적 하천계의 생물 환경축에의 조화

계획지는 아라카와와 스미다가와라는 도쿄를 관통하는 대규모 자연 환경축 상에 존재한다. 주변의 기성 시가지는 건축물이 고밀도로 집적하고 있으며, 계획지에서는 아라카와 스미다가와에서 학교 · 공원 용지와 연계하면서 시가지로 생태자원을 유도하는 골격 축을 마련하여 광역적 하천계 생물환경 축과 조화를 이루는 도시형의 친환경 향상에 노력하고 있다.

■ 질 높은 사회 자산으로서의 주택 공급

계획지에 공급하는 주택시설에 대해서는 스켈톤 인필(skellton infill) 등의 기술을 주축으로(그림 4), 다양한 요구에 부응하는 거주공간 만들기를 실시함과 동시에, 집회시설이나 연도형 주택 등 도시의 활력 연출을 배려한 계획으로 하고 있다.

■ 사회적 중요성에 대해

대상지구는 주택 시가지 종합지원사업 정비계획 등 상위계획에 따라 슈퍼제방사업과 연계한 정비를 추진하고 있기 때문에 지역사회 기반 형성에의 공헌이나 구획도로의 정비 등 교통에 관한 광역적 대처에 있어서 사회적 중요성이 높은 사업이다.

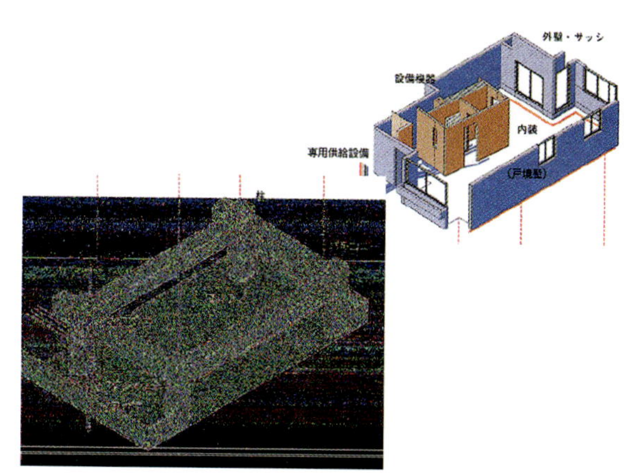

그림 4 SI 기술에 의한 사회적 내구성을 높인 주동

3. 채점의 생각 (1) 환경 품질에 관련된 특징

Q_{UD}1 자연환경(미기후 · 생태계) :

1.1 미기후에의 배려 · 보전

대상지구는 슈퍼제방사업에 의해 새롭게 형성된 완만한 경사면 지형을 살린 주거환경 정비를 목표로 하고 있다. 여름의 탁월풍(卓越風)과 아라카와 제방대에 따르는 월류풍(越流風)을 이끄는 주동 배치나 형상을 궁리하여 외구에서는 삼림계 환경 및 쿨 스팟(cool spot) 형성을 의도한 소규모 수림지(보스케, 사진 1)를 배치하여 구역의 기간적 공간으로서 정비하였다. 또 1 · 2번가의 주차장은 경사면을 이용하는 형상으로 공지율 77.2%(경사지 이용의 주차장은 공지 취급으로 했음), 중고목이나 필로티 등에 의한 그늘 면적비율 34.9%가 되어, 통풍과 그늘 형성에 의한 혹서 환경의 완화에서 레벨 5가 된다.

1.2 지상(地象)에의 배려 · 보전

슈퍼제방사업에 의한 지형 개선에 노력하고 있으나 기존 표토나 수역의 보전에 관한 시도는 없다. 단, 기타 재건축 단지의 표토나 수목의 이익 활용을 실시하고 있다.

1.4 생물환경의 보전과 창출

대상지구를 포함한 광역 범위에서 생태조사를 실시하여 아라카와와 하천 부지로부터 지구 내부를 거쳐 기성 시가지로 연결되는 초원 환경의 네트워크를 형성하고 있다.

사진 1 하천 부지에 이르는 초지계의 완만한 경사면과 산림 (물 시설도 정비)

Q_{UD}2 지구의 서비스 성능 :

2.4 방재 · 방범 성능

수방이나 지구 서측의 기성 시가지에서 아라카와 하천 부지로의 피난길 정비를 전체 사업의 주목적의 하나로 하고 있으며, 이를 반영시킨 계획이라고 할 수 있다.

2.5 생활의 편리성

구역 내에 상업시설이나 초중학교(계획 중)를 정비하고 있으나 이곳이 종전 대규모 공장지여서 의료 · 행정 기관 등이 계획지로부터 멀리 떨어진 기성 시가지 중심에 입지하고 있기 때문에 생활편리시설, 의료복지시설은 레벨 4, 교육문화시설은 레벨 5가 된다.

사진 2 새로운 명소가 될 벚꽃 가로수를 정비한 도시시설 도시시설대

Q_{UD}3 지역사회에의 공헌(역사 · 문화, 경관, 지역 활성화) :

3.1 지역 자원의 활용

공장 철거지의 계획이기도 하여, 전쟁 전 벚꽃 명소의 부흥을 의도한 아라카와 방제지역 상의 가로수 정비 외에는 특별한 시도는 없다.

3.2 지역사회 기반 형성에의 공헌

지역 내의 피난길 확보나 재해방지 대책, 자연환경의 골격 형성, 사회 인프라화를 목표로 한 장수명 주거동과 다양한 주택 공급 등 주변 기반과의 연계를 평가하여 레벨 5가 된다.

3.3 양호한 커뮤니티 양성의 배려

길모퉁이에 이용가능한 집회소나 보육시설 등 지역 커뮤니티와의 융화를 도모하는 시설을 정비하고 있으나 거주자 등의 계획이나 운용에 참가 가능한 구조는 한정적이다.

3.4 거리경관 수준 · 경관 형성에의 배려

전술한 디자인회의에 있어 지구 전체의 디자인 가이드라인을 책정하여 주거동 형상이나 입면 디자인의 분절화와 이웃 블록과의 릴레이 디자인(사진 3), 시가지부터 하천 부지에의 공간의 천이를 표현하는 색채 계획 등을 실시하고 있다. 이를 평가하여 마을 풍경 · 경관 형성, 주변과의 조화성에 있어 레벨 5가 된다.

사진 3 1번가(주거동의 분절과 중층부 디자인의 릴레이)

4. 채점의 생각 (2) 환경부하 저감성에 관한 특징

LR_{UD}1 미기후 · 외부공간의 환경 영향 :

1.1 지구 외에 대한 온열환경 악화의 개선(여름)

건축군의 배치 및 형태 계획에 있어서는 여름의 탁월풍향(남측)에 대한 입면적비가 1.83, 상풍향 및 직행 방향의 동간간격 비율이 부지폭의 0.57이 되고 있지만(그림 5), 블록 내의 오픈 스페이스와 인접 아라카와 도시시설대와의 일체 정비에 의해 강바람을 유도하는 주동 배치를 고려하고 있다.

대상지구의 전체 공지면적에 대한 녹지, 보수·투수성 포장의 면적 비율은 69%로 지표면 피복재의 배려는 레벨 5가 되며, 건축 외장재(옥상·벽면)의 배려에서는, 모든 주동 및 주차장에 옥상 녹화를 실시하고 있으므로 레벨 4가 되었다. 배열 삭감에 대한 배려에서는 전 주거에서 1999년도 기준의 단열성능을 달성하고 또한 잠열 회수식 급탕기를 채용하고 있다.

1.4 지구 외에 대한 소음·진동·악취의 방지

주택단지로서 현저한 소음이나 진동 발생원은 존재하지 않지만 주차장은 부지 중심으로 배치하여 주동을 둘러싸고 있다. 악취에 관해서는 각 블록의 쓰레기 집적소 등을 생각할 수 있으나 밀폐나 거리적 격리에 대한 배려를 위해 표준적인 방식으로 처리하였다.

LR$_{UD}$2 사회기반 :

2.1 상수 공급(부하)의 저감

각 블록에 설치하고 있는 우수저장조의 우수를, Bird Bath 등 친수시설(사진 4)에의 이용 등 수경이나 식재에의 살수 등에 이용하고 있다.

2.2 우수 배수 부하의 저감

아다치구(足立区)의 지도에 따라 우수유출 억제조를 설치하고 있으며, 부지면적의 과반을 녹지나 보수성·투수성 포장으로 하고 있다. 이를 평가하여 표면 유출 억제에 대해 레벨 5가 되었다.

2.4 쓰레기 처리 부하의 저감

생활 쓰레기는 아다치구가 회수하는 가연 쓰레기, 불연 쓰레기, 자원 쓰레기 4종의 합계 6종으로 분별하고 있다. 음식물 쓰레기의 감량과 용적의 축소 대책은 실시하고 있지 않다.

2.5 자동차 교통량에 관한 배려

새롭게 발생하는 자동차 교통대책으로서 새로운 버스 노선을 신설하여 공공 교통기관과의 제휴로 교통량 억제를 도모하고 있지만 특별히 목표치의 설정은 없기 때문에 레벨 3으로 평가되었다.

2.6 지구 전체에서의 면적인 에너지 이용

경관 조명에 이용하는 모뉴먼트 풍차나 공용부에 이용하는 태양광 발전을 설치하고, 또한 이것들을 적극적으로 시각화함으로써 환경자원을 가까이 느낄 수 있도록 시도하고 있다.(사진 5) 또한 일부 세대에서는 연료전지 시스템을 채용하고 있다. 그러나 지구(block) 규모에서의 집합적인 에너지 시스템과 매니지먼트는 실시하고 있지 않다.

LR$_{UD}$3 지역 환경관리 :

3.3 교통에 관한 광역적 대처

인접 기성 시가지 내의 교통부하를 분산시키기 위하여 주요 도로나 구획 도로 및 새로운 도하교(渡河橋)를 정비하고 있다.

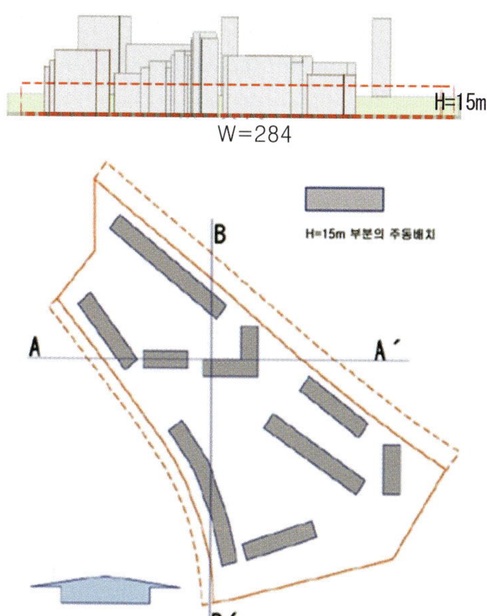

그림 5 통풍으로의 배려의 평가방법

사진 4 우수를 저장·이용한 외구시설

사진 5 풍력이나 태양광을 이용한 발전

사례 E (일반 유형)

평가 결과 순위 A (BEE_{UD}=2.3)

평가대상의 개요

소재지 : 도쿄도 아디치구
준공시기 : 2004년 3월~
지역지구 : 제1종 주거지역
기준 건폐율/용적률 : 60%/300%
적용 제도・사업:
  고규격 제방 정비 사업
  주택 시가지 정비 종합지원사업

허용 건폐율/용적률 : 60%/300%
대상구역 면적 : 약 3.67ha
부지면적 : 29,091㎡
건축면적 : 12,315㎡
연면적 : 74,577㎡

제2기 사업구역 (135.5ha)
제3기 사업구역
전체 약 335ha
제1기 사업구역 (121.4ha)

사업 전체 이미지(평가는 제1기 사업구역만)

0 50 100 200m

제1기 사업구역의 토지이용 계획도

1. CASBEE의 평가결과

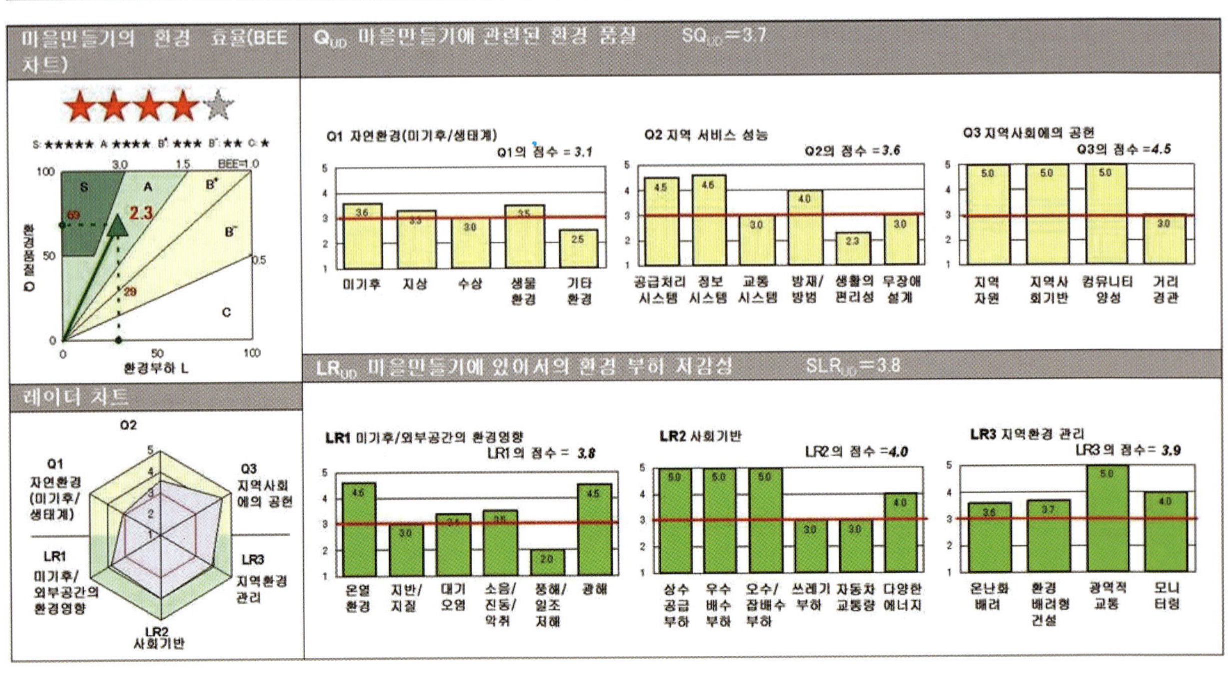

2. 평가 대상 프로젝트의 특징

■ 3개의 기본방침

키타큐슈시(北九州市)에 있는 대상 프로젝트는 시가 근대 산업의 성장과정에서 축적한 기술을 활용하여 아시아에 있어서 학술연구 기능의 거점으로서, 21세기의 창조적인 산업도시로서 재생하는 것을 목표로 계획되고 있다.

1) 아시아의 중핵적 학술연구 거점 만들기
2) 새로운 산업의 창출 기술의 고도화
3) 환경공생형의 마을 만들기

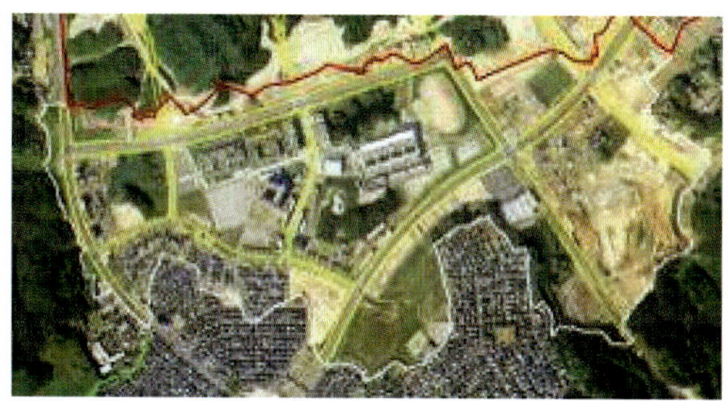

사진 1 항공사진(제1기 사업구역)

■ 입지특성

키타큐우슈우시 와카마츠구(若松区) 서부 및 야와타니시구(八幡西区) 북서부의 구릉지에 위치하여 가장 근접한 역인 JR카고시마 본선 오리오역(折尾駅)에서 북측에 약 3km의 거리에 위치한다. 주변 일대는 대학, 연구기관이 집적하여 학술연구 기능의 정비가 진행되는 '서부 아카데미아 존'으로 지정되어 본 프로젝트가 그 중핵을 담당하고 있다.

표 1 제1기 사업구역의 토지이용계획

종 별		면적(ha)	비율(%)
공공용지	도로	23.4	19.3
	공원 · 녹지	6.6	5.4
공익적 시설 용지	대학 · 관련시설용지	38.2	31.5
	연구소용지	11.3	9.3
	센터시설용지	2.3	1.9
	교육시설용지	7.4	6.1
	기타	2.1	1.7
주택용지	일반주택용지	15.9	13.1
	연도시설용지 외	14.2	11.7
합 계		121.4	100.0

■ 제1기 사업의 개요

대상 프로젝트(335ha)는 제1기부터 제3기로 구분되는데, 그 중 평가 대상이 되는 제1기 사업(121.4ha)을 도시재생 기구가 토지구획 정리사업에 의해 시행하고 있다. 제2기 사업(135.5ha)은 시가 동 사업에 의해 시행 중이다. 마을 만들기의 테마는 '자연과 과학문화 · 생활이 공생하는 고감도 거리'이며, 주택지는 원래 녹지 풍부한 대학 용지, 연구소 용지 등을 계획하고 있다. 특히 대학 용지에 대해서는 이공계 국립(규슈 공업대학), 공립(키타큐슈 시립대학), 사립대학(와세다대학 등)이 교육연구 환경의 형성과 미래를 짊어질 인재 육성을 목표로, 시설의 공동 이용 등 상호 협력하에 교육을 실시한다는 "일본 최초의 시도"를 실시하고 있다. 또 대학 용지 내의 공동시설(도서관, 정보처리시설, 후생시설 등)은 일반시민도 이용 가능하여 주변지역과 일체화된 오픈 캠퍼스가 되고 있다.

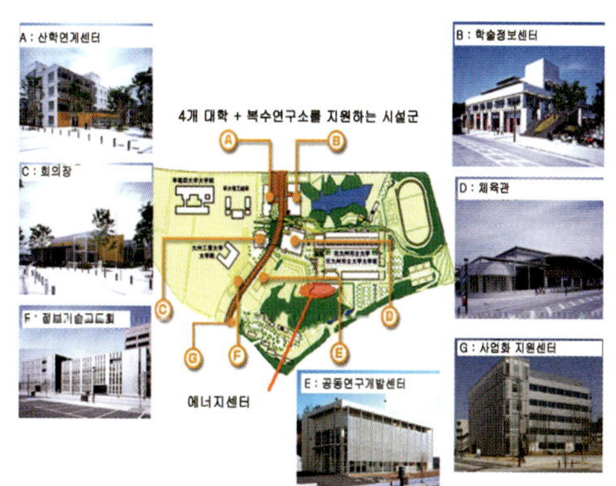

그림 1 대학 캠퍼스 내의 편의시설

■ 에코 캠퍼스

환경공생형의 마을 만들기를 목표로 하여 자연 에너지의 적극적 활용과 에너지 절약과 자원의 재이용에 임하여 자연과 환경을 소중히 다루는 에코 캠퍼스를 실천하고 있다.

- 환경공생(옥상녹화, 자연환기, 지중열에 의한 예비냉난방, 자연광의 도입 등)
- 물의 리사이클(물의 리사이클 시스템, 비오톱과 자연형 수로의

정비 등)

• 발전과 발열(열병합 발전에 의한 전기와 열공급 등)

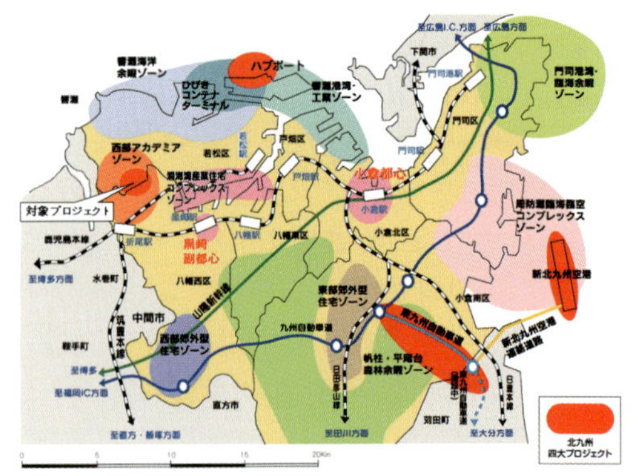

그림 2 키타 큐슈 시의 조닝

■ 주택지 계획

주택 지역은 토지이용계획 및 지형 등을 고려하고 있으며, 1획지의 면적은 $260m^2$을 표준으로 계획되고 있다. 또한 개별 거주지가 경관과 아름답게 조화를 이루도록 지구계획을 정함과 동시에, 일부 구역에서는 '거주지 만들기 가이드라인'을 마련하여 적극적인 마을 만들기를 유도하고 있다.

■ 사회적 중요성

대상 프로젝트가 위치하는 키타큐슈시에서는 시의 마을 만들기 구상(키타큐슈시 르네상스 구상)에 있어서, 목표로 해야 할 5개의 도시상의 하나로서 '미래를 여는 아시아의 학술・연구 도시'를 내걸고 있다. 대상 프로젝트는 이 도시상을 실현하기 위해 계획된 것이며, '신 키타큐슈 공항' 등 기타 정비사업과 대등한 시의 4대 프로젝트의 하나로서도 자리매김되고 있다. 사회적 중요성 항목으로는 Q_{UD}3.2 지역사회 기반 형성에의 공헌이 해당한다.

3. 채점의 생각 (1) 환경 품질에 관한 특징

Q_{UD}1 자연환경(미기후・생태계) :

1.1 미기후에의 배려・보전

대상구역 내에서는 기존의 지형, 녹지, 수변 등을 배려한 계획이 이루어지고 있고 공지율이 80%를 넘는다. 대학 캠퍼스를 중심으로 대규모 차양이 설치되어 규모 있는 자연 녹지도 남아 있기 때문에 중고목, 차양 등의 수평 투영 면적률은 16.5%가 된다. 또한 대학 캠퍼스의 공지는 주로 잔디로 정비되어 있으며 물이나 식물의 외구 피복률은 10.4%가 된다.

사진 2 대규모 차양　　사진 3 공동구

1.4 생물환경의 보전과 창출

대상구역인 제1기 사업구역으로부터 제2기 사업구역에 걸쳐 일본 바라타나고(Rhodeus ocellatus kurumeus)나 가스미산쇼우오(Clouded Salamander) 등의 귀중한 동식물의 생식이 확인되고 있기 때문에 사업 전체적으로 녹지나 연못을 포함한 근린공원을 확보하여 귀중한 생물 등 생식환경의 정비를 실시하고 있다.

Q_{UD}2 지구의 서비스 성능 :

2.1 지구 전체로서의 공급처리시스템 성능

대학 캠퍼스에서는 공동이용시설의 하나로 설치되어 있는 에너지 센터에서 공동구를 경유하여 상중하수 및 에너지(전력 · 열)가 각 시설에 공급 · 처리된다. 이 때문에 공급처리시스템의 신뢰성은 레벨 4, 유연성은 레벨 5가 된다.

2.2 지구 전체로서의 정보시스템 성능

대학 캠퍼스에는 기타 학술정보센터(지역 정보센터에 대응)도 설치되어 있어, 네트워크 시스템의 공동 이용 등 고도 정보시스템의 성능을 가진다. 또한 대상구역 외부와의 접속 루트도 4계통 준비되어 있다.

2.6 유니버설 디자인의 배려

약자, 장애자를 배려하여 단차 처리나 점자블록을 설치하고 벤치 등을 설치한 휴게공간을 다수 마련하고 있다.

●전력공급 대상시설

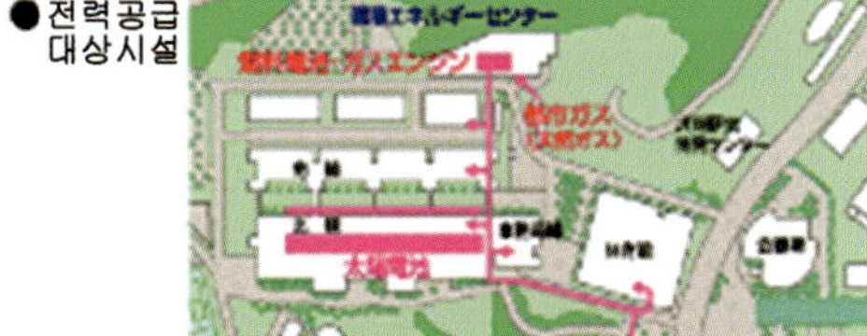

●열공급 대상시설

그림 3 에너지 센터로부터의 전력 · 열공급 경로

Q_{UD}3 지역사회에의 공헌(역사 · 문화, 경관, 지역 활성화) :

3.1 지역 자원의 활용

지방(현지)산업의 제품(예를 들면, 폐목재를 재이용한 건재)을 공공 공간에서 적극적으로 이용하고 있다. 지역 신앙의 대상이며 마을을 지켜주는 것으로 알려진 신사를 보전하여 제2기 사업과 연계한 마을 만들기를 추진하고 있다.

3.2 지역사회 기반 형성에의 공헌

대상 프로젝트는 전술한 대로 키타큐슈 시의 4대 프로젝트의 하나이며, 대학과 연구기관이 집적하는 학술연구 기능의 정비를 진행시켜 나가는 지역으로서 자리매김되고 있다. 본 항목은 사회적 중요성이 높은 항목으로 하였다.

3.3 양호한 커뮤니티 양성에의 배려

마을 만들기를 위한 설문조사를 실시하거나 마을의 이름을 결정할 때 현지 주민의 의견을 존중하는 등 주민참여의 기회 창출에 배려하고 있다. 상징적인 공개공간도 확보하여 전선의 지중화나 가로수의 통일 등도 실시하고 있다.

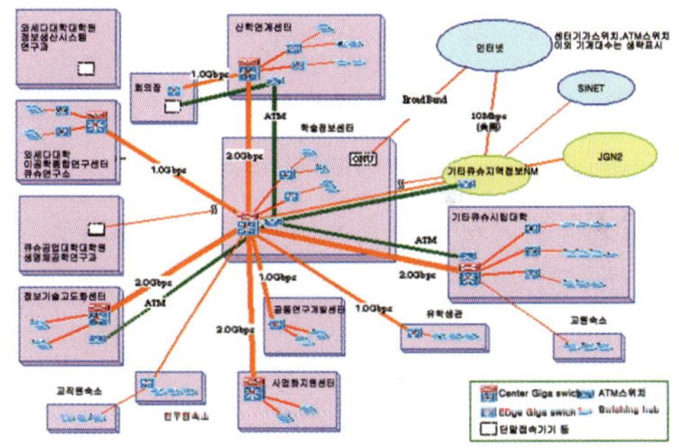

그림 4 대학 캠퍼스의 네트워크 개요

사진 4 공공 공간에 있어서 지역 현지 재료의 활용

4. 채점의 생각 (2) 환경부하 저감성에 관한 특징

LR_{UD}1 미기후 · 외부공간의 환경 영향 :

1.1 지구 외에 대한 온열환경 악화의 개선(여름)

전술한 에너지 센터에서는 배열 삭감의 배려로서 코제네레이션(cogeneration)의 도입이나 쿨링 타워에 의한 배열의 잠열화를 실시하고 있다. 주요 도로에서는 보수성(保水性) 포장보도를 일부 마련하고 있다.

1.2 지구 외의 지반 · 지질에 대한 영향의 억제

토양오염은 기준을 넘지 않으며, 또한 공장 등 토양오염을 일으킬 가능성 있는 시설도 없기 때문에 평가대상 외가 된다.

1.5 지구 외에 대한 풍해 · 일조 저해의 억제

대상구역은 부지면적이 121.4ha로 넓으며 구역마다 개발이 진행되고 있기 때문에 복수 구역을 통합한 복합 그늘의 조사 결과 등 객관적인 근거를 나타내지 못하므로 대상구역 외에 대한 일조 저해의 억제 항목은 레벨 1이 된다.

LR_{UD}2 사회기반 :

2.1 상수 공급(부하)의 저감 및 2.3 오수 · 잡배수의 처리 부하의 저감

대학 캠퍼스에서는 일반용 상수를 모두 각 건물의 화장실 세정수나 살수 냉각탑의 보급수 등으로 하여 리사이클함으로써 상수 공급, 오수 · 잡배수 처리의 부하를 삭감하고 있다. 처리수의 잉여분은 비오톱을 경유하여 자연형 수로에 방류되어 더욱 정화된 다음에 토양에 침투한다.

2.2 우수 배수 부하의 저감

우수조나 비오톱을 마련하여 우수 배수의 부하 저감을 실시하고 있다. 대상구역 전체적으로는 조정지 및 연못을 5개소에 마련하고 있어 우수의 유출 억제에 공헌하고 있다.

2.6 지구 전체에서의 면적인 에너지 활용

에너지 센터에서는 연료전지(200kW), 태양광 발전(150kW), 가스엔진(160kW)을 도입하여 에너지 공급의 다양화를 꾀함과 동시에 열병합발전시스템(CGS)의 도입에 의해 에너지 소비량의 삭감이 이루어지고 있다.

LR_{UD}3 지역 환경관리 :

3.1 지구온난화의 배려

본 항목은 새롭게 평가할 필요는 없고, LR 중 다른 항목을 평가함으로써 자동적으로 평가된다. 본 사례에서는 주로 LR_{UD}2.6의 지구 전체에서의 면적인 에너지 활용 및 LR_{UD}3.4의 모니터링과 관리 체제의 항목이 높은 점수였기 때문에 비교적 높이 평가된다.

3.4 모니터링과 관리체제

대학 캠퍼스에서는 에너지 센터로부터 각 건물로의 전기와 열의 공급, 각 건물의 조명이나 냉난방 기계 등의 운전상황을 동 구역 내 2개소에 설치되어 있는 중앙감시시스템에서 모니터링하고 있다. 또한 에너지 수요 예측에 근거한 계획적인 설비운전과 관리를 실시하고 있다.

사진 5 보수성 포장

사진 6 자연형 수로

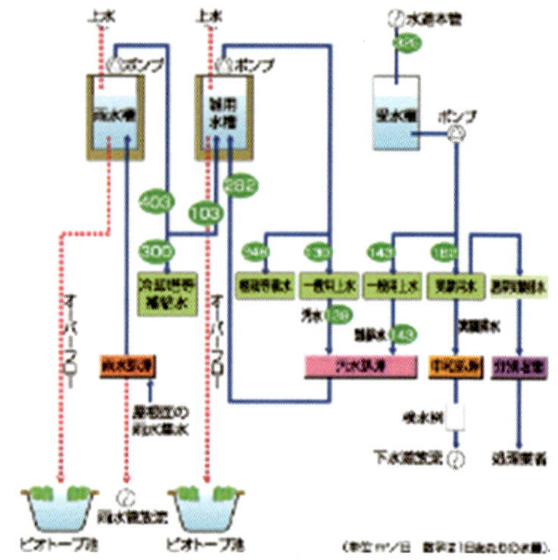

그림 5 물순환시스템 흐름

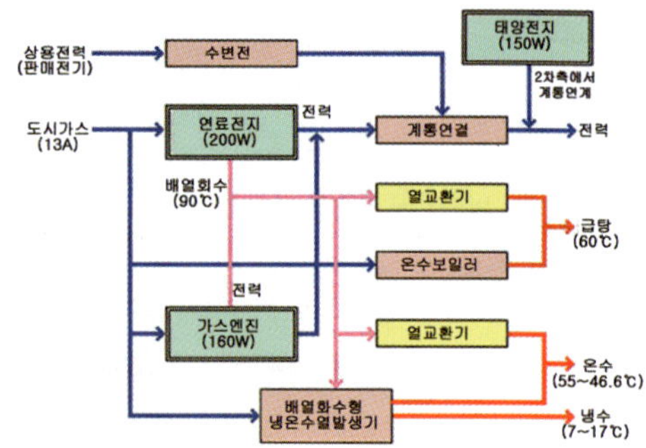

그림 6 에너지 센터로부터의 전력과 열공급

사진 7 태양전지

사진 8 에너지 센터의 중앙감시시스템

PART Ⅱ. 채점기준

Q_{UD} 1, 2, 3, LR_{UD} 1, 2, 3의 평가항목에 대하여, 다음 쪽부터 순차적으로, 앞서 보인 표Ⅰ.2.1, 표Ⅰ.2.2에서 나타낸 각각의 소항복마다 채점기준을 해설하는데, 먼저 표준판에서의 '득점률', 간이판에서의 '항목수'에 의한 채점방법에 대해 설명한다.

■■표준판■■

일부 소항목에서 사용되는 '득점률'에 의한 채점방법에 대해 설명한다.

득점률에 의한 항목의 평가에서는 채점항목의 '평가 시도'에 나타나는 각각의 시도에 대한 대응 정도 등에 따라 포인트를 부여하여, 그 합계점수를 '득점률'로 환산하여 5단계 평가를 한다.

1) 평가 시도의 각 항목에 표시되는 내용에 대하여, 실제로 계획 또는 실시한 정도에 따라 평가한다.
   ※ 대상구역의 입지조건이나 계획조건 등에 따라 평가대상 외로 하는 항목이 있다.
2) 평가한 항목의 합계 포인트를 'Ⅰ. 합계 포인트' 칸에 기입한다.
3) 'Ⅱ. 최고 포인트' 칸에는 평가한 전 항목수 n(평가대상 외로 한 항목수는 제외한다)에 4를 곱한 수치를 기입한다.
4) Ⅱ. 최고 포인트에 대한 Ⅰ. 합계 포인트의 비율을 Ⅰ÷Ⅱ로 산출하여, 'Ⅲ. 득점률' 칸에 기입한다. 또 '가점항목'이 있는 경우에는, Ⅰ÷Ⅱ의 산출결과에 가점항목의 점수를 가산하여 'Ⅲ. 득점률' 칸에 기입한다.
5) 채점기준에 표시되는 레벨 1~5 중에서 Ⅲ. 득점률에 해당하는 평가 레벨을 선택한다.

레벨 1	평가 득점률(Ⅲ)이 0≦득점률<0.2
레벨 2	평가 득점률(Ⅲ)이 0.2≦득점률<0.4
레벨 3	평가 득점률(Ⅲ)이 0.4≦득점률<0.6
레벨 4	평가 득점률(Ⅲ)이 0.6≦득점률<0.8
레벨 5	평가 득점률(Ⅲ)이 0.8≦득점률

Ⅰ. 합계 포인트= 점	Ⅱ. 최고 포인트= 점	Ⅲ. 득점률(Ⅰ÷Ⅱ)= 점 ※가점항목이 있는 경우에는 득점률에 가점한 수치로 평가한다.

■간이판■

일부 소항목에서 사용되고 있는 '항목수'에 의한 채점방법에 대해 설명한다.

항목수에 의한 항목의 평가에서는, 먼저 채점항목의 '평가 시도'에 나타나는 각각의 시도가 실시되고 있는지 여부를 판정하여 실시 항목수를 합계한다. 이때 평가대상 외의 세부항목은 0.5개로 계산하여 이것을 포함하여 절상한 값을 합계치로 한다. 다음으로 채점기준에 표시되는 레벨 1~5 중에서 실시 항목수에 해당하는 평가 레벨을 선택한다.

1. Q_{UD} 마을 만들기에 관련된 환경품질

Q_{UD}1 자연환경(미기후 · 생태계)

● 1.1 미기후의 배려 · 보전

● 1.1.1 통풍을 배려한 혹서 환경의 완화(여름)

■■표준판■■

레벨 1	평가 득점률(Ⅲ)이 0≦득점률<0.2
레벨 2	평가 득점률(Ⅲ)이 0.2≦득점률<0.4
레벨 3	평가 득점률(Ⅲ)이 0.4≦득점률<0.6
레벨 4	평가 득점률(Ⅲ)이 0.6≦득점률<0.8
레벨 5	평가 득점률(Ⅲ)이 0.8≦득점률

평가 시도

항 목	포인트 0	포인트 1	포인트 2	포인트 3	포인트 4
① 대상구역 내에 바람을 이끄는 건축군의 배치 · 형태(구역 내의 오픈 스페이스의 연속성 배려)	배려하고 있지 않다.	(해당 없음)	과반의 오픈 스페이스에서 연속성이 확보되고 있다 (저층화, 필로티 등도 포함).	충분한 오픈 스페이스의 연속성을 확보한다.	시뮬레이션 등에 의해 바람 흐름의 유효성을 확인한다.
② 녹지나 통로 등의 공지를 이용한 통풍로 확보	공지율 30% 미만	공지율 30% 이상 45% 미만	공지율 45% 이상 65% 미만	공지율 65% 이상 80% 미만	공지율 80% 이상
Ⅰ. 합계 포인트= 점		Ⅱ. 최고 포인트= 8점		Ⅲ. 득점률(Ⅰ÷Ⅱ)= 점	

【평가대상 외】
※없음

□ 해 설

① 대상구역 내에 바람을 유도하는 건축군의 배치 · 형태(구역 내 오픈 스페이스의 연속성 배려)

- 건축물의 배치 · 형상 계획에 있어서는 대상구역 주변의 바람의 상황을 파악하여 대상구역 내의 보행자 공간 등에 바람을 유도하는 방안을 강구한다.
- 정성 평가로서 건축군의 배치 · 형태, 오픈 스페이스의 배치에 배려하여 시뮬레이션 등에 의해 바람 흐름의 유효성을 검증하고 있는 경우에는 포인트 4, 배치상의 고안에 의해 오픈 스페이스의 연속성을 충분히 확보하고 있는 경우에는 포인트 3, 오픈 스페이스의 연결을 차단하는 건축물에 대해서 저층화나 필로티 등의 고안을 실시하는 것으로 과반의 오픈 스페이스의 연속성을 확보하고 있는 경우에는 포인트 2, 별반 배려를 하고 있지 않는 경우에는 포인트 0으로 한다.

② 녹지나 통로 등의 공지를 이용한 통풍로 확보

- 건축물의 배치계획에 있어서는 잔디 · 초지 · 저목 등의 녹지나 통로 등의 공지를 마련하는

것으로, 대상구역 내 통풍로를 확보한다.
- 대상구역 면적에 대한 공지 면적의 비율(공지율)에 의해 평가한다.
- 공지율은 100%－대상구역 전체에서의 건폐율(%)로 한다. 단, 필로티는 공지로 취급하여 건폐율에서 제외한다.
- 대상구역 내의 도로는 공지에 산입한다.
- 주택지에 관해서는 개별 주거의 공지율 산출이 곤란한 경우, 공지율=100－〈법정 건폐율〉로서 대용해도 된다.

■간이판■

레벨 1	시도하고 있는 항목이 없다.
레벨 2	시도하고 있는 항목수가 1
레벨 3	(해당 없음)
레벨 4	시도하고 있는 항목수가 2
레벨 5	(해당 없음)

평가 시도

항 목	내 용
① 대상구역 내에 바람을 유도하는 건축군의 배치・형태(구역 내 오픈 스페이스의 연속성의 배려)	건축군의 배치계획에 의해 오픈 스페이스의 연속성을 확보하고 있다.
② 녹지나 통로 등의 공지를 이용한 통풍로의 확보	공지율 65% 이상

【평가대상 외】
※없음

□ 해 설

① 대상구역 내에 바람을 유도하는 건축군의 배치・형태(구역 내 오픈 스페이스의 연속성의 배려)
- 건축물의 배치・형상 계획에 있어서는 대상구역 주변의 바람 상황을 파악하여 대상구역 내의 보행자 공간 등에 바람을 유도하게 한다.
- 건축군의 배치계획에 의한 오픈 스페이스의 연속성을 정성적으로 평가한다.

② 녹지나 통로 등의 공지를 이용한 통풍로의 확보
- 건축물의 배치계획에 있어서는 잔디・초지・저목 등의 녹지나 통로 등의 공지를 마련함으로써 대상구역 내의 통풍로를 확보한다.
- 대상구역 면적에 대한 공지 면적의 비율(공지율)에 의해 평가한다.
- 공지율은 100%－대상구역 전체에서의 건폐율(%)로 한다. 단, 필로티는 공지로 취급하여 건폐율에서 제외한다.
- 대상구역 내의 도로는 공지에 산입한다.
- 주택지에 관해서는 개별 주거의 공지율 산출이 곤란한 경우, 공지율=100－〈법정 건폐율〉로서 대용해도 된다.

●1.1.2 그늘 형성에 의한 혹서 환경의 완화(여름)

■■표준판■■

레벨 1	중·고목, 필로티, 차양, 파고라 등 수평투영 면적률이 0%
레벨 2	중·고목, 필로티, 차양, 파고라 등 수평투영 면적률이 10% 미만
레벨 3	중·고목, 필로티, 차양, 파고라 등 수평투영 면적률이 10% 이상 20% 미만
레벨 4	중·고목, 필로티, 차양, 파고라 등 수평투영 면적률이 20% 이상 30% 미만
레벨 5	중·고목, 필로티, 차양, 파고라 등 수평투영 면적률이 30% 이상

【평가대상 외】
※없음

□ 해 설

- 다음 정의에 의한 중·고목, 필로티, 차양, 파고라 등의 수평투영 면적률에 의해 평가한다.
- 중·고목에 의한 그늘에 대해서는 온열 환경 이외의 효과도 배려하여 2배로 환산한다.

수평투영 면적률 =(2×〈중·고목의 수평투영 면적〉+〈필로티, 차양, 파고라 등의 수평투영 면적〉)
÷〈전 대상구역 면적〉×100(%)

- 중·고목의 수평투영 면적은 〈중·고목의 수관(樹冠)[1] 면적〉×〈개수〉로 한다.
- 수관 면적의 산정방법은, 새롭게 식재할 경우 수목 높이의 0.7배(H×0.7)를 수관 직경으로서 구하는 것으로 한다. 또 가로수나 보존 수목 등 기존 수목에 대해서는 수목 높이의 0.5배(H×0.5)를 수관 직경으로 구하는 것으로 한다.

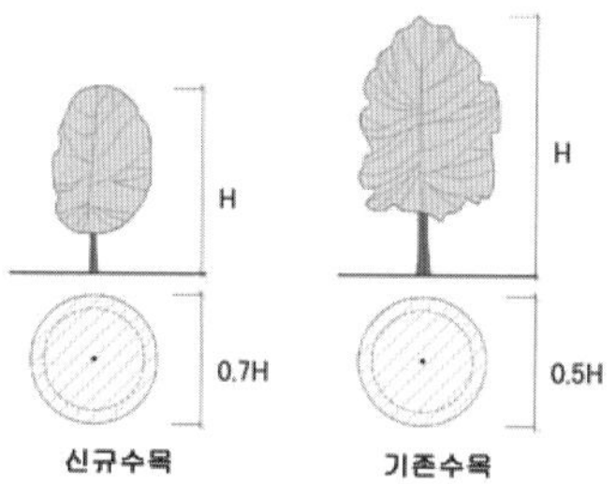

- 수관의 겹침에 대해서는 없는 것으로 취급한다.
- 필로티, 차양, 파고라 등의 수평투영 면적은 아래 그림과 같이 산정한다.

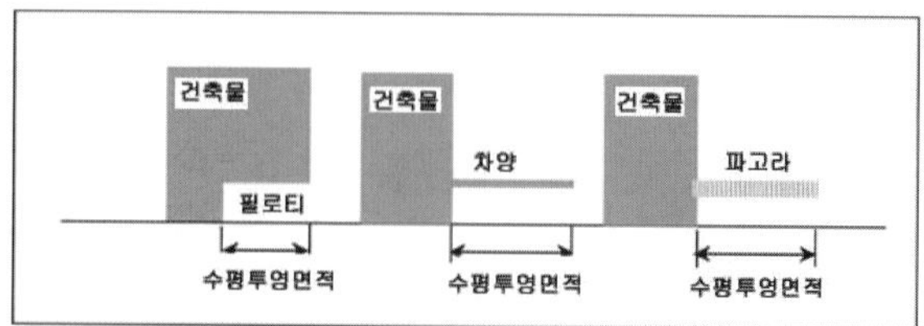

역주 1) 나뭇가지가 뻗는 폭을 말한다.

■간이판■

레벨 1	배려하고 있지 않다.
레벨 2	(해당 없음)
레벨 3	배려하고 있다.
레벨 4	(해당 없음)
레벨 5	(해당 없음)

【평가대상 외】
※없음

□ 해 설

- 중・고목의 녹지나 필로티, 차양, 파고라 등을 마련하여 그늘이 만들어지는 것에 대해 평가한다. 특히, 건축물의 남쪽이나 서쪽 등 일사의 영향이 강한 장소에서는 그늘 형성이 효과적이다.

●1.1.3 녹지・수면 등에 의한 보행자 공간의 혹서 환경의 완화(여름)

■■표준판■■

레벨 1	평가 득점률(Ⅲ)이 0≦득점률<0.2
레벨 2	평가 득점률(Ⅲ)이 0.2≦득점률<0.4
레벨 3	평가 득점률(Ⅲ)이 0.4≦득점률<0.6
레벨 4	평가 득점률(Ⅲ)이 0.6≦득점률<0.8
레벨 5	평가 득점률(Ⅲ)이 0.8≦득점률

평가 시도

항 목	포인트 0	포인트 1	포인트 2	포인트 3	포인트 4
① 대상구역 내에 녹지나 수면을 확보하여 지표면 온도의 상승을 억제	물이나 식물의 외구피복률 0%	5% 미만	5% 이상 10% 미만	10% 이상 15% 미만	15% 이상
② 대상구역 내 포장 면적을 삭감	포장면적률 40% 이상	30% 이상 40% 미만	20% 이상 30% 미만	10% 이상 20% 미만	10% 미만
③ 일반적으로 공개되고 있는 사람의 출입이 가능한 옥상 녹화에 의한 보행자 공간 등의 혹서 환경의 완화	특별히 녹화하고 있지 않다.	(해당 없음)	일반적으로 공개되고 있는 옥상이 없거나 일부 녹화하고 있다.	(해당 없음)	광범위에서 녹화
④ 일반적으로 공개되고 있는 보행자 공간면보다 높이 10m 이하의 외벽면 녹화에 의한 보행자 공간 등의 혹서 환경의 완화	대책을 실시하고 있지 않다.	(해당 없음)	벽면 녹화에 의한 대책을 실시하고 있다.	벽면녹피율 10% 이상	벽면녹피율 20% 이상
⑤ 분무나 급수 설비가 부착된 보수성 포장 등의 설치에 의한 보행자 공간 등의 혹서 환경의 완화	〈가점항목〉 특별한 것은 하고 있지 않다 : 가점 0, 특별한 설비를 설치 : 0.1 가점				

Ⅰ. 합계 포인트 = 점	Ⅱ. 최고 포인트 = 16점	Ⅲ. 득점률(Ⅰ÷Ⅱ) = 점 ※가점항목이 있는 경우는 득점률에 가점

【가점의 유무】
※있음
【평가대상 외】
※없음

□ 해 설

① 대상구역 내에 녹지나 수면을 확보하여 지표면 온도의 상승을 억제

- 잔디・초지・저목 등의 녹지나 수면을 확보함으로써 지표면 온도나 지표면 근방의 기온 상승을 억제한다. 특히, 남쪽, 서쪽 등 일사 영향이 강한 장소의 경우는 효과가 높다.
- 잔디・초지, 저목 등의 녹지 면적과 수면 면적으로 평가한다.
- 잔디・초지・저목 등을 수반하지 않는 중・고목만의 녹지는 면적에 포함하지 않도록 한다.
- 물이나 식물의 외구피복률은 〈녹지 면적+수면 면적〉÷〈전 대상구역 면적〉×100(%)으로 정의한다.

② 대상구역 내의 포장 면적을 삭감

- 대상구역 내의 포장 면적을 작게 하도록 노력한다. 특히 건축물의 남쪽이나 서쪽 등 일사가 강한 장소에 있어서는 넓은 포장면(주차장 등)을 피하도록 노력한다.
- 포장 면적률은 〈포장 면적〉÷〈전 대상구역 면적〉×100(%)으로 정의한다.
- 확실히 직접 일사에 영향이 없는 부분이나 필로티 부분 등의 포장 면적은 제외해도 좋다.

③ 일반적으로 공개되고 있는 사람의 출입이 가능한 옥상의 녹화에 의한 보행자 공간 등의 혹서 환경의 완화

- 인공지반 상의 공개공지 등 공공의 장소로서 공개되고 있는 옥상에서 사람이 출입할 수 있는 부분에 대해서는 녹화를 통해 혹서 환경의 완화를 도모한다.
- 정성 평가로 한다. '광범위로 녹화'란 해당 옥상 면적의 약 80% 이상을 녹화하고 있는 경우로 한다.

④ 일반적으로 공개되고 있는 보행자 공간면보다 높이 10m 이하의 외벽면 녹화에 의한 보행자 공간 등의 혹서 환경의 완화

- 일반적으로 공개되고 있는 보행자 공간면이란 보도, 공개공지 등을 말한다. 지상, 인공지반 상의 차이는 묻지 않는 것으로 한다.
- 특히 건축물의 남쪽이나 서쪽 외벽면 등 일사 영향이 강한 부위의 녹화에 힘써 혹서 환경의 완화를 꾀한다.
- 벽면녹피율은 〈10m 이하의 벽면 녹화 면적〉÷〈10m 이하의 외벽 면적〉×100%로 정의한다.
- 계획 초기 단계 및 저층 주택지에 대해서는, 지역 혹은 녹화의 가이드라인 등에 벽면 녹화에 관한 규정이 있는 경우 그 규정이 준수되고 있는 것으로 평가해도 좋다.

⑤ 분무나 급수 설비 부착의 보수성 포장 등에 의한 보행자 공간 등의 혹서 환경의 완화(가점항목)

- 혹서 환경의 완화에 공헌하는 대책 중, 분무의 설치나 급수 설비 부착의 보수성 포장의 도입과 같은 상기 ①~④에 포함되지 않는 시도를 평가한다.

①~④에 대해 득점률을 계산하여, ⑤에 대해 배려되고 있는 경우는 그 득점률에 가점한다.

■간이판■

레벨 1	시도하고 있는 항목이 없다.
레벨 2	시도하고 있는 항목수가 1
레벨 3	시도하고 있는 항목수가 2
레벨 4	시도하고 있는 항목수가 3
레벨 5	시도하고 있는 항목수가 4

평가 시도

항 목	내 용
① 대상구역 내에 녹지나 수면을 확보하여 지표면 온도의 상승을 억제	물이나 식물의 외구피복률 10% 이상
② 대상구역 내의 포장 면적을 삭감	포장면적률 20% 미만
③ 일반적으로 공개되고 있는 사람의 출입 가능한 옥상의 녹화에 의한 보행자 공간 등의 혹서 환경의 완화	광범위에서 녹화하고 있다.
④ 일반적으로 공개되고 있는 보행자 공간면보다 높이 10m 이하의 외벽면 녹화에 의한 보행자 공간 등의 혹서 환경의 완화	벽면 녹화에 의한 대책을 실시하고 있다.

【평가대상 외】
※없음

□ 해 설

① 대상구역 내에 녹지나 수면을 확보하여 지표면 온도의 상승을 억제

- 잔디・초지・저목 등의 녹지나 수면을 확보함으로써 지표면 온도나 지표면 근방의 기온 등의 상승을 억제한다. 특히, 남쪽, 서쪽 등의 일사의 영향이 강한 장소에서 효과가 높다.
- 잔디・초지, 저목 등의 녹지 면적과 수면 면적으로 평가한다.
- 잔디・초지・저목 등을 수반하지 않는 중목・고목만의 녹지는 면적에 포함하지 않는 것으로 한다.
- 물이나 식물의 외구피복률은 〈녹지 면적+수면 면적〉÷〈전 대상구역 면적〉×100(%)으로 정의한다.

② 대상구역 내의 포장 면적을 삭감

- 대상구역 내의 포장 면적을 작게 하도록 노력한다. 특히 건축물의 남쪽이나 서쪽 등의 일사가 강한 장소에 있어서는 넓은 포장면(주차장 등)을 피하도록 노력한다.
- 포장 면적률은 〈포장 면적〉÷〈전대상구역 면적〉×100(%)으로 정의한다.
- 확실히 직접 일사에 영향이 없는 부분이나 필로티 부분 등의 포장 면적은 제외해도 좋다.

③ 일반적으로 공개되고 있는 사람의 출입 가능한 옥상의 녹화에 의한 보행자 공간 등의 혹서 환경의 완화

- 인공지반 상의 공개공지 등 공공의 장소로 공개되고 있는 옥상에서 사람이 출입할 수 있는 부분에 대해서는 녹화를 통해 혹서 환경의 완화를 꾀한다.
- 정성 평가로 한다. '광범위로 녹화'란 해당 옥상 면적의 약 80% 이상을 녹화하고 있는 경우로 한다.

④ 일반적으로 공개되고 있는 보행자 공간면보다 높이 10m 이하의 외벽면 녹화에 의한 보행자 공간 등의 혹서 환경의 완화

- 일반적으로 공개되고 있는 보행자 공간면이란 보도, 공개공지 등을 말한다. 지상, 인공지반 상의 차이는 묻지 않는 것으로 한다.
- 특히 건축물의 남쪽이나 서쪽 외벽면 등의 일사 영향이 강한 부위의 녹화에 힘써 혹서 환경의 완화를 꾀한다.
- 벽면녹피율은 〈10m 이하의 벽면 녹화 면적〉÷〈10m 이하의 외벽 면적〉×100%로 정의한다.
- 계획 초기 단계 및 저층 주택지에 대해서는, 지역 혹은 녹화의 가이드라인 등에 벽면 녹화에 관한 규정이 있는 경우 그 규정이 준수되고 있는 것으로 평가해도 좋다.

■참고 1) 분무의 사례(2005년 일본 국제 박람회 글로벌 · 루프에서의 시도)

글로벌 · 루프의 분무에 의한 냉각　　　미스트 분무 부분

●1.1.4 배열의 위치 등에 대한 배려

공조 배열이나 지역 열원(연소 설비)에 수반되는 고온 배열의 배출을 높은 위치에 마련함과 동시에 보행자에 대한 영향의 저감에 배려한다.

■표준판 · 간이판(공통항목)■

레벨	내용
레벨 1	(해당 없음)
레벨 2	저층부(5m 이하)로부터의 방출이 있어 보행자에게로의 영향 저감의 배려 없음
레벨 3	저층부(5m 이하)로부터의 방출은 있지만 보행자에게의 영향 저감에 배려
레벨 4	저층부(5m 이하)부터의 방출이 없다.
레벨 5	저층부(10m 이하)부터의 방출이 없다.

【평가대상 외】
※없음

□ 해　설

- 배열 위치의 해당 위치에서 지반면으로부터의 높이로 평가한다.
- 공조 배열은 공조용 냉각탑, 실외기 등을 대상으로 한다.
- 지역 열원(연소 설비)에 수반되는 고온 배열이란 기기 배출구에서 대략 100℃ 이상의 것으로 한다.

●1.2 지상(地象)[2]의 배려 · 보전

●1.2.1 기존 지형 특성에 배려한 건축물의 배동계획 및 외구계획

■표준판 · 간이판(공통항목)■

레벨	내용
레벨 1	지역 지형과의 정합을 고려하고 있지 않다.
레벨 2	(해당 없음)
레벨 3	현재 지역의 지형에 배려한 계획이거나 특필해야 할 지형 특성이 없기 때문에 배려하고 있지 않다.
레벨 4	(해당 없음)
레벨 5	회복 · 개선을 포함하여 지역의 지세에 배려한 계획이다.

【평가대상 외】
※없음

□ 해 설

- 계획에 있어 현재의 지형 특성이나 지형 개변(改變)에의 배려에 대한 시도를 평가한다.
- 회복이란 대상구역의 본래의 지형을 되찾는 시도로 한다.
- 개선이란 토지이용이나 방재 · 치수 등의 관점에서 그 토지가 종래에 가지고 있는 지형 특성적인 결점을 극복하는 시도로 한다.(예 : 슈퍼제방사업 등)

●1.2.2 표토의 보전

대상구역의 표토의 생산 기능의 특정 · 파악, 그리고 생산 기능이 높은 표토의 유효 이용에 대해 평가한다.

■■표준판■■

레벨	내용
레벨 1	평가 득점률(Ⅲ)이 0≦득점률<0.2
레벨 2	평가 득점률(Ⅲ)이 0.2≦득점률<0.4
레벨 3	평가 득점률(Ⅲ)이 0.4≦득점률<0.6
레벨 4	평가 득점률(Ⅲ)이 0.6≦득점률<0.8
레벨 5	평가 득점률(Ⅲ)이 0.8≦득점률

평가 시도

항 목	포인트 0	포인트 1	포인트 2	포인트 3	포인트 4
① 토양의 생산 기능이 높은 장소의 특정	(해당 없음)	(해당 없음)	조사하고 있지 않다.	(해당 없음)	조사실시

역주 2) 지진이나 산사태 등 땅에서 일어나는 현상을 말한다.

② 표토의 재이용·보전	재이용하고 있지 않다.	(해당 없음)	부분적으로 재이용하고 있다.	상당히 재이용하고 있다	거의 재이용하고 있다.
Ⅰ. 합계 포인트 = 점		Ⅱ. 최고 포인트 = 8점		Ⅲ. 득점률(Ⅰ÷Ⅱ) = 점	

【평가대상 외】

※② '①에서 조사하고 있지 않다'를 선택했을 경우는 ②는 평가대상 외로 한다.

※② '① 토양의 생산 기능이 높은 장소의 특정'에 있어, 생산 기능이 높은 표토가 없어 보전이 불필요하다고 판단되었을 경우에는 평가대상 외로 한다.

□ 해 설

① 토양의 생산 기능이 높은 장소의 특정

- 생산 기능이 높은 토양이란, 단립(団粒)구조[3])를 가지고 보수성, 배수성이 양호하고 적당한 유기분을 가지는 토양이다.
- 표토의 생산 기능에 대한 조사를 실시하여 생산 기능이 높은 장소를 특정한다.
- 표토에 관한 조사실시의 유무 및 생산 기능이 높은 장소의 특정 유무를 평가한다.

② 표토의 재이용·보전

- 생산 기능이 높은 표토를 재이용·보전한다.
- '상당히 재이용하고 있다'란, 생산 기능이 높은 표토의 용적의 약 50% 이상을 재이용·보전하고 있는 경우로 한다.
- '거의 재이용하고 있다'란, 생산 기능이 높은 표토의 용적의 약 80% 이상을 재이용·보전하고 있는 경우로 한다.

■간이판■

레벨 1	표토를 재이용하고 있지 않다.
레벨 2	(해당 없음)
레벨 3	부분적으로 재이용하고 있다.
레벨 4	과반을 재이용하고 있다.
레벨 5	(해당 없음)

【평가대상 외】

※없음

□ 해 설

- 생산 기능이 높은 표토를 재이용·보전한다.
- '과반을 재이용하고 있다'란, 생산 기능이 높은 표토의 용적의 약 50% 이상을 재이용·보전하고 있는 경우로 한다.

역주 3) 나뭇가지가 개개의 미세한 토양입자와 모여서 덩이를 이룬 구조를 말한다. 단립(單粒)구조는 토양입자가 따로따로 독립하여 존재하는 단립구조에 비하여 크고 작은 여러 가지 공극(孔隙)이 많고 통기성·통수성·보수성(保水性)이 뛰어나다.

●1.2.3 토양오염에의 배려

■■표준판■■

레벨 1	평가 득점률(Ⅲ)이 0≦득점률<0.2
레벨 2	평가 득점률(Ⅲ)이 0.2≦득점률<0.4
레벨 3	평가 득점률(Ⅲ)이 0.4≦득점률<0.6
레벨 4	평가 득점률(Ⅲ)이 0.6≦득점률<0.8
레벨 5	평가 득점률(Ⅲ)이 0.8≦득점률

평가 시도

항 목		포인트 0	포인트 1	포인트 2	포인트 3	포인트 4
① 대상구역 내의 오염에 대한 조치	사례1 : 지정기준 초과 및 제2용출량 기준 이하	기준을 충족치 않고 조치를 취하고 있지 않다.	(해당 없음)	확산 방지 조치를 하고 있다(토양오염은 잔존)	(해당 없음)	토양오염 제거
	사례2 : 제2용출량 기준 초과	기준을 충족치 않고 조치를 취하고 있지 않다.	(해당 없음)	제1, 3종 특정 유해 물질 →토양오염 제거 제2종 특정 유해 물질 →불용화+확산 방지 조치	(해당 없음)	제1, 2, 3종 특정 유해 물질→토양오염 제거
② 대상구역 외로부터 대상구역 내로 받는 오염에 대한 조치		기준을 충족치 않고 조치를 취하고 있지 않다	조치를 하고 있으나, 받는 오염 지속	받는 오염의 방지 조치가 꾀해지고 있다.	(해당 없음)	(해당 없음)
Ⅰ. 합계 포인트 = 점			Ⅱ. 최고 포인트 = 8점		Ⅲ. 득점률(Ⅰ÷Ⅱ) = 점	

【평가대상 외】
※① 대상구역 내의 토양오염 대책을 실시하여 문제가 없는 경우는 평가대상 외로 한다.
※② 대상구역 주변에 토양오염원이 없는 경우는 평가대상 외로 한다.

□ 해 설

① 대상구역 내의 오염에 대한 조치

- 토양오염에 관한 상황 파악의 결과, 대책이 필요하게 되었을 경우에 대해 사례 1, 사례 2 가운데 오염의 종류 · 농도에 따라 해당하는 평가 항목을 이용해 평가한다.

② 대상구역 외로부터 대상구역 내로 받는 오염에 대한 조치

- 대상구역 주변에 토양오염원이 있는 경우, 오염원으로부터 대상구역 내로 차폐 등의 시설이 받는 오염 대책을 실시한다.
- 받는 오염 방지 조치의 정도로 평가한다.

■간이판■

레벨 1	이력 조사를 실시하지 않는다.
레벨 2	이력 조사를 실시하고 조사결과가 기준을 충족하지 않지만 조치를 하고 있지 않다.
레벨 3	이력 조사를 실시하고 기준을 충족하지 않은 경우는 오염 대책(확산 방지, 제거)을 실시한다.
레벨 4	(해당 없음)
레벨 5	(해당 없음)

【평가대상 외】
※이력 조사를 실시하여 토양의 오염이 기준 내인 경우 본 항목은 평가대상 외로 한다.

□ 해 설

토양의 오염상황을 파악하여 토양오염 대책이 필요하다고 판단되었을 경우에 대하여 대책의 유무를 평가한다.

● 1.3 수상(水象)[4]의 배려 · 보전

●1.3.1 수역의 보전

대상구역 내의 수역(연못, 저수지, 흐름)에 대한 보전 조치를 평가한다.

■표준판 · 간이판(공통항목)■

레벨 1	보전하고 있지 않다.
레벨 2	(해당 없음)
레벨 3	부분적으로 보전하고 있다.
레벨 4	과반을 보전하고 있다.
레벨 5	거의 전역을 보전하고 있다.

【평가대상 외】
※방재 조절지, 수경시설 등의 인공 구조물 요소가 강한 수역은 대상 외로 한다.
※대상구역 내에 수역이 존재하지 않는 경우, 본 항목은 평가대상 외로 한다.

□ 해 설

- '거의 전역을 보전하고 있다'란, 대상구역 내 수역의 약 80% 이상을 보전하고 있는 경우로 한다.
- '과반을 보전하고 있다'란, 대상구역 내 수역의 약 50% 이상을 보전하고 있는 경우로 한다.

역주 4) 수권(水圈)에서 일어나는 현상으로 해양과 육수(陸水)의 여러 가지 현상을 이른다.

●1.3.2 지하수의 보전

대상구역 내에 있어 지하수 함양·지하수맥 보전 등을 실시하여 자연 물순환의 유지·보전 조치를 평가한다.

■표준판·간이판(공통항목)■

레벨	내용
레벨 1	배려하고 있지 않다.
레벨 2	(해당 없음)
레벨 3	지하수 함양(涵養)의 실시
레벨 4	(해당 없음)
레벨 5	지하수 함양 및 대수층5)·지하수맥을 포함한 수문(水文)환경의 보전

【평가대상 외】
※없음

□ 해 설

- 지하수 함양이란, 침투승·투수성 포장 등에 의한 지하로의 우수 침투, 수림에 의한 우수 함양 등을 나타낸다.
- 지하수 함양을 실시할 뿐만 아니라 대상구역의 대수층·지하수맥을 포함한 수문환경의 보전을 고려한 계획일 경우 레벨 5로 한다.

■참고 1) 수문환경의 보전을 고려한 계획 사례

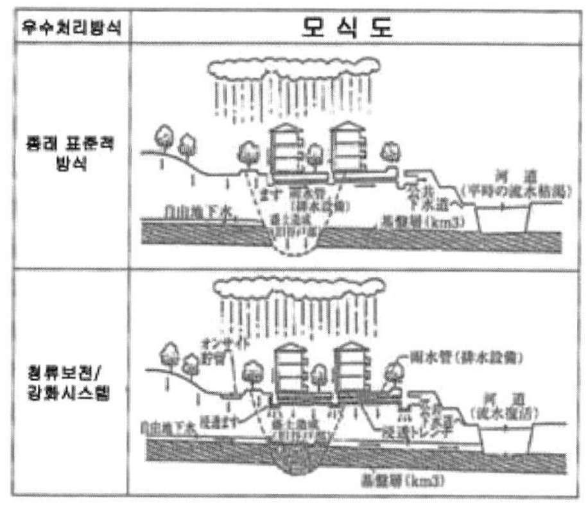

수문환경의 보전에는 온사이트 저류·침투시설의 설비나 기반층의 복원, 침수층의 복원(모래나 자갈에 의한 성토) 등이 있다.

〈참고 문헌〉 都市基盤整備公団 : 「南八王子地区水環境保全施設整備マニュアル作成業務報告書」, p.11, p.87 (1995).

역주 5) 물로 채워진 공극(孔隙)을 가지며, 이 공극이 서로 연결되어 있으면 물은 암석의 기질을 통하여 이동할 수 있다.

●1.3.3 수질에의 배려

대상구역 내 자연 수역에 대하여 수질 유지를 위한 조치를 평가한다.

■표준판 · 간이판(공통항목)■

레벨 1	정화 처리 등을 하고 있지 않다.
레벨 2	(해당 없음)
레벨 3	표준적인 정화 처리
레벨 4	(해당 없음)
레벨 5	표준적인 정화 처리와 함께 자연 정화 작용을 이용한 시스템을 채용

【평가대상 외】
※대상구역 내에 자연 수역이 없는 경우는 평가대상 외로 한다.

□ 해 설

- 자연 수역에 대해서 '정화 처리 등을 하고 있지 않다'란, 유기물질이 과다하게 되어 오염이 현저한 수역이 있는 경우 등이다.
- '표준적인 정화 처리'란, 자연 수역에 유입하는 배수의 기계적 정화, 자연 수역에 대한 바닥진흙 준설 등 기계적 정화 등을 대상으로 한다.
- '자연 정화작용을 이용한 시스템'이란, 자연 수역에 있어 실시하는 수생식물을 이용한 질소나 인의 흡착 고정, 다공질 소재나 통기[6] 등에 의해 미생물의 활성을 높임으로써 유기물의 분해 작용의 촉진 등 자연 본래의 정화작용을 이용한 정화 시스템을 말한다.

■ 참고 1) 다공질 소재(포라스 콘크리트[7])를 이용한 수생 포드, 수생식물의 이용 예

다공질 소재로 만들어진 수생 화분(pod)에는 간극이 많아, 유기물을 분해하는 미생물이 서식하기 좋다. 또 수생식물은 연못 물에 포함되는 질소나 인을 흡착 고정하기 때문에 연못의 부영양화(富營養化)의 방지로 이어진다.

역주 6) 하수(下水)를 정화 처리할 때 공기, 즉 산소를 주입하여 오니(汚泥) 중의 호기성(好氣性) 세균의 정화 능력을 높이는 것을 말한다.

역주 7) 통상의 콘크리트와 달리 경화체 내에 물과 공기를 자유롭게 통과시키는 균질한 연속 공극을 지닌 다공질 콘크리트이다.

●1.4 생물 환경의 보전과 창출

●1.4.1 자연환경의 잠재력 파악

동식물의 조사와 보전계획의 입안에 대한 시도를 평가한다.

■표준판 · 간이판(공통항목)■

레벨 1	조사를 실시하지 않았다.
레벨 2	(해당 없음)
레벨 3	조사를 실시한다.
레벨 4	(해당 없음)
레벨 5	조사를 실시하여 보전해야 할 종을 특정하고 보전 조치를 책정

【평가대상 외】
※없음

□ 해 설

- 대상구역과 그 주변을 포함한 영역에서 동식물의 조사에 근거한 생태계를 평가하여 대상구역이 어떠한 생태계로서의 잠재력이 있는지를 파악한다.
- 희귀종이나 지표종[8)]을 특정하면서, 그 종의 보전계획을 책정하고 있는 경우를 레벨 5로 한다.

●1.4.2 자연자원의 보전 · 창출

■■표준판■■

레벨 1	평가 득점률(Ⅲ)이 0≦득점률<0.2
레벨 2	평가 득점률(Ⅲ)이 0.2≦득점률<0.4
레벨 3	평가 득점률(Ⅲ)이 0.4≦득점률<0.6
레벨 4	평가 득점률(Ⅲ)이 0.6≦득점률<0.8
레벨 5	평가 득점률(Ⅲ)이 0.8≦득점률

평가 시도

항 목	포인트 0	포인트 1	포인트 2	포인트 3	포인트 4
① 자연자원의 보전	보전하고 있지 않다.	(해당 없음)	부분적으로 보전	(해당 없음)	동물상(動物相)까지 고려해 적극적으로 자연공간을 보전
② 종의 다양성 보전을 목적으로 한 다양한 생태 공간의 창출	배려하고 있지 않다.	(해당 없음)	부분적으로 보전	(해당 없음)	종의 다양성에 충분히 배려
③ 주변의 자연 식생에 배려한 환경 만들기	배려하고 있지 않다.	(해당 없음)	부분적으로 보전	(해당 없음)	향토종에 충분히 배려

역주 8) 어느 일정 장소 또는 동일 환경에서 사는 동물의 모든 종류로 식물상에 대응하는 말이다. 종류 상호의 관계나 환경과의 관계라는 뜻은 포함하지 않고, 또 동물의 개체수나 우점도의 양적 평가도 포함하지 않는다.

④ 전체 녹지 규모(생태계에 유효한 옥상 녹화나 벽면 녹화 포함)	대상구역에 대한 녹화율이 10% 미만	10% 이상 20% 미만	20% 이상 30% 미만	30% 이상	40% 이상, 또는 섬형으로 결집된 녹지가 1ha 이상
기준 용적률이 150% 이하의 경우					50% 이상, 또는 섬형으로 결집된 녹지가 10ha 이상
Ⅰ. 합계 포인트= 점		Ⅱ. 최고 포인트= 점		Ⅲ. 득점률(Ⅰ÷Ⅱ)= 점	

【평가대상 외】

※보전해야 할 자연자원이 없는 경우는 평가대상 외로 한다.

□ 해 설

① 자연자원의 보전

- 개발 전부터 존재하는 대상구역 내의 자연자원(수림이나 가로수 등의 녹지)을 보전한다.
- 기존의 수림 등 녹지 보전에 대한 시도를 평가한다.

② 종의 다양성 보전을 목적으로 한 다양한 생태 공간의 창출

- 다양한 생물이 생식 가능한 공간을 확보하기 위하여 녹지의 다양성을 확보한다.
- 환경의 다양성을 형성・확보하기 위한 계획을 평가한다.

③ 주변의 자연 식생을 배려한 환경 만들기

- 자연환경의 지역성을 배려하여 그 토지의 자연 식생에 맞는 녹지계획을 실시한다.
- 그 토지의 자연 식생에 맞는 수종을 배려한 계획을 평가한다.

④ 전체 녹지 규모

- 생태계를 배려하여 결집된 녹지를 확보할 계획을 실시한다.
- 녹지 규모에 대해 대상구역에 대한 녹지의 비율로 평가하는 것을 기본으로 한다.
  녹화율=〈녹지 면적〉÷〈대상구역 면적〉
- 결집된 녹지가 1ha의 규모를 넘으면 생물의 다양성이 상당히 향상되고, 추가로 10ha를 넘으면 급격하게 생물종이 다양해진다. 따라서 녹화 비율에 상관없이 시가지(도심 타입, 일반 타입으로 기준 용적률이 150%를 넘는 경우)에서 1ha, 교외(일반 타입으로 기준 용적률이 150% 이하의 경우)에서 10ha의 녹지 규모가 확보되는 경우는 레벨 5로 한다.

≪녹지 면적과 들새의 종류(번식기)≫

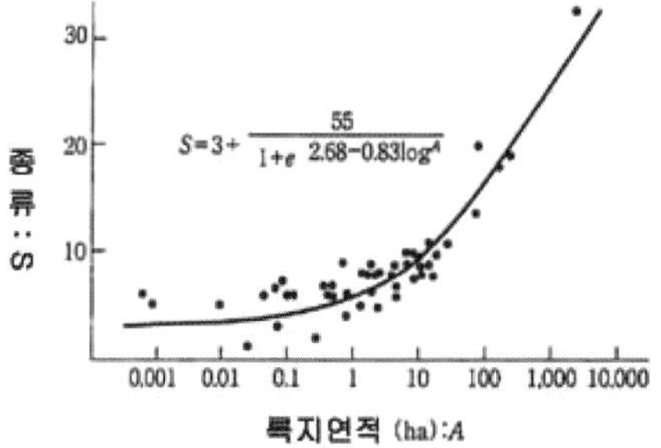

녹지 면적과 조류의 종수는 유의한 상관이 있는데, 1ha 이상부터 수림성 조류가 생식을 시작하여 10ha 이상에서 현저하게 된다.

〈참고 문헌〉 綠口広芳等 :「森林面積と鳥の種類との関係」, Strix, p.72(1982).

■간이판■

레벨 1	시도하고 있는 항목이 없다.
레벨 2	시도하고 있는 항목수가 1
레벨 3	시도하고 있는 항목수가 2
레벨 4	시도하고 있는 항목수가 3
레벨 5	시도하고 있는 항목수가 4

평가 시도

항　　목	내　　용
① 자연자원의 보전(보전해야 할 자연자원이 없는 경우는 평가대상 외로 한다)	동물상까지 고려하여 충분히 자연자원을 보전하고 있다.
② 종의 다양성의 보전을 목적으로 한 다양한 생태 공간의 창출	종의 다양성에 배려하고 있다.
③ 주변의 자연 식생을 배려한 환경 만들기	향토종에 배려한 녹지계획으로 하고 있다.
④ 전체 녹지 규모(생태계에 유효한 옥상 녹화나 벽면 녹화 포함)	대상구역에 대한 녹화율이 30% 이상

【평가대상 외】
※보전해야 할 자연자원이 없는 경우는 평가대상 외로 한다.

□ 해　설

① 자연자원의 보전
- 개발 전부터 존재하는 대상구역 내의 자연자원(수림이나 가로수 등의 녹지)을 보전한다.
- 기존의 수림 등 녹지 보전에 대한 시도를 평가한다.

② 종의 다양성 보전을 목적으로 한 다양한 생태 공간의 창출
- 다양한 생물이 생식 가능한 공간을 확보하기 위하여 녹지의 다양성을 확보한다.
- 환경의 다양성을 형성·확보하기 위한 계획을 평가한다.

③ 주변의 자연 식생을 배려한 환경 만들기
- 자연환경의 지역성을 배려하여 그 토지의 자연 식생에 맞는 녹지계획을 실시한다.
- 그 토지의 자연 식생에 맞는 수종을 배려한 계획을 평가한다.

④ 전체 녹지 규모
- 생태계에 배려하여 결정된 녹지를 확보할 계획을 실시한다.
- 녹지 규모에 대해 대상구역에 대한 녹지의 비율로 평가하는 것을 기본으로 한다.
  녹화율=〈녹지 면적〉÷〈대상구역 면적〉

● 1.4.3 생태계 네트워크의 형성

■■표준판■■

레벨 1	평가 득점률(Ⅲ)이 0≦득점률<0.2
레벨 2	평가 득점률(Ⅲ)이 0.2≦득점률<0.4
레벨 3	평가 득점률(Ⅲ)이 0.4≦득점률<0.6
레벨 4	평가 득점률(Ⅲ)이 0.6≦득점률<0.8
레벨 5	평가 득점률(Ⅲ)이 0.8≦득점률

평가 시도

항 목	포인트 0	포인트 1	포인트 2	포인트 3	포인트 4
① 회랑 등으로 주변과의 네트워크를 형성(가로수나 저목 등 녹지의 연속성)	네트워크가 형성되어 있지 않다.	상당히 저해 요인이 있다.	징검돌식의 네트워크	부분적인 저해 요인이 있다.	가로수나 저목류 등을 회랑으로 네트워크화
② 지형 연쇄, 에코 톤의 형성	배려하고 있지 않다.	(해당 없음)	부분적으로 배려하고 있다.	(해당 없음)	지형 연쇄를 고려해 자연의 천이에 배려
Ⅰ. 합계 포인트 = 점		Ⅱ. 최고 포인트 = 8 점		Ⅲ. 득점률(Ⅰ÷Ⅱ) = 점	

【평가대상 외】
※없음

□ 해 설

① 회랑 등으로 주변과 네트워크를 형성(가로수나 저목 등 녹지의 연속성)

- 녹지의 연속성을 확보하여 녹지 네트워크를 형성한다.
- 네트워크를 형성하는 녹지 배치나 토지이용에 대해 평가한다.
- 네트워크의 충실도(생물 이동의 편리함)를 평가 축으로 한다.
- 네트워크 형성을 시도하고 있지만 생물 이동에 상당한 저해 요인이 있는 경우를 포인트 1, 징검돌식의 녹지 배치에 의하여 생물이 그것을 이용하여 이동할 수 있도록 배려되고 있는 경우를 포인트 2, 대상구역 내의 녹지와 주변의 녹지가 대체로 회랑으로 네트워크되고 있지만, 부분적으로 이동을 저해하는 요인이 있는 경우를 포인트 3, 대상구역 내의 녹지와 주변의 녹지가 회랑으로 네트워크되고 있는 상태로, 생물의 이동에 충분히 배려되고 있는 경우를 포인트 4로 한다.

② 지형 연쇄, 에코 톤의 형성

- 녹지계획에 있어 지리적 조건에 부응하는 자연공간의 천이에 배려하고 있는지 평가한다.
- 옹벽 등으로 자연공간이 분단되어 있지 않은지, 에코 톤(자연공간의 질적 연속 변화역, 예를 들어 계곡부터 언덕에 이르는 범위에서는, 늪지-저습지-논두렁-사면림 등의 자연공간의 천이)의 형성에 대해 배려하고 있는지 등을 평가한다.

■간이판■

레벨 1	시도하고 있는 항목이 없다.
레벨 2	시도하고 있는 항목수가 1
레벨 3	(해당 없음)
레벨 4	시도하고 있는 항목수가 2
레벨 5	(해당 없음)

평가 시도

항　목	내　용
① 회랑 등으로 주변과의 네트워크를 형성(가로수나 저목 등 녹지의 연속성)	주변과의 녹지의 네트워크가 형성되고 있다.
② 지형 연쇄, 에코 톤의 형성	지형의 연속성에 배려하고 있다.

【평가대상 외】
※없음

□ 해 설

① 회랑 등으로 주변과의 네트워크를 형성(가로수나 저목 등 녹지의 연속성)

- 녹지의 연속성을 확보하여 녹지 네트워크를 형성한다.
- 네트워크를 형성하는 녹지 배치나 토지이용에 대해 평가한다.
- 네트워크의 충실도(생물 이동의 편리함)를 평가 축으로 한다.
- 주변과의 녹지 네트워크가 형성되고 있는 것을 평가한다.

② 지형 연쇄, 에코 톤의 형성

- 녹지계획에 있어 지리적 조건에 따른 자연공간의 천이에 배려하고 있는지 평가한다.
- 옹벽 등으로 자연공간이 분단되어 있지 않은지, 에코 톤(자연공간의 질적 연속 변화역, 예를 들어 계곡부터 언덕에 이르는 범위에서는, 늪지-저습지-논두렁-사면림 등의 자연공간의 천이)의 형성에 대해 배려하고 있는지 등을 평가한다.

■ 참고 1) 회랑의 형태

생물의 다양성과 현존량은 환경요소의 상호 연결되는 방법에 의해 크게 변화한다.

패치: 식물의 다양성, 생산성이 높은 일정규모의 생태계로서의 단위 공간

회랑: 패치와 패치를 연결하는 생물의 이동 가능한 선상의 자연 공간

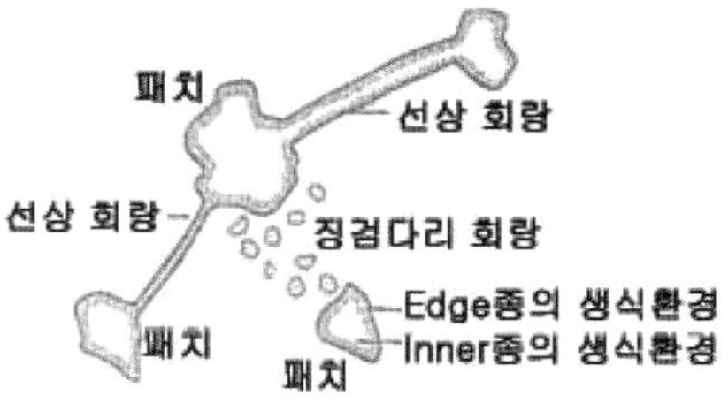

〈참고 문헌〉 日本建築学会=編 :「建築設計資料集成(地域・都市II一設計データ編)」, 丸善株式会社, p.36(2004).

■ 참고 2) 회랑의 타입과 평가

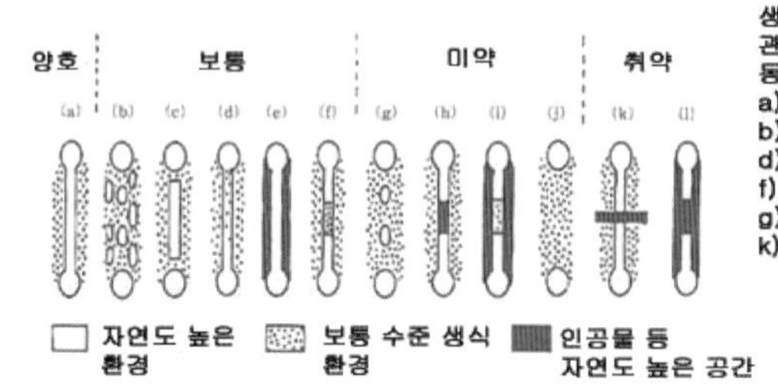

생식환경으로서의 연결성과 질에 관한 규모가 큰 패치간 생물의 이동가능성에 대하여
a) 연결된 생물 이동량이 높은 회랑
b) 클러스터 상태의 패치에 의한 회랑
d) 이동량이 서서히 변화하는 회랑
f) 패치 일부가 회랑화한 유형
g) 징검다리 상태의 회랑
k) 장애물에 의해 분단된 회랑

공간 규모가 정해지면 지리적 · 자연적 환경 연쇄나 모자이크 상태 등 공간의 배치 방법이 중요하게 된다.

생태 공간의 연속성으로 말하면, 비상성(飛翔性) 새와 곤충은 날개를, 박쥐는 앞다리의 발가락뼈 사이의 막을 이용한다. 생물은 회랑이 다소 연속성이 없어도 문제가 되지 않지만, 파충류 등 땅을 기는 생물, 어류 등은 약간의 불연속이 회랑으로서의 기능을 잃게 한다.

〈참고 문헌〉 R.T.T. Forman : Land Mosaics, CAM-BRIDGE UNIVERSITY PRESS, p.201(1995).

■ 참고 3) 수변의 에코 톤 예

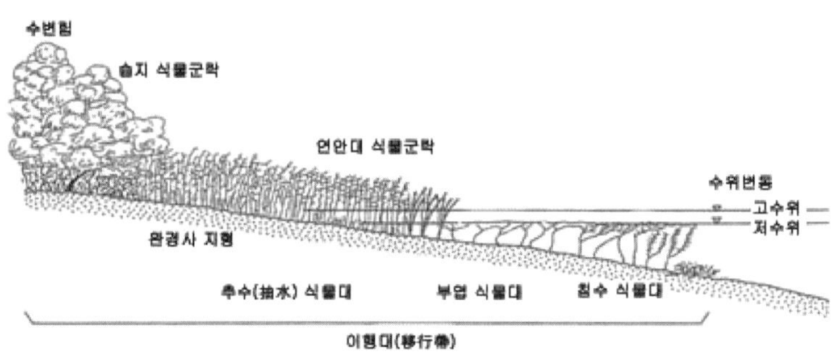

〈참고 문헌〉 桜井善雄 :「水辺の環境学」, 新日本出版社, p.37(1991).

● 1.4.4 동식물의 생식 · 생육 환경에의 배려

■■표준판■■

레벨 1	평가 득점률(Ⅲ)이 0≦득점률<0.2
레벨 2	평가 득점률(Ⅲ)이 0.2≦득점률<0.4
레벨 3	평가 득점률(Ⅲ)이 0.4≦득점률<0.6
레벨 4	평가 득점률(Ⅲ)이 0.6≦득점률<0.8
레벨 5	평가 득점률(Ⅲ)이 0.8≦득점률

평가 시도

항 목	포인트 0	포인트 1	포인트 2	포인트 3	포인트 4
① 생물 생식역의 인위적 영향 삭감	배려하고 있지 않다.	(해당 없음)	부분적 배려	(해당 없음)	일정 규모의 성역 형성
② 생물 생식을 배려한 식재계획	배려하고 있지 않다.	(해당 없음)	부분적 배려	(해당 없음)	충분한 배려
③ 생물이 생식하기 쉬운 다공질 공간의 확보	배려하고 있지 않다.	(해당 없음)	부분적 형성	(해당 없음)	충분한 다공질 공간의 형성
Ⅰ. 합계 포인트 = 점		Ⅱ. 최고 포인트 = 8점		Ⅲ. 득점률(Ⅰ÷Ⅱ) = 점	

【평가대상 외】
※없음

□ **해 설**

① 생물 생식역의 인위적 영향 삭감

• 생물 생식역을 특정하여 사람과의 거주지 분리를 고려한 계획을 실시한다.
• 생물 생식역을 특정했을 때 사람과의 거주지 분리에 대한 시도를 평가한다.
• 일정한 규모의 영역으로 생물 생식역을 독립시키고 계획하고 있는 경우는 포인트 4로 하고, 사람의 영역과 혼재하고 있는 경우는 포인트 2로 한다.
• 생물 생식역에 대해 생각되고 있지 않은 경우, 혹은 생물 생식역은 상정했지만 아무런 거주지 분리나 인위적 영향 삭감에 대해 배려가 없는 경우는 포인트 0으로 한다.

② 생물 생식을 배려한 식재계획

• 생식 생물을 배려한 식재계획을 실시한다.
• 생식할 생물종이 좋아하는 먹이가 되는 나무 등의 계획에 대해 평가한다.

③ 생물이 생식하기 쉬운 다공질 공간 확보

• 생물이 생식하기 쉬운 다공질 공간 등을 확보하는 계획을 실시한다.
• 빈돌쌓기나 나뭇가지 틀 등에 의하여 생물의 은신처가 되는 장소를 제공하여 생물이 생식하기 쉬운 공간을 확보하는 시도를 평가한다.

■간이판■

레벨 1	시도하고 있는 항목이 없다.
레벨 2	시도하고 있는 항목수가 1
레벨 3	시도하고 있는 항목수가 2
레벨 4	시도하고 있는 항목수가 3
레벨 5	(해당 없음)

평가 시도

항 목	내 용
① 생물 생식역의 인위적 영향 삭감	성역을 형성하고 있다.
② 생물 생식을 배려한 식재계획	먹이 나무를 재배하고 있다.
③ 생물이 생식하기 쉬운 다공질 공간의 확보	섶나무 목조나 빈돌쌓기 등 공극이 있는 생물 생식 공간을 확보하고 있다.

【평가대상 외】
※없음

□ 해 설

① 생물 생식역의 인위적 영향 삭감

- 생물 생식역을 특정하여 사람과의 거주지 분리를 고려한 계획을 실시한다.
- 생물 생식역을 특정했을 때 사람과의 거주지 분리에 대한 시도로서 성역의 형성을 평가한다.

② 생물 생식을 배려한 식재계획

- 생식 생물을 배려한 식재계획을 실시한다.
- 생식할 생물종이 좋아하는 먹이가 되는 나무 등의 계획에 대해 평가한다.

③ 생물이 생식하기 쉬운 다공질 공간의 확보

- 생물이 생식하기 쉬운, 다공질 공간 등을 확보하는 계획을 실시한다.
- 섶나무 무더기나 빈돌쌓기 등으로 생물의 은신처 등이 되는 장소를 제공하여 생물이 생식하기 쉬운 공간을 확보하는 시도를 평가한다.

■ 참고 1) 녹지의 섶나무 무더기의 이용 예

베어낸 나뭇가지를 조합하여 만들어진 목책 등의 나뭇가지 틀에는 적당한 간극이 있기 때문에, 육상에서는 곤충이나 작은 동물, 수중에서는 작은 물고기 등의 은신처가 된다.

●1.5 기타 대상구역 내 환경의 배려

●1.5.1 양호한 공기질 · 음환경 · 진동환경의 확보

■■표준판■■

레벨 1	평가 득점률(Ⅲ)이 0≦득점률<0.2
레벨 2	평가 득점률(Ⅲ)이 0.2≦득점률<0.4
레벨 3	평가 득점률(Ⅲ)이 0.4≦득점률<0.6
레벨 4	평가 득점률(Ⅲ)이 0.6≦득점률<0.8
레벨 5	평가 득점률(Ⅲ)이 0.8≦득점률

평가 시도

항 목	포인트 0	포인트 1	포인트 2	포인트 3	포인트 4
① 적절한 위치의 차단대(녹화 등) 형성	배려하고 있지 않다.	(해당 없음)	배려하고 있다.	(해당 없음)	충분한 배려
② 기타 유효한 수단의 형성	배려하고 있지 않다.	(해당 없음)	부분적으로 채용	(해당 없음)	전면적으로 채용
Ⅰ. 합계 포인트 = 점		Ⅱ. 최고 포인트 = 8점		Ⅲ. 득점률(Ⅰ÷Ⅱ) = 점	

【평가대상 외】

※주변에 교통량이 많은 도로, 공장, 대규모 주차장(설치 목적이 오로지 거주자를 위한 경우를 제외), 대규모 오락시설 등이 있는 경우를 평가대상으로 하고, 이것들이 없는 경우에 대해서는 본 항목은 평가대상 외로 한다.

□ 해 설

- 도로 교통 유래의 대기오염에 대해서는 NOx 및 SPM을 대상물질로 하여, 근처의 관측점에 있어 환경기준치를 넘는 경우만 평가대상으로 한다.

① 적절한 위치의 차단대(녹화 등) 형성

- 대상구역 주변의 대기오염 · 소음 · 진동의 발생원에 의해 대상구역 내에 미치는 영향을 경감하기 위해서 차단대를 마련한다.
- 대상구역 주변으로부터의 소음 · 진동에 대한 차단대(방음벽 등)의 시도를 평가한다.
- 대상구역 주변으로부터의 대기오염에 대하여 오염물질 흡착 등의 역할을 하는 차단녹지 등의 형성에 대한 시도를 평가한다.

② 기타

- 기타 대상구역 주변의 대기오염 · 소음 · 진동의 발생원에 의해 대상구역 내에 미치는 영향을 경감하기 위해서 효과적인 시도가 있으면 이것도 평가한다.

■간이판■

레벨 1	배려하고 있지 않다.
레벨 2	(해당 없음)
레벨 3	배려하고 있다.
레벨 4	(해당 없음)
레벨 5	(해당 없음)

【평가대상 외】

※주변에 교통량이 많은 도로, 공장, 대규모 주차장(설치 목적이 오로지 거주자를 위한 경우를 제외), 대규모 오락시설 등이 있는 경우를 평가대상으로 하고, 이것들이 없는 경우에 대해서는 본 항목은 평가대상 외로 한다.

□ 해 설

- 도로 교통 유래의 대기오염에 대해서는 NOx 및 SPM을 대상 물질로 하여 가장 가까운 관측점에 있어 환경기준치를 넘는 경우만 평가대상으로 한다.
- 대상구역 주변의 대기오염・소음・진동의 발생원에 의해 대상구역 내에 미치는 영향을 경감하기 위해서 적절한 위치에 차단대를 마련한다.
- 소음・진동에 대한 차단대(방음벽 등)의 시도나, 대기오염에 대해 오염물질의 흡착 등의 역할을 하는 차단녹지 등의 형성에 대한 시도를 평가한다.

■ 참고 1) 대기오염에 관련되는 환경기준

NO_2 : 1시간치의 1일 평균치가 0.04ppm에서 0.06ppm까지의 zone 내 또는 그 이하일 것

SPM : 1시간치의 1일 평균치가 0.10mg/m^3 이하이며, 1시간치가 0.20mg/m^3 이하

●1.5.2 풍환경의 향상

■■표준판■■

레벨 1	평가 득점률(Ⅲ)이 0≦득점률<0.2
레벨 2	평가 득점률(Ⅲ)이 0.2≦득점률<0.4
레벨 3	평가 득점률(Ⅲ)이 0.4≦득점률<0.6
레벨 4	평가 득점률(Ⅲ)이 0.6≦득점률<0.8
레벨 5	평가 득점률(Ⅲ)이 0.8≦득점률

평가 시도

항 목	포인트 0	포인트 1	포인트 2	포인트 3	포인트 4
① 대상구역 내에 발생하는 강풍역에 대한 대책	강풍역의 발생 등을 파악하고 있지 않다.	공간 용도에 적절한 풍환경의 순위를 밑도는 측정점이 있다.	공간 용도에 적절한 풍환경의 순위를 확보하고 있다	공간 용도에 적합한 풍환경을 확보하고 있으며, 1순위 수준을 일부의 측정점(영역)에서 확보하고 있다.	공간 용도에 적절한 풍환경을 확보하고 있어, 1순위 위의 수준을 20% 이상의 측정점(영역)에서 확보하고 있다.
기준 용적률이 150% 이하의 경우		(해당 없음)	지역의 바람 특성에 배려하여 계획하고 있다.		

② 대상구역 외로부터의 강풍에 대한 대상구역 내의 대책	(해당 없음)	대책을 강구하고 있지 않다.	(해당 없음)	방풍 수림이나 펜스로 강풍역을 없앤다.	방풍 대책의 효과를 검증한 다음 대책을 강구하고 있다.
Ⅰ. 합계 포인트= 점		Ⅱ. 최고 포인트= 8점		Ⅲ. 득점률(Ⅰ÷Ⅱ)= 점	

【평가대상 외】

※지역에 특징적인 강풍의 발생이 없는 경우, 본 항목은 평가대상 외로 한다.

□ 해 설

① 대상구역 내에 발생하는 강풍역에 대한 배려

- 대상구역 내의 개발에 의해 대상구역 내에 강풍이 발생하고 있지 않으며, 적정한 풍환경을 확보하고 있는 것을 평가한다.
- 풍환경의 순위 평가는 환경영향 조사 등에 이용하는 수법을 적절히 이용한다. 기준 용적률이 150% 이하의 경우, 포인트 2에 대해서는 순위 평가 수법(풍환경평가 척도) 이외를 이용해도 상관없는 것으로 한다.
- 강풍역의 발생 상황을 파악하고 있지 않는 경우를 포인트 0, 강풍역의 발생 상황을 파악하고 있고 공간 용도에 적절한 풍환경의 순위를 밑도는 측정점이 대상구역 내에 있는 경우를 포인트 1, 공간 용도에 적절한 풍환경의 순위를 대상구역 내의 모든 측정점에서 충족하고 있는 경우를 포인트 2, 공간 용도에 적절한 풍환경을 확보하고 있어 1순위 위의 수준을 일부 측정점 및 영역에서 확보하고 있는 경우를 포인트 3, 공간 용도에 적절한 풍환경을 확보하고 있어 1순위 위의 수준을 20% 이상의 측정점 및 영역에서 확보하고 있는 경우를 포인트 4로 한다.

≪풍환경 평가 척도≫

강풍에 의한 영향의 정도		대응하는 공간 용도의 예	허용되는 강풍의 레벨과 허용되는 초과 빈도		
			일 최대 순간풍속(m/초)		
			10	15	20
			일 최대 평균풍속(m/초)		
			10/G.F	15/G.F	20/G.F
순위 1	가상 영향늘 받기 쉬운 용도의 장소	주택지의 상가, 옥외 레스토랑	10% 37일	0.9% 3일	0.08% 0.3일
순위 2	영향을 받기 쉬운 용도의 장소	주택지, 공원	22% 80일	3.6% 13일	0.6% 2일
순위 3	비교적 영향을 받기 어려운 용도의 장소	사무소거리	35% 128일	7% 26일	1.5% 5일

※ 하루 최대 순간풍속 : 평가 시간 2~3초(지상 1.5m로 정의)

※ 하루 최대 평균풍속 : 10분 평균풍속(지상 1.5m로 정의)

※ 하루 최대 순간풍속

10m/초 …… 쓰레기가 날린다. 빨래가 날아간다.

15m/초 …… 입간판, 자전거 등이 넘어진다. 보행이 곤란하다.

20m/초 …… 바람에 날아갈 것 같다.

※ G.F : 가스트팩터(지상 1.5m, 평가 시간 2~3초)

밀집한 시가지(혼란은 크지만 평균풍속은 그리 높지 않다) : 2.5~3.0

통상의 시가지 : 2.0~2.5

특히 풍속이 큰 장소(고층빌딩 근처) : 1.5~2.0

※ 본 표를 읽는 법

예 : 순위 1의 용도에서는 하루 최대 순간풍속이 10m/s를 초과하는 빈도가 10%(연간 약 37일) 이하이면 허용된다.

〈참고 문헌〉 村上、岩佐、森川 :「居住者の日誌による風環境調査と評価尺度に関する研究」, 日本建築学会論文報告書 No.325.

② 대상구역 밖으로부터의 강풍에 대한 대상구역 내의 대책 배려

- 지역에서 강풍이 문제가 되는 경우에 있어, 대상구역 내에 불어오는 바람을 저감 하는 방풍림의 설치, 입구의 배치나 바람막이 등의 시도를 실시한다.
- 지역의 강풍에 대한 방풍 수림, 방풍 펜스의 설치, 입구의 배치계획 및 그 적절성을 평가한다.
- 지역의 강풍에 대하여 아무 대책도 강구하지 않은 경우를 포인트 1, 방풍 수림이나 방풍 펜스를 설치하고 있는 경우를 포인트 3, 시뮬레이션 등에 의해 효과를 검증한 다음 강풍 대책을 강구하고 있는 경우를 포인트 4로 한다.

■간이판■

레벨 1	강풍역의 발생 등을 파악하고 있지 않다.
레벨 2	(해당 없음)
레벨 3	지역의 바람의 특성을 배려해 계획하고 있다.
레벨 4	(해당 없음)
레벨 5	(해당 없음)

【평가대상 외】
※없음

□ **해 설**

- 대상구역 내의 개발에 의해 대상구역 내에 강풍이 발생하고 있지 않으며 적정한 바람 환경을 확보하고 있는 것을 평가한다.

●1.5.3 일조의 확보

대상구역 내 광장에 대한 일조 확보의 배려를 평가한다.

■■표준판■■

레벨 1	배치계획의 시도가 없고 종일 그늘
레벨 2	(해당 없음)
레벨 3	배치계획의 시도가 있다.
레벨 4	일조계산을 실시하여 동지 시 2시간 이상의 일조(8~16시)가 확보되고 있다.
레벨 5	일조계산을 실시하여 동지 시 4시간 이상의 일조(8~16시)가 확보되고 있다.

【평가대상 외】
※없음

□ **해 설**

- 공공 공간으로서 중요한 광장 등의 스페이스에 대하여 동지에 몇 시간 일조가 확보되고 있는지를 평가한다.
- 대상구역 주변의 건축물 등에 의한 복합 그늘을 파악해 평가한다.
- 일조시간은 주요 광장의 대부분의 지반면(H=0m)에서 몇 시간 동안 일조가 확보되고 있는지를 평가 기준으로 한다.

≪주된 광장의 주변의 영향을 포함한 일조(동지)의 확인 사례(레벨 5의 사례)≫

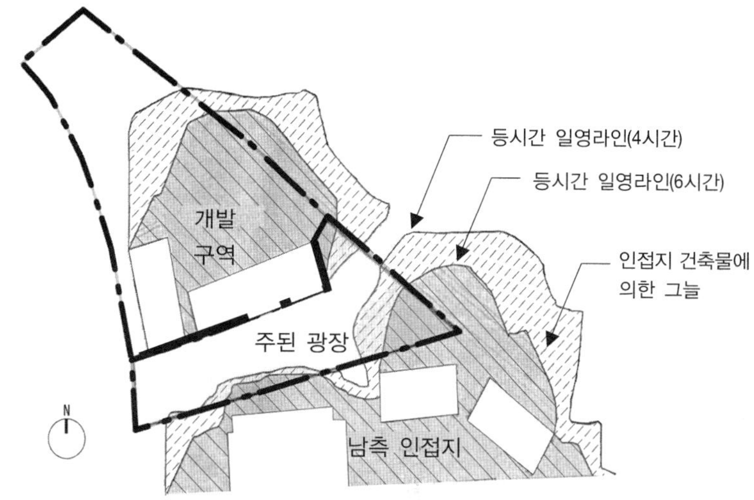

범례	
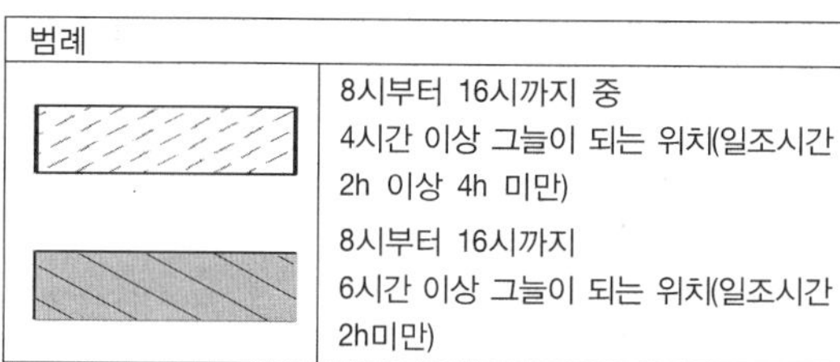	8시부터 16시까지 중 4시간 이상 그늘이 되는 위치(일조시간 2h 이상 4h 미만)
	8시부터 16시까지 6시간 이상 그늘이 되는 위치(일조시간 2h미만)

■간이판■

레벨 1	배려하고 있지 않다.
레벨 2	(해당 없음)
레벨 3	광장에 대한 일조의 확보에 배려하고 있다.
레벨 4	(해당 없음)
레벨 5	(해당 없음)

【평가대상 외】
※없음

□ 해 설

- 공공 공간으로서 중요한 광장 등의 스페이스에 대하여 동지에 일조가 확보되고 있는지를 평가한다.
- 구역 주변의 건축물 등에 의한 복합그늘을 고려하여 광장의 배치계획을 실시하고 있는지를 평가한다.

Q_{UD}2 지구의 서비스 성능

● 2.1 지구 전체의 공급처리시스템 성능(상하수 · 에너지)

● 2.1.1 공급처리시스템의 신뢰성

대상구역에 있어서 공급처리시스템의 서비스 성능에 대해 특히 중요한 것은, 평상시는 물론 지진 등의 비상시 또는 재해시에 해당 지역의 도시 기능을 지속시킬 수 있는 신뢰성을 유지하고 있는 것이다.

■■표준판■■

레벨 1	평가 득점률(Ⅲ)이 0≦득점률<0.2
레벨 2	평가 득점률(Ⅲ)이 0.2≦득점률<0.4
레벨 3	평가 득점률(Ⅲ)이 0.4≦득점률<0.6
레벨 4	평가 득점률(Ⅲ)이 0.6≦득점률<0.8
레벨 5	평가 득점률(Ⅲ)이 0.8≦득점률

평가 시도

항 목	포인트 0	포인트 1	포인트 2	포인트 3	포인트 4
① 공동시설이나 배관의 내진 성능(상하수도)	배려하고 있지 않다.	(해당 없음)	통상의 내진 기준을 채우고 있다.	(해당 없음)	내진 기준의 할증을 하고 있거나 내진 기준을 채워, 제진 · 면진 등도 채용하고 있다.
② 비상시의 생활용수 확보를 위한 공동시설	(해당 없음)	(해당 없음)	공동시설은 없다.	(해당 없음)	공동시설이 있으며 상수를 저장하고 있거나 우물물, 빗물, 중수도가 이용 가능하다.
③ 오수(잡배수)의 일시적 저장 기능의 확보를 위한 공동시설	(해당 없음)	(해당 없음)	공동시설은 없다.	(해당 없음)	일시적 저장 기능이 확보되고 있는 공동시설이 있다.
④ 기기 · 배관의 내진 클래스(에너지)	배려하고 있지 않다.	(해당 없음)	통상의 내진 기준을 채우고 있다.	(해당 없음)	내진 기준의 할증을 하고 있거나 내진 기준을 채워, 제진 · 면진 등도 채용하고 있다.
⑤ 백업 체제의 충실과 계통 분리 등에 의한 이용 불능 리스크의 저감(전기)	(해당 없음)	(해당 없음)	시도가 없거나 공급 루트가 1계통만 있다.	(해당 없음)	대상구역 전체를 포괄하는 자가발전을 할 수 있거나 공급 루트가 2 계통 이상 있다(본예비선).
⑥ 백업 체제의 충실과 계통 분리 등에 의한 이용 불능 리스크의 저감(가스)	(해당 없음)	(해당 없음)	시도가 없거나 공급 루트가 1계통만 있다.	(해당 없음)	중압가스 공급이 되고 있거나 공급 루트가 2 계통 이상 있다.
⑦ 백업 체제의 충실과 계통 분리 등에 의한 이용 불능 리스크의 저감(지역냉난방)	(해당 없음)	(해당 없음)	열원기가 복수기 있거나 플랜트부터의 공급 루트가 1 계통만 있다.	(해당 없음)	통상 열원기와는 별도로 백업 전용기가 있거나 플랜트부터의 공급 루트가 2계통 이상 혹은 2개 이상의 플랜트가 접속하고 있다.

⑧ 공동시설과 배관의 침하 대책(필요한 경우)	문제 개소를 파악하고 있지만 특별히 대책을 하지 않고 있다.	(해당 없음)	문제 개소를 파악하고 침하 대책을 실시하고 있다.	(해당 없음)	과제 개소를 예측하고 침하 대책을 실시하고 있다.
⑨ 재해・비상시 등에 있어서 상기 이외의 시도	〈가점항목〉 특별히 시도 없음 : 가점 0, 특기해야 할 시도 있음 : 0.1을 가점				
Ⅰ. 합계 포인트= 점		Ⅱ. 최고 포인트= 점		Ⅲ. 득점률(Ⅰ÷Ⅱ)= 점 ※ 가점항목이 있는 경우는 득점률에 가점	

【가점의 유무】

※있음

【평가대상 외】

※① 공동시설이나 배관의 내진 성능에 대하여 대상구역 내에 상하수 관련의 공동시설(중수도 처리・배수 플랜트, 하수처리 플랜트 등)이 없는 경우는 평가대상 외로 한다.

※③ 오수(잡배수)의 일시적 저장 기능의 확보를 위한 공동시설에서, 대상구역 근방에 공적인 방재 거점이 있어 동등의 기능이 만족되는 경우는 평가대상 외로 한다.

※④ 기기・배관의 내진 클래스에서, 대상구역 내에 공동의 에너지 플랜트나 공동구가 없는 경우는 평가대상 외로 한다.

※⑦ 백업 체제의 충실과 계통분리 등에 의한 이용 불능 리스크의 저감(지역냉난방)에서, 대상지역 내에 지역냉난방 시스템을 채용하고 있지 않은 경우는 평가대상 외로 한다.

※⑧ 공동시설이나 배관의 침하 대책(필요한 경우)에서 상하수에 관한 공동시설, 공동구가 없는 경우는 평가대상 외로 한다.

□ 해 설

〈상하수에 대해〉

① 공동시설이나 배관의 내진 성능

• 대상구역에 상하수 관련 공동시설(중수도 처리・배수 플랜트, 하수처리 플랜트 등)이 있는 경우, 그 공동시설 및 플랜트와 각 건축물을 연결하는 배관이 평가대상이 된다. 통상의 내진 기준(법정 기준)을 채우고 있으면 포인트 2, 통상의 내진 기준 이상 또는 통상의 내진 기준에 더해 제진・면진 등의 조치가 실시되고 있는 경우는 포인트 4로 한다.

② 비상시의 생활용수 확보를 위한 공동시설

• 대상구역 전체를 대상으로 하는 생활용수 확보를 위한 공동시설이 있어서 비상시에 대비해 상시 상수가 확보되고 있는 경우나 우물물이나 빗물, 중수도가 이용 가능한 경우에 포인트 4로 한다. 공동시설이 없는 경우는 포인트 2로 한다.

③ 오수(잡배수)의 일시적 저장 기능의 확보를 위한 공동시설

• 지진 등의 재해시에 있어서 하수 기능의 정지는 화장실 사용의 불가능 등 재해시 큰 문제 중 하나이다. 이러한 사태를 대비하여 대상구역의 공동시설로서 오수의 일시적 저장 기능이 있는 경우에 포인트 4로 한다. 기능이 없는 경우는 포인트 2로 한다.

〈에너지(전기・가스・지역냉난방)에 대해〉

④ 기기・배관의 내진 클래스

• 대상구역에 있어서 공통의 에너지 관련 인프라(예 : 지역냉난방시설 등)나 그 공동시설로부터 각 건축물에의 배관이 평가대상이 된다. 내진에 배려하고 있지 않는 경우는 포인트 0, 통상(법령

등)의 내진 기준을 채우고 있으면 포인트 2, 통상의 내진 기준 이상 또는 통상의 내진 기준에 더해 제진・면진 등의 조치가 실시되고 있는 경우는 포인트 4로 한다.

⑤ 백업 체제의 충실과 계통분리 등에 의한 이용 불능 리스크의 저감(전기)
• 재해・비상시에 있어 에너지의 공급이 끊어졌을 경우에 지구 레벨에서의 축전 장치 등의 유무나 공급 루트를 복수 갖추고 있는 것과 같은 시도가 평가대상이 된다. 시도가 되지 않았을 경우 혹은 공급 루트가 1계통만인 경우는 포인트 2, 대상구역 전체를 감당할수 있어 자가 발전이 가능할 경우 혹은 공급 루트를 2계통 이상 확보하고 있는 경우는 포인트 4로 한다.

⑥ 백업 체제의 충실과 계통분리 등에 의한 이용 불능 리스크의 저감(가스)
• 주된 내용은 ⑤와 같다. 본래 내구성이 뛰어나 복구가 빠르며 백업 체제가 뛰어난 중압가스 공급을 하고 있는 경우, 혹은 공급 루트를 2계통 이상 확보하고 있는 경우는 포인트 4로 한다.

⑦ 백업 체제의 충실과 계통분리 등에 의한 이용 불능 리스크의 저감(지역냉난방)
• 재해・비상시뿐만이 아니라 통상시에 있어서도 주요 에너지 공급 계통에 문제가 생겼을 때의 대체 계통에 임하는 정도를 평가한다. 열원기가 둘 이상 있거나 혹은 플랜트부터의 공급 루트가 1계통만의 경우는 포인트 2, 통상 열원기와는 별도로 백업 전용의 열원기를 확보하고 있는 경우 혹은 플랜트로부터의 공급 루트가 2개 이상 확보되고 있거나 2개 이상이 다른 플랜트가 접속하고 있는 경우는 포인트 4로 한다.

〈공급처리시스템 전반에 대해〉
⑧ 공동시설이나 배관의 침하 대책(필요한 경우)
• 상하수에 관한 공동시설, 공동구가 있는 경우에 평가대상이 된다. 이러한 시설이 대상구역 내에 설치될 시에 그 설치 지반에 대한 침하 대책의 시도 정도로 평가한다. 필요한 경우에 지반 조사를 실시하여 문제 개소를 파악하고 있으나 특별한 대책을 실행하지 않은 경우는 포인트 0, 침하 대책을 실행하고 있는 경우는 포인트 2, 조사 시점에서는 문제 없으나 장래적인 과제 개소를 예측해 대책을 세우고 있는 경우는 포인트 4로 한다.

⑨ 재해・비상시 등에 있어서 상기 이외의 시도(가점항목)
• ①~⑧의 대응 이외에 특별한 시도를 실시하고 있는 경우는 ①~⑧의 득점률에 포인트 0.1을 가점한다. 또한 실제로 대응한 내용이나 특기해 두어야 할 내용에 대해서는 별도 구체적으로 기술한다.

■간이판■

레벨 1	시도하고 있는 항목이 없다.
레벨 2	시도하고 있는 항목수가 1 또는 2
레벨 3	시도하고 있는 항목수가 3, 4 또는 5
레벨 4	시도하고 있는 항목수가 6 또는 7
레벨 5	시도하고 있는 항목수가 8

평가 시도

항 목	내 용
① 공동시설이나 배관의 내진 성능(상하수도)	통상의 내진 기준을 충족하고 있다.
② 비상시의 생활용수 확보를 위한 공동시설	공동시설이 있어 상수를 저장하고 있거나 우물물, 빗물, 중수도가 이용 가능하다.
③ 오수(잡배수)의 일시적 저장 기능의 확보를 위한 공동시설	일시적 저장 기능이 확보되고 있는 공동시설이 있다.
④ 기기・배관의 내진 클래스(에너지)	통상의 내진 기준을 충족하고 있다.
⑤ 백업 체제의 충실과 계통분리 등에 의한 이용 불능 리스크의 저감(전기)	대상구역 전체를 감당하는 자가발전을 할 수 있거나 공급 루트가 2계통 이상 있다(본예비선).
⑥ 백업 체제의 충실과 계통분리 등에 의한 이용 불능 리스크의 저감(가스)	중압가스 공급이 되고 있거나 공급 루트가 2계통 이상 있다.
⑦ 백업 체제의 충실과 계통분리 등에 의한 이용 불능 리스크의 저감(지역냉난방)	통상 열원기와는 별도로 백업 전용기가 있거나 플랜트로부터의 공급 루트가 2계통 이상 혹은 2 이상의 플랜트가 접속하고 있다.
⑧ 공동시설이나 배관의 침하 대책(필요한 경우)	문제 개소를 파악해 침하 대책을 실시하고 있다.

【평가대상 외】

※① 공동시설이나 배관의 내진성능에 대해 대상구역 내에 상하수 관련의 공동시설(중수도 처리・E배수 플랜트, 하수처리 플랜트 등)이 없는 경우는 평가대상 외로 한다.

※③ 오수(잡배수)의 일시적 저장 기능의 확보를 위한 공동시설에 있어서 대상구역 근방에 공적인 방재 거점이 있어 동등의 기능이 만족되는 경우는 평가대상 외로 한다.

※④ 기기・배관의 내진 등급에 있어서 대상구역 내에 공동의 에너지 플랜트나 공동구가 없는 경우는 평가대상 외로 한다.

※⑦ 백업 체제의 충실과 계통분리 등에 의한 이용 불능 리스크의 저감(지역냉난방)에 있어서 대상지역 내에 지역냉난방 시스템을 채용하지 않은 경우는 평가대상 외로 한다.

※⑧ 공동시설이나 배관의 침하 대책(필요한 경우)에 있어서 상하수에 관한 공동시설, 공동구가 없는 경우는 평가대상 외로 한다.

□ 해 설

〈상하수에 대해〉

① 공동시설이나 배관의 내진 성능

- 대상구역에 상하수 관련 공동시설(중수도 처리・배수 플랜트, 하수처리 플랜트 등)이 있는 경우엔 그 공동시설 및 플랜트와 각 건축물을 연결하는 배관이 평가대상이 된다. 통상의 내진 기준(법정 기준)을 충족하고 있으면 평가된다.

② 비상시의 생활용수 확보를 위한 공동시설

- 대상구역 전체를 대상으로 한 생활용수 확보를 위한 공동시설이 갖추어져 있어 비상시에 상시 상수가 확보되고 있는 경우나 우물물이나 빗물, 중수도가 이용 가능한 경우에 평가된다.

③ 오수(잡배수)의 일시적 저장 기능의 확보를 위한 공동시설

- 지진 등의 재해시에 있어서 하수 기능의 정지는 화장실 사용 불가 등 재해시 큰 문제 중의 하나이다. 이러한 사태를 대비하여 대상구역의 공동시설로서 오수의 일시적 저장 기능이 있을 경우에 평가한다.

〈에너지(전기 · 가스 · 지역냉난방)에 대해〉

④ 기기 · 배관의 내진 클래스

• 대상구역에 있어서 공통의 에너지 관련 인프라(예 : 지역냉난방시설 등)나 그 공동시설로부터 각 건축물에의 배관이 평가대상이 된다. 통상(법령 등)의 내진 기준을 충족하고 있으면 평가된다.

⑤ 백업 체제의 충실과 계통분리 등에 의한 이용 불능 리스크의 저감(전기)

• 재해 · 비상시에 있어 에너지의 공급이 끊어졌을 경우에 지구 레벨에서의 축전 장치 등의 유무나 공급 루트를 복수 갖추고 있는 것과 같은 시도가 평가대상이 된다. 대상구역 전체를 감당하는 것이 가능한 자가발전을 할 수 있는 경우 혹은 공급 루트를 2계통 이상 확보하고 있는 경우에 평가된다.

⑥ 백업 체제의 충실과 계통분리등에 의한 이용 불능 리스크의 저감(가스)

• 주된 내용은 ⑤와 같다. 본래 내구성이 뛰어나 복구가 빠르며 백업 체제가 뛰어난 중압가스를 공급하고 있는 경우 또는 공급 루트를 2계통 이상 확보하고 있는 경우에 평가된다.

⑦ 백업 체제의 충실과 계통분리 등에 의한 이용 불능 리스크의 저감(지역냉난방)

• 재해 · 비상시뿐만 아니라 통상시에 있어서도 주요 에너지 공급 계통에 문제가 생겼을 때의 대체 계통의 시도 정도를 평가한다. 통상 열원기와는 별도로 백업 전용의 열원기를 확보하고 있는 경우, 혹은 플랜트로부터의 공급 루트가 2개 이상 확보되고 있거나 2개 이상이 다른 플랜트가 접속하고 있는 경우에 평가된다.

〈공급처리시스템 전반에 대해〉

⑧ 공동시설이나 배관의 침하 대책(필요한 경우)

• 상하수에 관한 공동시설, 공동구가 있는 경우에 평가대상이 된다. 이러한 시설이 대상구역 내에 설치될 때 그 설치 지반에 대한 침하 대책의 시도 정도를 평가한다. 필요한 경우에 지반 조사를 실시하여 침하 대책을 실시하고 있는 경우에 평가된다.

● 2.1.2 공급처리시스템의 수요 변화 · 기술 혁신에 대한 유연성

■■표준판■■

레벨 1	평가 득점률(Ⅲ)이 0≦득점률<0.2
레벨 2	평가 득점률(Ⅲ)이 0.2≦득점률<0.4
레벨 3	평가 득점률(Ⅲ)이 0.4≦득점률<0.6
레벨 4	평가 득점률(Ⅲ)이 0.6≦득점률<0.8
레벨 5	평가 득점률(Ⅲ)이 0.8≦득점률

평가 시도

항 목	포인트 0	포인트 1	포인트 2	포인트 3	포인트 4
① 공동구 등의 정비	(해당 없음)	(해당 없음)	기존 시스템(개별 배관)을 채용하고 있다.	대상구역 내에 전선 공동구를 마련하고 있다.	대상구역 내에 공급관 공동구나 간선 공동구와 동등의 설비를 마련하고 있다.
② 지역냉난방 등의 설비기기의 출력이나 배관·배선 스페이스 등의 여유도	(해당 없음)	(해당 없음)	계획 원단위나 기술 기준, 지도 요강 레벨의 용량을 확보하고 있다.	(해당 없음)	계획 원단위나 기술 기준, 지도 요강 레벨 이상(20% 증가 정도)의 용량을 확보하고 있다.
③ 시스템 성능에 관한 상기 이외의 시도	〈가점항목〉 특별한 시도 없음 : 가점 0, 특기해야 할 시도 있음 : 0.1을 가점				
Ⅰ. 합계 포인트= 점		Ⅱ. 최고 포인트= 점		Ⅲ. 득점률(Ⅰ÷Ⅱ)= 점 ※가점항목이 있는 경우는 득점률에 가점	

【가점의 유무】
※있음
【평가대상 외】
※없음

□ **해 설**

① 공동구 등의 정비

- 대상구역 내에서 공급처리시스템의 집약·네트워크화에 의한 유지보수의 효율화나 기능 확장 등에 대한 유연성을 평가한다. 기존 각 건물의 개별 배관의 시스템을 채용하고 있는 경우는 포인트 2, 대상구역 내에 전선 공동구 등을 설치하고 있는 경우는 포인트 3, 더욱이 상하수관 등도 수용하여 사람이 들어올 수 있는 공동구(간선 공동구 등)를 설치하고 있는 경우는 포인트 4로 한다.

② 지역냉난방 등의 설비기기의 출력이나 배관·배선 스페이스 등의 여유도

- 상하수도의 설비 용량이나 전기·가스 등의 배관·배선 스페이스에 장래의 기능 확장·기술 혁신을 예측하여 공간적 여유를 보고 있는 것을 평가한다. 계획 원단위에 의한 필요 최저한의 스페이스의 확보, 기술 기준 등의 값을 확보하고 있는 경우는 포인트 2, 계획 원단위나 기술 기준 등 이상(20% 증가 정도)의 용량을 확보하고 있는 경우는 포인트 4로 한다.

③ 시스템 성능에 관한 상기 이외의 시도(가점항목)

- ①, ②의 시도 이외에 특별한 시도를 실시하고 있는 경우는 ①, ②의 득점률에 포인트 0.1을 가점한다. 또 실제로 시도한 내용이나 특기해 두어야 할 내용에 대해서는 별도 구체적으로 기술힌디.

■간이판■

레벨 1	(해당 없음)
레벨 2	(해당 없음)
레벨 3	시도하고 있는 항목이 없다.
레벨 4	시도하고 있는 항목수가 1
레벨 5	시도하고 있는 항목수가 2

평가 시도

항 목	내 용
① 공동구 등의 정비	대상구역 내에 전선 공동구를 마련하고 있다.
② 지역냉난방 등의 설비기기의 출력이나 배관・배선 스페이스 등의 여유도	계획 원단위나 기술 기준, 지도 요강 레벨 이상(20% 증가 정도)의 용량을 확보하고 있다.

【평가대상 외】
※없음

□ **해 설**

① 공동구 등의 정비

• 대상구역 내에 공급처리시스템의 집약・네트워크화에 의한 유지보수의 효율화나 기능 확장 등에 대한 유연성을 평가한다. 대상구역 내에 전선 공동구 등을 설치하고 있는 경우에 평가한다.

② 지역냉난방 등의 설비기기의 출력이나 배관・배선 스페이스 등의 여유도

• 상하수도의 설비용량이나 전기・가스 등의 배관・배선 스페이스에 장래의 기능 확장・기술 혁신을 예측하여 공간적인 여유를 가지고 있는 것을 평가한다. 계획 원단위나 기술기준 등 이상(20% 증가 정도)의 용량을 확보하고 있는 경우에 평가한다.

● 2.2 지구 전체로의 정보시스템 성능

● 2.2.1 정보시스템의 신뢰성

대상구역 전체 혹은 건축물이 집중하는 주요 부분을 망라하는 지역정보네트워크(LAN)나 전화 회선, 광섬유, CATV 등의 시스템을 평가한다.

■■표준판■■

레벨 1	평가 득점률(Ⅲ)이 0≦득점률<0.2
레벨 2	평가 득점률(Ⅲ)이 0.2≤득점률<0.4
레벨 3	평가 득점률(Ⅲ)이 0.4≤득점률<0.6
레벨 4	평가 득점률(Ⅲ)이 0.6≤득점률<0.8
레벨 5	평가 득점률(Ⅲ)이 0.8≤득점률

평가 시도

항 목	포인트 0	포인트 1	포인트 2	포인트 3	포인트 4
① 기기·배관의 방수대책, 지진대책	배려하고 있지 않다.	(해당 없음)	부분적으로 배려하고 있다(지역정보센터 등의 주요 시설만).	(해당 없음)	충분히 배려하고 있다(전시설·설비).
② 백업 체제의 충실	시도되고 있지 않다.	(해당 없음)	부분적인 시도가 되고 있다.	(해당 없음)	충분한 시도가 되고 있다.
③ 바이러스나 해커 대책	시도되고 있지 않다.	(해당 없음)	시도가 되고 있다.	(해당 없음)	(해당 없음)
④ 계통분리 등에 의한 이용 불능 리스크의 저감	대상구역 외와의 접속 루트가 1계통만 있다.	(해당 없음)	대상구역외와의 접속 루트가 2계통 있다.	(해당 없음)	대상구역 외와의 접속 루트가 3계통 이상 있다.
⑤ 시스템 성능에 관한 상기 이외의 시도	〈가점항목〉 특별한 시도 없음 : 가점 0, 특기해야 할 시도 있음 : 0.1 가점				
Ⅰ. 합계 포인트= 점		Ⅱ. 최고 포인트= 점		Ⅲ. 득점률(Ⅰ÷Ⅱ)= 점 ※가점항목이 있는 경우는 득점률에 가점	

【가점의 유무】
※있음

【평가대상 외】
※① 기기·배관의 방수대책, 지진대책에 있어 대상구역 내에 지역정보네트워크·LAN 등이 없는 경우는 평가대상 외로 한다.
※② 백업 체제의 충실에 있어서 대상구역 내에 지역정보네트워크·LAN 등이 없는 경우는 평가대상 외로 한다.
※③ 바이러스나 해커 대책에 있어 대상구역 내에 지역정보네트워크·LAN 등이 없는 경우나 해당 정보 센터 등의 정보관리시스템이 인터넷 등의 외부 네트워크에 접속되어 있지 않은 경우는 평가대상 외로 한다.

□ 해 설

① 기기·배관의 방수대책, 지진대책
- 정보시스템 관련 인프라의 방수나 내진의 시도를 평가한다.

② 백업 체제의 충실
- 대상구역 내에 관리정보의 백업 체제(시스템과 운영 조직)를 평가한다.

③ 바이러스나 해커 대책
- 대상구역에 관한 모든 정보를 관리하는 지역정보센터 등에 있어서의 대책을 평가한다.

④ 계통분리 등에 의한 이용 불능 리스크의 저감
- 재해·비상시뿐만이 아니라 통상시에 있어서도 주요 정보시스템 계통에 문제가 생겼을 때의 대체 계통에 대한 시도를 평가한다. 대상구역 외부와의 접속 루트가 1계통만의 경우는 포인트 0, 2계통의 경우는 포인트 2, 3계통 이상 확보되고 있는 경우는 포인트 4로 한다.

⑤ 시스템 성능에 관한 상기 이외의 시도(가점항목)
- ①~④의 시도 이외에 특별한 시도를 실시하고 있는 경우는 ①~④의 득점률에 포인트 0.1을 가점한다. 또 실제로 임한 내용이나 특기해 두어야 할 내용에 대해서는 별도 구체적으로 기술한다.

■간이판■

레벨 1	시도하고 있는 항목이 없다.
레벨 2	시도하고 있는 항목수가 1
레벨 3	시도하고 있는 항목수가 2
레벨 4	시도하고 있는 항목수가 3
레벨 5	시도하고 있는 항목수가 4

평가 시도

항　목	내　용
① 기기・배관의 방수대책, 지진대책	부분적으로 배려하고 있다(지역정보센터 등의 주요 시설만).
② 백업 체제의 충실	충분한 시도가 되고 있다.
③ 바이러스나 해커 대책	시도가 되고 있다.
④ 계통분리 등에 의한 이용 불능 리스크의 저감	대상구역 외와의 접속 루트가 3계통 이상 있다.

【평가대상 외】
※① 기기・배관의 방수대책, 지진대책에 있어 대상구역 내에 지역정보네트워크・ELAN 등이 없는 경우는 평가대상 외로 한다.
※② 백업 체제의 충실에 있어 대상구역 내에 지역정보네트워크・ELAN 등이 없는 경우는 평가대상 외로 한다.
※③ 바이러스나 해커 대책에 있어 대상구역 내에 지역정보네트워크・ELAN 등이 없는 경우나 해당 정보센터 등의 정보관리시스템이 인터넷 등 외부 네트워크에 접속되어 있지 않은 경우는 평가대상 외로 한다.

□ 해　설

① 기기・배관의 방수대책, 지진대책
- 정보시스템 관련 인프라의 방수나 내진의 시도를 평가한다.

② 백업 체제의 충실
- 대상구역 내에 관리정보의 백업 체제(시스템과 운영 조직)를 평가한다.

③ 바이러스나 해커 대책
- 대상구역에 관한 모든 정보를 관리하는 지역정보센터 등에 있어서의 대책을 평가한다.

④ 계통분리 등에 의한 이용 불능 리스크의 저감
- 재해・비상시뿐만이 아니라 통상시에 있어도, 주요 정보시스템 계통에 문제가 생겼을 때의 대체 계통에의 시도를 평가한다. 대상구역 외부와의 접속 루트가 3계통 이상 확보되고 있는 경우에 평가한다.

● 2.2.2 정보시스템의 수요 변화 · 기술 혁신에 대한 유연성

■■표준판■■

레벨 1	평가 득점률(Ⅲ)이 0≦득점률<0.2
레벨 2	평가 득점률(Ⅲ)이 0.2≦득점률<0.4
레벨 3	평가 득점률(Ⅲ)이 0.4≦득점률<0.6
레벨 4	평가 득점률(Ⅲ)이 0.6≦득점률<0.8
레벨 5	평가 득점률(Ⅲ)이 0.8≦득점률

평가 시도

항 목	포인트 0	포인트 1	포인트 2	포인트 3	포인트 4
① 공동구 등의 정비	(해당 없음)	(해당 없음)	기존 시스템(개별 배관)을 채용하고 있다.	(해당 없음)	대상구역 내에 전선 공동구를 마련하고 있다.
② 설비 용량, 배관 · 배선 스페이스 등의 여유도	(해당 없음)	(해당 없음)	계획 원단위의 용량을 확보하고 있다.	(해당 없음)	계획 원단위를 웃도는 여유 있는 용량을 확보하고 있다.
Ⅰ. 합계 포인트= 점		Ⅱ. 최고 포인트= 점		Ⅲ. 득점률(Ⅰ÷Ⅱ)= 점	

【평가대상 외】
※없음

□ 해 설

① 공동구 등의 정비

- 대상구역 내에 정보 인프라를 집약 · 네트워크화하여, 유지보수의 효율화나 기능 확장 등에 대한 유연성을 확보하는 시도가 평가대상이 된다.
- 시도의 예로서 전선 공동구의 정비 등을 들 수 있다.

② 설비 용량, 배관 · 배선 스페이스 등의 여유도

- 정보시스템 관련의 배관 · 배선 스페이스에 장래의 기능 확장 · 기술 혁신을 예측해 공간적인 여유를 보고 있는 것을 평가한다.

■간이판■

레벨 1	(해당 없음)
레벨 2	(해당 없음)
레벨 3	시도하고 있는 항목이 없다.
레벨 4	시도하고 있는 항목수가 1
레벨 5	시도하고 있는 항목수가 2

평가 시도

항　　목	내　　용
① 공동구 등의 정비	대상구역 내에 전선 공동구를 마련하고 있다.
② 설비 용량, 배관·배선 스페이스 등의 여유도	계획 원단위를 웃도는 여유 있는 용량을 확보하고 있다.

【평가대상 외】
※없음

□ **해　설**

① 공동구 등의 정비

- 대상구역 내에 정보 인프라를 집약·네트워크하여 유지보수의 효율화나 기능 확장 등에 대한 유연성을 확보하는 시도가 평가대상이 된다.
- 시도의 예로서 전선 공동구의 정비 등을 들 수 있다.

② 설비 용량, 배관·배선 스페이스 등의 여유도

- 정보시스템 관련 배관·배선 스페이스에 장래의 기능 확장·기술 혁신을 예측하여 공간적인 여유를 가지고 있는 것을 평가한다.

● 2.2.3 사용하기 편리함

■■표준판■■

레벨 1	평가 득점률(Ⅲ)이 0≦득점률<0.2
레벨 2	평가 득점률(Ⅲ)이 0.2≦득점률<0.4
레벨 3	평가 득점률(Ⅲ)이 0.4≦득점률<0.6
레벨 4	평가 득점률(Ⅲ)이 0.6≦득점률<0.8
레벨 5	평가 득점률(Ⅲ)이 0.8≦득점률

평가 시도

항　목	포인트 0	포인트 1	포인트 2	포인트 3	포인트 4
① 인터넷의 접속 환경	접속 환경이 갖추어지지 않다.	(해당 없음)	ADSL 접속이 가능한 환경이 정비되고 있다.	(해당 없음)	FTTH(광섬유) 접속이 가능한 환경이 정비되고 있다.
② 모바일 환경의 정비 상황	정비되어 있지 않다.	(해당 없음)	휴대전화나 PHS로 저속 인터넷에 접속이 가능하다.	(해당 없음)	대상구역 내의 외부 공간에서 고속 인터넷에 접속이 가능하다.
③ CATV의 정비 상황	정비되어 있지 않다.	(해당 없음)	부분적으로 정비되고 있다.	(해당 없음)	전역에서 정비되고 있다.
Ⅰ. 합계 포인트=　　점		Ⅱ. 최고 포인트=　　점		Ⅲ. 득점률(Ⅰ÷Ⅱ)=　　점	

【평가대상 외】
※없음

□ 해 설

① 인터넷 접속 환경

• 대상구역 내에 인터넷으로의 접속 환경 측면에서 어떠한 정보 인프라가 준비되어 있는지 평가한다.

② 모바일 환경의 정비 상황

• 대상구역 내에 휴대전화나 PC와 인터넷과의 접속 서비스 수준을 평가한다. 인터넷의 접속 환경이 정비되어 있지 않은 경우는 포인트 0, 저속 인터넷으로 접속 가능한 경우는 포인트 2, 정보 안테나(핫 스폿 등)가 있어 고속 인터넷에 접속 가능한 경우는 포인트 4로 한다.

③ CATV의 정비 상황

• 대상구역 내에 CATV와의 접속 환경을 평가한다.
• 대상구역의 절반 정도로 접속·이용 가능한 경우는 포인트 2, 거의 전역으로 접속·이용 가능한 경우는 포인트 4로 한다.

■간이판■

레벨 1	시도하고 있는 항목이 없다.
레벨 2	시도하고 있는 항목수가 1
레벨 3	(해당 없음)
레벨 4	시도하고 있는 항목수가 2
레벨 5	시도하고 있는 항목수가 3

평가 시도

항 목	내 용
① 인터넷의 접속 환경	FTTH(광섬유) 접속이 가능한 환경이 정비되고 있다.
② 모바일 환경의 정비 상황	대상구역 내의 외부 공간에서 고속 인터넷에 접속이 가능하다.
③ CATV의 정비 상황	부분적으로 정비되고 있다.

【평가대상 외】
※없음

□ 해 설

① 인터넷 접속 환경

• 대상구역 내에 있어서 인터넷 접속 환경 측면에서 어떠한 정보 인프라가 준비되어 있는지 평가한다.

② 모바일 환경의 정비 상황

• 대상구역 내에 있어서 휴대전화나 PC와 인터넷과의 접속 서비스 수준을 평가한다. 정보 안테나(핫 스폿 등)가 있어서 고속 인터넷에 접속 가능한 경우에 평가된다.

③ CATV의 정비 상황
- 대상구역 내에 CATV와의 접속 환경을 평가한다.
- 대상구역의 절반 정도로 접속・이용 가능한 경우에 평가된다.

● 2.3 교통 시스템의 성능

● 2.3.1 교통 시스템의 편리성

■■표준판■■

레벨 1	평가 득점률(Ⅲ)이 0≦득점률<0.2
레벨 2	평가 득점률(Ⅲ)이 0.2≦득점률<0.4
레벨 3	평가 득점률(Ⅲ)이 0.4≦득점률<0.6
레벨 4	평가 득점률(Ⅲ)이 0.6≦득점률<0.8
레벨 5	평가 득점률(Ⅲ)이 0.8≦득점률

평가 시도

항 목	포인트 0	포인트 1	포인트 2	포인트 3	포인트 4
① 교통시설(도로, 주차장 등)의 양적인 확보(일반 차량)	교통 수요의 파악이 명확하게 되어 있지 않다.	(해당 없음)	교통계획을 실시하여 교통시설은 양적으로 확보되고 있다.	(해당 없음)	교통계획을 검증하고 시스템 운용상에서도 대처하고 있다.
② 교통시설(도로, 주차장 등)의 양적인 확보(서비스 차량)	교통 수요의 파악이 명확하게 되어 있지 않다.	(해당 없음)	교통계획을 실시하여 교통시설은 양적으로 확보되고 있다.	(해당 없음)	교통시설이 양적으로 확보되어 공동 화물처리 시설 등 시스템이 있다.
③ 교통시설(보도, 주륜장 등)의 양적인 확보(보행자)	교통 수요의 파악이 명확하게 되어 있지 않다.	(해당 없음)	교통계획을 실시하여 교통시설은 양적으로 확보되고 있다.	(해당 없음)	교통계획을 검증하고 시스템 운용상에도 대처하고 있다.
Ⅰ. 합계 포인트= 점		Ⅱ. 최고 포인트= 점		Ⅲ. 득점률(Ⅰ÷Ⅱ)= 점	

【평가대상 외】
※없음

□ **해 설**
- 교통시설의 양적인 확보 그리고 시스템 운용상의 대처를 평가한다.
- 대상으로 하는 교통의 종류에 따라서 양적 확보의 방법이나 시스템에 대해 차이가 있기 때문에 일반 차량(자동이륜차・원동기 부착 자전거 포함), 서비스 차량(반입차・폐기물 수집차 등), 보행자(자전거 포함)로 나누어 평가한다.
- 대상구역 내에 있어서 교통 수요(발생 집중 교통량이나 필요 주차장 대수, 필요 화물처리 버스 수 등)가 적절히 예측되고 있을 것이 전제이다. 교통 수요예측 가운데, 발생 집중 교통량 및 주차 대수에 관해서는 「국토교통성 도시・지역 정비국 도시계획과 도시 교통 조사실(2007.3), 대규모 개발 지구 관련 교통계획 메뉴얼 개정판」(http://www.mlit.go.jp/crd/tosiko/manual/in-

dex.html)을 사용 또는 원용한다. 예측에 사용하는 교통 수단별 분담률 데이터는 Person Trip 조사 결과 등을 사용하지만, 이것은 자치체의 교통 관계 부서에서 차용할 수 있는 경우가 있다.

- 이것 외에도 교통계획이 작성되어 각 교통의 수요나 동선에 따른 교통시설이 양적으로 확보되고 있는 경우에 포인트 2로 한다(동적 교통 시뮬레이션을 사용하는 경우를 포함).
- 양적인 충족을 필요로 하는 교통시설로서는 출입을 위한 도로를 비롯하여 교통의 종류별로 일반 차량의 경우는 주차장, 주차장 차로, 주차장 출입구 등이 있다. 서비스 차량의 경우에는 화물처리시설, 구내로의 입출로 등이 있다. 보행자・자전거에 대해서는 주륜장, 보행자 통로, 자전거 도로 등이 있다.
- 또한 교통계획이 공용(供用) 후에도 적절히 모니터링의 프로세스를 거쳐 구체적인 검증이 이루어져 계획의 재검토나 시스템 운용상의 개선을 실시하는 등 구체적인 조치를 강구하고 있을 경우에는 포인트 4로 한다.
- 자동차-보행자 간의 교착 방지에 의한 안전면에 관해서는 특히 다음 항 2.3.2에서 평가한다.

■간이판■

레벨 1	시도하고 있는 항목이 없다.
레벨 2	시도하고 있는 항목수가 1
레벨 3	시도하고 있는 항목수가 2
레벨 4	시도하고 있는 항목수가 3
레벨 5	(해당 없음)

평가 시도

항 목	내 용
① 교통시설(도로, 주차장 등)이 양적인 확보(일반 차량)	교통계획을 실시하여 교통시설이 양적으로 확보되고 있다.
② 교통시설(도로, 주차장 등)의 양적인 확보(서비스 차량)	교통시설이 양적으로 확보되어 공동 화물 처리시설 등 시스템이 있다.
③ 교통시설(보도, 자륜장 등)의 양적인 확보(보행자)	교통계획을 실시하여 교통시설이 양적으로 확보되고 있다.

【평가대상 외】
※없음

□ 해 설

- 교통시설의 양적인 확보, 특히 시스템 운용상의 대처를 평가한다.
- 대상으로 하는 교통의 종류에 따라 양적 확보의 방법이나 시스템에 대해 차이가 있기 때문에, 일반 차량(자동이륜차・원동기 부착 자전거 포함), 서비스 차량(반입차・폐기물 수집차 등), 보행자(자전거 포함)로 나누어 평가한다.
- 대상구역 내의 교통 수요(발생 집중 교통량)를 적절히 파악한 다음 교통계획을 책정하고, 계획에 근거한 교통시설(도로, 주차장 등)이 양적으로 확보되고 있는 경우(서비스 차량에 대해서는 더욱 공동 화물 처리 시스템 등의 대처가 이루어지고 있는 경우)에 평가한다.

●2.3.2 보행자 공간 등의 안전성 확보

■표준판 · 간이판(공통 항목)■

레벨 1	특별히 배려하고 있지 않거나 배려하고 있는지 아닌지가 불분명하여 위험 · 문제 개소가 있다.
레벨 2	(해당 없음)
레벨 3	보행자 및 차량의 교착 개소가 있지만 유도 등으로 안전을 확보하고 있다.
레벨 4	원칙적으로 보행자 및 차량의 교착 개소가 없는 배치계획으로 하고 있다.
레벨 5	원칙적으로 보행자 및 차량의 교착 개소가 없는 배치계획이며, 모든 보행자가 안전 쾌적하게 이동할 수 있는 적절한 보행자 공간이 형성되고 있다.

【평가대상 외】
※없음

□ **해 설**

- 대상구역 내에 보행자의 안전 확보를 위한 배려 · 시도를 평가한다.
- 보행자와 자전거(원동기 부착 자전거 등의 동선이 혼재하고 있는 경우를 포함)의 관계에 기인하는 보행자 안전 확보에 대해서도 여기서 평가하는 것으로 한다.
- 보행자의 안전성에 특히 배려하고 있지 않거나 배려하고 있는지 불분명하고, 보행자 및 차량의 동선 교착 등 보행자의 안전상 문제 개소가 있는 경우는 레벨 1로 한다.
- 보행자, 자동차(일반 차량, 서비스 차량) 각각의 동선 계획을 작성하여 그 상호 관계를 배려하고 있는 경우나, 보행자 및 차량교착의 염려 개소를 파악하고 있어 해당 개소에 유도원을 배치하는 등 대책을 강구하여 보행자의 안전을 확보하고 있는 경우에는 레벨 3으로 한다.
- 원칙적으로 보행자 및 차량교착이 없는 배치계획(예를 들면, 데크 다용(多用)에 의한 수직 분리나, 차도와 보행자 네트워크를 분리하도록(래드번 방식 등) 하고 있는 경우에는 레벨 4, 보행자로가 휠체어 이용 등 약자를 포함하여 안전 쾌적하게 이동할 수 있는 배치계획이 되고 있는 경우에 레벨 5로 한다.
- 보행자 통행량이 지극히 적은 개소에서 한정된 화물 처리 차량과 교착하는 정도라면, '원칙적으로 보행자 및 차량의 교착 개소가 없는 배치계획'이라고 보아도 좋다.
- 또 보행자 및 차량공존 도로 · 통로로 하고 있는 경우에도 '원칙적으로 보행자 및 차량의 교착 개소가 없는 배치계획'이라고 보아도 좋다.

●2.4 방재 · 방범 성능

●2.4.1 대상구역 전체로의 자연재해 리스크 대책

각종 재해 해저드 맵(Hazard Map)의 내용 파악과 이에 근거한 외부 공간(구역 내)의 지진 · 사태 · 홍수 등 토지이용 계획적인 배려에 대해 평가한다.

■표준판 · 간이판(공통 항목)■

레벨	내용
레벨 1	해저드 맵의 확인을 하고 있지 않다.
레벨 2	(해당 없음)
레벨 3	해저드 맵을 확인하고 문제 개소에 대해서는 방재 조치를 취해 토지를 활용하고 있다.
레벨 4	해저드 맵을 확인하고 문제 개소에 대해서는 재해 리스크를 배려한 토지이용계획에 근거해 토지를 활용하고 있다.
레벨 5	(해당 없음)

【평가대상 외】
※해저드 맵에서 문제가 없는 경우는 평가대상 외로 한다.

□ 해 설

- 대상구역을 포함한 지역에 대해 자치체 등이 작성한 재해 해저드 맵을 확인하고 있지 않을 경우는 레벨 1로 한다.
- 재해 해저드 맵에 대해 대상구역 내에 문제 개소가 있는 경우, 외부 공간(구역 내)의 지진 · 사태 · 홍수 등의 토지이용계획적인 배려에 대해 평가한다. 문제 개소에 대해 토목적인 방재 조치를 취한 다음 토지를 이용하고 있는 경우는 레벨 3, 재해 해저드 맵을 참고로 한 토지이용계획에 근거하여 리스크를 배려해 토지를 활용하고 있는 경우는 레벨 4로 한다.

● 2.4.2 피난 장소로서의 방재 공지 확보

■■표준판■■

레벨	내용
레벨 1	평가 득점률(Ⅲ)이 0≦득점률<0.2
레벨 2	평가 득점률(Ⅲ)이 0.2≦득점률<0.4
레벨 3	평가 득점률(Ⅲ)이 0.4≦득점률<0.6
레벨 4	평가 득점률(Ⅲ)이 0.6≦득점률<0.8
레벨 5	평가 득점률(Ⅲ)이 0.8≦득점률

평가 시도

항 목	포인트 0	포인트 1	포인트 2	포인트 3	포인트 4
① 적절한 공지 규모와 배치	특히 배려하고 있지 않거나 배려하고 있는지 불분명	(해당 없음)	배치나 규모에 관한 계획을 실시하고 있다.	(해당 없음)	배치나 규모에 관한 계획을 실시해 충분한 양의 공간을 확보하고 있다.
② 연소 차단대에 의한 도시 방화구획의 형성	형성되어 있지 않다.	(해당 없음)	부분적으로 형성되고 있다.	(해당 없음)	충분히 형성되고 있다.
Ⅰ. 합계 포인트 = 점		Ⅱ. 최고 포인트 = 점		Ⅲ. 득점률(Ⅰ÷Ⅱ) = 점	

【평가대상 외】
※① 적절한 공지 규모와 배치에 대해서 대상구역 주변에 방재 거점이 있는 등 기존 시설이 충분히 기능하는 경우에는 본 항목은 평가대상 외로 한다.

□ 해 설

① 적절한 공지 규모와 배치

- 대상구역 내 및 주변에 기존의 방재 거점이 없는 경우에, 대상구역 내에 적절한 규모와 배치의 방재 거점을 확보하는 등의 시도를 평가한다.

② 연소 차단대에 의한 도시 방화구획의 형성

- 대상구역 내에서 화재가 발생했을 경우, 연소를 방지하는 도시 방화구획이 형성되고 있는지 여부를 평가한다.
- 대상구역 내에서 화재가 발생했을 경우, 연소를 방지하는 도시 방화구획이 형성되고 있는지 여부를 평가한다. 도시 방화구획이란, 유효하게 배치된 연소 차단대 네트워크에 의해 분할한 지구 스케일의 구획 단위를 가리킨다. 이 설정에 의하여 대규모 지진시 동시다발적 화재에 의한 피해 확대를 방지하고 피해를 최소화하는 효과가 있다.
- 연소 차단대는 불연 건축군, 도로, 공원 녹지 등의 불연 영역 또는 오픈 스페이스로 구성된다. 건축물·공공시설 등을 네트워크로 배치하여 연소방지 효과를 갖게 한다.

〈참고 자료〉

1) 「都市防災実務ハンドブック」(ぎょうせい, 2005)
2) 「都市防災計画・設計の手引き」(大成出版社, 1986)
3) 「都市防火対策手法」(〈財〉国土技術研究センター, 1983)

■간이판■

레벨 1	시도하고 있는 항목이 없다.
레벨 2	시도하고 있는 항목수가 1
레벨 3	(해당 없음)
레벨 4	시도하고 있는 항목수가 2
레벨 5	(해당 없음)

평가 시도

항 목	내 용
① 적절한 공지 규모와 배치	배치나 규모에 관한 계획을 실시하고 충분한 양의 공간을 확보하고 있다.
② 연소 차단대에 의한 도시 방화구획의 형성	부분적으로 형성되고 있다.

【평가대상 외】

※대상구역 주변에 방재 거점이 있는 등 기존 시설이 충분히 기능하는 경우에는 본 항목은 평가대상 외로 한다.

□ 해 설

① 적절한 공지 규모와 배치

- 대상구역 내 및 주변에 기존의 방재 거점이 없는 경우에, 대상구역 내에 적절한 규모와 배치의

방재 거점을 확보하는 등의 시도를 평가한다.

② 연소 차단대에 의한 도시 방화구획의 형성

- 대상구역 내에서 화재가 발생했을 경우, 연소를 방지하는 도시 방화구획이 형성되고 있는지 여부를 평가한다.
- 대상구역 내에서 화재가 발생했을 경우, 연소를 방지하는 도시 방화구획이 형성되고 있는지 여부를 평가한다. 도시 방화구획이란, 유효하게 배치된 연소 차단대의 네트워크에 의해 분할한 지구 스케일의 구획 단위를 가리킨다. 이 설정에 의해, 대규모 지진시 동시다발 화재에 의한 피해의 확대를 방지해, 피해를 최소화하는 효과가 있다.
- 연소 차단대는 불연 건축군, 도로, 공원 녹지 등의 불연영역 또는 오픈 스페이스로 구성된다. 건축물・공공시설 등을 네트워크가 되도록 배치하여 연소방지 효과를 갖게 한다.

〈참고 자료〉

1)「都市防災実務ハンドブック」(ぎょうせい, 2005)
2)「都市防災計画・設計の手引き」(大成出版社, 1986)
3)「都市防火対策手法」(〈財〉国土技術研究センター, 1983)

● 2.4.3 유기적인 피난로 네트워크의 형성

■■표준판■■

레벨 1	평가 득점률(Ⅲ)이 0≦득점률<0.2
레벨 2	평가 득점률(Ⅲ)이 0.2≦득점률<0.4
레벨 3	평가 득점률(Ⅲ)이 0.4≦득점률<0.6
레벨 4	평가 득점률(Ⅲ)이 0.6≦득점률<0.8
레벨 5	평가 득점률(Ⅲ)이 0.8≦득점률

평가 시도

항 목	포인트 0	포인트 1	포인트 2	포인트 3	포인트 4
① 도로폭(8m 이상)의 확보, 2방향 피난 등의 네트워크 형성	방재계획이나 피난로는 특별히 없다.	(해당 없음)	방재계획이나 피난로가 있다.	(해당 없음)	방재계획을 시뮬레이션에 의하여 검증하고 있다.
② 식물이나 건물 등에 의한 연소 차단대의 형성	형성되어 있지 않다.	(해당 없음)	부분적으로 형성되고 있다.	(해당 없음)	충분히 형성되고 있다.
③ 피난 장소로의 액세스	1000m 이상	500m 이상 1000m 미만	250m 이상 500m 미만	(해당 없음)	250m 미만
Ⅰ. 합계 포인트 = 점		Ⅱ. 최고 포인트 = 점		Ⅲ. 득점률(Ⅰ÷Ⅱ) = 점	

【평가대상 외】

※없음

□ 해 설

① 도로폭(8m 이상)의 확보, 2방향 피난 등의 네트워크 형성

• 대상구역 혹은 광역의 방재계획에 기초한 일정 폭의 도로망(피난로 네트워크)의 확보 정도를 평가한다.

② 식물이나 건축물 등에 의한 연소 차단대의 형성

• 대상구역 내에서 화재가 발생했을 경우 식수대나 건축물에 의해 피난로에 연소를 방지하는 연소 차단대가 형성되고 있는지 여부를 평가한다.

③ 피난 장소로의 액세스

• 대상구역 내 혹은 주변지역을 포함하여 근처(또는 지정의) 피난 장소까지의 '길거리'가 가장 먼 길이로 평가한다.

■간이판■

레벨 1	시도하고 있는 항목이 없다.
레벨 2	시도하고 있는 항목수가 1
레벨 3	(해당 없음)
레벨 4	시도하고 있는 항목수가 2
레벨 5	시도하고 있는 항목수가 3

평가 시도

항 목	내 용
① 도로폭(8m 이상)의 확보, 2방향 피난 등의 네트워크 형성	방재계획이나 피난로가 있다.
② 식물이나 건물 등에 의한 연소 차단대의 형성	부분적으로 형성되고 있다.
③ 피난 장소로의 액세스	250m 미만

【평가대상 외】
※없음

□ 해 설

① 도로폭(8m 이상)의 확보, 2방향 피난 등의 네트워크 형성

• 대상구역 혹은 광역의 방재계획에 기초한 일정폭의 도로망(피난로 네트워크)의 확보 정도를 평가한다.

② 식물이나 건축물 등에 의한 연소 차단대의 형성

• 대상구역 내에 화재가 발생했을 경우에 식수대나 건축물에 의해 피난로에 연소를 방지하는 연소 차단대가 형성되고 있는지 여부를 평가한다.

③ 피난 장소로의 액세스

• 대상구역 내 혹은 주변지역도 포함하여 근처(또는 지정의) 피난 장소까지의 '길거리'가 가장 먼 길이로 평가한다.

● 2.4.4 방범 성능(감시성 · 영역성)

외부 공간의 감시성과 감시의 눈길이 미치는 생활감을 수반하는 영역성에 의해 평가한다.

■■표준판■■

레벨	기준
레벨 1	평가 득점률(Ⅲ)이 0≦득점률<0.2
레벨 2	평가 득점률(Ⅲ)이 0.2≦득점률<0.4
레벨 3	평가 득점률(Ⅲ)이 0.4≦득점률<0.6
레벨 4	평가 득점률(Ⅲ)이 0.6≦득점률<0.8
레벨 5	평가 득점률(Ⅲ)이 0.8≦득점률

평가 시도

항 목	포인트 0	포인트 1	포인트 2	포인트 3	포인트 4
① 야간조명등의 설치 수준(어두운 곳에 보이기 쉬운 정도)	전혀 불충분하다(얼굴을 전혀 인식할 수 없다 ; 0룩스).	약간 불충분 하다(얼굴을 거의 인식할 수 없다 ; 1.0룩스 미만).	충분하지 않지만 설치되어 있다 (얼굴을 그다지 잘 인식할 수 없다 ; 1.0~3.0룩스).	거의 충분히 설치되어 있다(얼굴을 거의 인식할 수 있다 ; 3.0~5.0룩스).	충분히 설치되어 있다(얼굴을 완전하게 인식할 수 있다 ; 5.0룩스 이상).
② 감시카메라, 경비원 등의 방범 기능의 배치(사각의 감시 등)	전혀 배치되어 있지 않다.	기록용의 방범 카메라는 배치되었지만 불충분하다.	기록용의 방범 카메라와 무인 경보 시스템을 배치하고 있다.	24시간 체제로 유인 감시에 의한 방범 카메라와 경보 시스템을 배치하고 있다.	24시간 체제로 유인 감시에 의한 방범 카메라와 경비원 순회 체제를 정비하고 있다.
③ 주변으로부터의 감시성	주변으로부터 전혀 안보이는 사각 존이 있다 (주변 건물이 없거나 역 내나 주변의 건물로부터 감시될 가능성이 전혀 없다).	주변으로부터 보이기 어려운, 약간 사각의 존이 있다(역 내나 주변의 건물로부터 감시될 가능성이 별로 없다).	어느 쪽이라고 할 수 없다	주변으로부터 거의 보기 쉽다(역 내나 주변의 건물로부터 감시할 수 있다).	주변으로부터 잘 보인다(역 내나 주변의 건물로부터 감시하기 쉽다).
④ 용의자의 접근 용이성	생활감이 전혀 느껴지지 않거나 주변 도로는 불특정 다수의 이용이 있거나 역 내로의 통과교통이 많다.	생활감이 그다지 느껴지지 않거나 주변 도로는 불특정 다수의 이용이 약간 있거나 역 내의 통과교통이 약간 많다.	어느 쪽이라고 할 수 없다.	생활감이 약간 느껴지거나 주변 도로는 주로 역 내의 거주 · 취업자가 이용하거나 역 내의 통과교통이 적다.	커뮤니티 공간으로서 생활감이 느껴지거나 주변 도로는 역 내의 거주 · 취업자만이 이용한다.
Ⅰ. 합계 포인트= 점		Ⅱ. 최고 포인트= 점		Ⅲ. 득점률(Ⅰ÷Ⅱ)= 점	

【평가대상 외】
※④ 용의자의 접근 용이성에 있어 주택을 포함하지 않는 개발의 경우는 평가대상 외로 한다.

□ **해 설**

① 야간조명 등의 설치 수준(어두운 곳에서 보이기 쉬운 정도)

• 가로, 광장, 공원 등 공공 공간에 있어서 야간조명 등의 설치 정도나 조명의 실질적인 밝음을 평가한다.

평가 위치는 주로 보행자가 통행하는 보도에서 가로등 조명이 가장 어두워지는 지점으로 한다.

② 감시카메라 · 경비원 등의 방범 기능 배치(사각의 감시 등)

- 가로, 광장, 공원 등의 공공 공간에 있어서 감시카메라나 경비원 등의 배치 상황, 감시 체제를 평가한다.

③ 주변으로부터의 감시성

- 대상구역 내부에 있어서 광장 등의 공간을 주변에서 보았을 경우에, 공간 전체가 전망되며 시선이 통과하는 등 사각이 없는지 여부를 평가한다.

④ 용의자의 접근 용이성

- 용의자(범죄를 일으키려는 의사를 가진 사람)가 가장 싫어하는 곳은 사람의 안목이 있으며 커뮤니티가 형성되고 생활감이 느껴지는 장소이다. 대상구역으로의 접근 용이성에 관한 공간의 질이나 주변 도로의 성격, 통과교통의 양 등을 평가한다.

■간이판■

레벨 1	시도하고 있는 항목이 없다.
레벨 2	시도하고 있는 항목수가 1
레벨 3	시도하고 있는 항목수가 2
레벨 4	시도하고 있는 항목수가 3
레벨 5	시도하고 있는 항목수가 4

평가 시도

항 목	내 용
① 야간조명등의 설치 수준(어두운 곳에 있어서의 보이기 쉬운 정도)	충분히 설치되어 있다(사람의 얼굴을 완전하게 인식할 수 있다 ; 5.0룩스 이상)
② 감시카메라 · 경비원 등의 방범 기능의 배치(사각의 감시 등)	기록용의 방범 카메라와 무인 경보 시스템을 배치하고 있다.
③ 주변으로부터의 감시성	주변으로부터 거의 보기 쉽다(역 내나 주변의 건물로부터 감시할 수 있다).
④ 용의자의 접근 용이성	생활감이 약간 느껴지거나 주변 도로는 주로 역 내의 거주 · 취업자가 이용하거나 역 내의 통과교통이 적다.

【평가대상 외】

※④ 용의자의 접근 용이성에 대하여 주택을 포함하지 않는 개발의 경우는 평가대상 외로 한다.

□ 해 설

① 야간조명 등의 설치 수준(어두운 곳에 있어서의 보이기 쉬운 정도)

- 가로, 광장, 공원 등 공공 공간에 있어서 야간조명 등의 설치 정도나 조명의 실질적인 밝음을 평가한다. 평가 위치는 주로 보행자가 통행하는 보도상에서 가로등의 조명이 가장 어두워지는 지점으로 한다.

② 감시카메라・경비원 등의 방범 기능 배치(사각의 감시 등)

• 가로, 광장, 공원 등 공공 공간에 있어서 감시카메라나 경비원 등의 배치 상황, 감시 체제를 평가한다.

③ 주변으로부터의 감시성

• 대상구역 내부에 있어서 광장 등 공간을 주변으로부터 보았을 경우에 공간 전체를 전망하고 시선이 통과하는 등 사각이 없는지 여부를 평가한다.

④ 용의자의 접근 용이성

• 용의자(범죄를 범하려는 의사를 가진 사람)가 가장 싫어하는 곳은 사람의 안목이 있으며 커뮤니티가 형성되고 생활감이 느껴지는 장소이다. 대상구역으로의 접근 용이성에 관한 공간의 질이나 주변 도로의 성격, 통과교통의 양 등을 평가한다.

● 2.5 생활의 편리성

본 항목에서는 해당 편리시설 등이 대상구역 내의 거주인구, 취업인구 각각의 80% 이상을 커버할 수 있는 지점 중 가장 먼 위치로부터 해당 편리시설 등까지의 표준적인 '길거리'(일부 시설에서는 시간・거리)로 평가한다. 거주 및 취업인구의 분포가 측정 곤란할 경우는 대상구역 내의 주거 및 취업관련 시설의 총 연면적 중 80% 이상을 커버하는 지점에서 대용도 가능하다.

● 2.5.1 근처의 생활 편리시설 등까지의 거리

■■표준판■■

레벨 1	평가 득점률(Ⅲ)이 0≦득점률<0.2
레벨 2	평가 득점률(Ⅲ)이 0.2≦득점률<0.4
레벨 3	평가 득점률(Ⅲ)이 0.4≦득점률<0.6
레벨 4	평가 득점률(Ⅲ)이 0.6≦득점률<0.8
레벨 5	평가 득점률(Ⅲ)이 0.8≦득점률

평가 시도

항 목	포인트 0	포인트 1	포인트 2	포인트 3	포인트 4
① 근처의 슈퍼나 상가까지의 거리(길거리)	1500m 이상	800m 이상 1500m 미만	600m 이상 800m 미만	300m 이상 600m 미만	300m 미만
② 근처의 금융기관(ATM도 포함)까지의 거리(길거리)	1500m 이상	800m 이상 1500m 미만	600m 이상 800m 미만	300m 이상 600m 미만	300m 미만
③ 근처의 행정시설(관공서 등)까지의 거리(길거리)	1500m 이상	800m 이상 1500m 미만	600m 이상 800m 미만	300m 이상 600m 미만	300m 미만

Ⅰ. 합계 포인트= 점	Ⅱ. 최고 포인트= 점	Ⅲ. 득점률(Ⅰ÷Ⅱ)= 점

【평가대상 외】
※없음

□ 해 설

① 근처의 슈퍼나 상가까지의 거리(길거리)
- 일용품을 취급하는 판매장 면적 300m^2 이상의 상업집적 등을 대상으로 한다.

② 근처의 금융기관(ATM도 포함)까지의 거리(길거리)
- 편의점 등에 설치되는 ATM도 포함된다.

③ 근처의 행정시설(관공서 등)까지의 거리(길거리)
- 여기서 행정시설(관공서 등)이란 시청, 구청, 도시와 지방 동사무소, 행정기능관련 출장소 혹은 출장소의 기능을 가진 위탁창구 등을 포함한다.

■간이판■

레벨 1	시도하고 있는 항목이 없다.
레벨 2	시도하고 있는 항목수가 1
레벨 3	시도하고 있는 항목수가 2
레벨 4	시도하고 있는 항목수가 3
레벨 5	(해당 없음)

평가 시도

항 목	내 용
① 근처의 슈퍼나 상가까지의 거리(길거리)	600m 미만
② 근처의 금융기관(ATM도 포함)까지의 거리(길거리)	600m 미만
③ 근처의 행정시설(관공서 등)까지의 거리(길거리)	600m 미만

【평가대상 외】
※없음

□ 해 설

① 근처의 슈퍼나 상가까지의 거리(길거리)
- 일용품을 취급하는 판매장 면적 300m^2 이상의 상업집적 등을 대상으로 한다.

② 근처의 금융기관(ATM도 포함)까지의 거리(길거리)
- 편의점 등에 설치되는 ATM도 포함된다.

③ 근처의 행정시설(관공서 등)까지의 거리(길거리)
- 여기서의 행정시설(관공서 등)이란 시청, 구청, 도시와 지방 동사무소, 행정기능관련 출장소 혹은 출장소 기능을 가지는 위탁창구 등을 포함한다.

● 2.5.2 근처의 의료 · 복지시설까지의 거리

■■표준판■■

레벨 1	평가 득점률(Ⅲ)이 0≦득점률<0.2
레벨 2	평가 득점률(Ⅲ)이 0.2≦득점률<0.4
레벨 3	평가 득점률(Ⅲ)이 0.4≦득점률<0.6
레벨 4	평가 득점률(Ⅲ)이 0.6≦득점률<0.8
레벨 5	평가 득점률(Ⅲ)이 0.8≦득점률

평가 시도

항 목	포인트 0	포인트 1	포인트 2	포인트 3	포인트 4
① 근처의 의료 시설까지의 거리(길거리)	1500m 이상	800m 이상 1500m 미만	600m 이상 800m 미만	300m 이상 600m 미만	300m 미만
② 근처의 복지시설까지의 거리(길거리)	1500m 이상	800m 이상 1500m 미만	600m 이상 800m 미만	300m 이상 600m 미만	300m 미만
Ⅰ. 합계 포인트= 점		Ⅱ. 최고 포인트= 점		Ⅲ. 득점률(Ⅰ÷Ⅱ)= 점	

【평가대상 외】

※② 근처의 복지시설까지의 거리(길거리)에 대해 주택을 포함하지 않는 경우는 평가대상 외로 한다.

□ **해 설**

① 근처 의료시설까지의 거리(길거리)

• 여기서 의료시설이란, 가장 일상적인 진료 행위를 받는 기관으로서 진료과목에 내과를 포함한 병원 혹은 진료소로 한다.

② 근처 복지시설까지의 거리(길거리)

• 여기서 복지시설이란, 노인복지, 아동복지, 신체장애자 복지, 지적 장애자 복지에 관한 사업을 실시하는 사업소로 한다.

■간이판■

레벨 1	시도하고 있는 항목이 없다.
레벨 2	(해당 없음)
레벨 3	시도하고 있는 항목수가 1
레벨 4	시도하고 있는 항목수가 2
레벨 5	(해당 없음)

평가 시도

항 목	내 용
① 근처의 의료시설까지의 거리(길거리)	600m 미만
② 근처의 복지시설까지의 거리(길거리)	600m 미만

【평가대상 외】

※② 근처의 복지시설까지의 거리(길거리)에 있어 주택을 포함하지 않는 경우는 평가대상 외로 한다.

□ 해 설

① 근처의 의료시설까지의 거리(길거리)

• 여기서의 의료시설이란, 가장 일상적인 진료 행위를 받는 기관으로서 진료과목에 내과를 포함한 병원 혹은 진료소로 한다.

② 근처의 복지시설까지의 거리(길거리)

• 여기서의 복지시설이란, 노인복지, 아동복지, 신체장애자 복지, 지적 장애자 복지에 관한 사업을 실시하는 사업소로 한다.

● 2.5.3 근처의 교육 · 문화 시설까지의 거리

■■표준판■■

레벨 1	평가 득점률(Ⅲ)이 0≦득점률<0.2
레벨 2	평가 득점률(Ⅲ)이 0.2≦득점률<0.4
레벨 3	평가 득점률(Ⅲ)이 0.4≦득점률<0.6
레벨 4	평가 득점률(Ⅲ)이 0.6≦득점률<0.8
레벨 5	평가 득점률(Ⅲ)이 0.8≦득점률

평가 시도

항 목	포인트 0	포인트 1	포인트 2	포인트 3	포인트 4
① 근처의 교육시설까지의 거리(길거리)	1500m 이상	800m 이상 1500m 미만	600m 이상 800m 미만	300m 이상 600m 미만	300m 미만
② 근처의 문화시설까지의 시간 거리	60분 이상	(해당 없음)	30분 이상 60분 미만	(해당 없음)	30분 미만
Ⅰ. 합계 포인트= 점		Ⅱ. 최고 포인트= 점		Ⅲ. 득점률(Ⅰ÷Ⅱ)= 점	

【평가대상 외】

※주택을 포함하지 않는 경우는 본 항목 전체를 평가대상 외로 한다.

□ 해 설

① 근처의 교육시설까지의 거리(길거리)

• 유치원, 초중학교의 어느 한쪽까지의 거리로 한다.

② 근처의 문화시설(도서관, 미술관 등)까지의 시간거리

• 문화시설에 대해서는 도보 및 공공 교통기관을 사용한 합계의 소요시간에 의해 평가한다.

■간이판■

레벨 1	시도하고 있는 항목이 없다.
레벨 2	시도하고 있는 항목수가 1
레벨 3	(해당 없음)
레벨 4	시도하고 있는 항목수가 2
레벨 5	(해당 없음)

평가 시도

항 목	내 용
① 근처의 교육시설까지의 거리(길거리)	600m 미만
② 근처의 문화시설까지의 시간거리	60분 미만

【평가대상 외】
※주택을 포함하지 않는 경우는 본 항목 전체를 평가대상 외로 한다.

□ **해 설**

① 근처의 교육시설까지의 거리(길거리)
• 유치원, 초중학교의 어느 한쪽까지의 거리로 한다.

② 근처의 문화시설(도서관, 미술관 등)까지의 시간거리
• 문화시설에 대해서는 도보 및 공공 교통기관을 사용한 합계 소요시간에 의해 평가한다.

● 2.6 유니버설 디자인의 배려

■■표준판■■

레벨 1	평가 득점률(Ⅲ)이 0≦득점률<0.2
레벨 2	평가 득점률(Ⅲ)이 0.2≦득점률<0.4
레벨 3	평가 득점률(Ⅲ)이 0.4≦득점률<0.6
레벨 4	평가 득점률(Ⅲ)이 0.6≦득점률<0.8
레벨 5	평가 득점률(Ⅲ)이 0.8≦득점률

평가 시도

항 목	포인트 0	포인트 1	포인트 2	포인트 3	포인트 4
① 외부 공간에 있어서의 약자, 장애자를 배려한 배리어 프리의 실현	하트빌딩법[9]을 참고할 때, 이 이용 원활화 기준을 충족하지 않는다.	(해당 없음)	하트빌딩법을 참고할 때, 이 이용 원활화 기준을 충족한다.	하트빌딩법을 참고할 때, 이 이용 원활화 유도 기준을 채우고 있다.	하트빌딩법을 참고할 때, 이 이용 원활화 유도 기준에 더해, 충분한 배려를 실시하고 있다.

② 스트리트 가구, 사인 등의 정비	특별히 정비하고 있지 않다.	(해당 없음)	일반적인(특히 약자, 장애자를 배려하고 있지 않다) 디자인·정비를 실시하고 있다.	(해당 없음)	약자, 장애자를 배려해 디자인·정비하고 있다.
③ 그 외의 배려(조명, 음성 등)	특별히 정비하고 있지 않다.	(해당 없음)	일반적인(특히 약자, 장애자를 배려하고 있지 않다) 옥외 조명 계획이나 음성 계획 등을 작성하고 있다.	(해당 없음)	약자, 장애자를 배려한 옥외 조명 계획이나 음성 계획 등을 작성하다.
Ⅰ. 합계 포인트= 점		Ⅱ. 최고 포인트= 점		Ⅲ. 득점률(Ⅰ÷Ⅱ)= 점	

【평가대상 외】
※없음

□ 해 설

① 외부 공간에 있어서의 약자, 장애자를 배려한 배리어 프리 실현

- 건축에 있어서의 하트빌딩법의 원활화 기준 및 원활화 유도 기준을 외부 공간에 응용하여, 그 기준과 동등의 혹은 그 이상의 기준에 의해 어린이나 고령자 등의 약자를 배려한 공간 디자인을 평가한다.

② 스트리트 가구, 사인 등의 정비

- 대상구역 내의 공공 공간에 있어 정비되는 벤치나 표식, 쓰레기통 등에 관련된 약자 배려 등의 시도를 평가한다.

③ 그 외의 배려(조명, 음성 등)

- 대상구역 내의 공공 공간에 있어 정비되는 조명이나 음성에 의한 주의 환기나 유도 등에 관련된 약자로의 배려·시도를 평가한다.

■간이판■

레벨 1	시도하고 있는 항목이 없다.
레벨 2	시도하고 있는 항목수가 1
레벨 3	(해당 없음)
레벨 4	시도하고 있는 항목수가 2
레벨 5	시도하고 있는 항목수가 3

역주 9) 「고령자, 신체장애자 등이 원활히 이용할 수 있는 특정 건축물의 건축 촉진에 관한 법률」을 줄여서 일컫는다. 이 법률은 고령자, 신체장애자 등이 원활히 이용할 수 있는 건축물의 건축 촉진을 위한 조치를 강구함으로써 건축물의 질적 향상을 도모하고 공공복지의 증진에 이바지하는 것을 목적으로 한다.

평가 시도

항 목	내 용
① 외부 공간에 있어서의 약자, 장애자를 배려한 배리어 프리의 실현	하트빌딩법을 참고할 때, 이 이용 원활화 기준을 충족하고 있다.
② 스트리트 가구, 사인 등의 정비	약자, 장애자를 배려해 디자인 · 정비하고 있다.
③ 그 외의 배려(조명, 음성 등)	약자, 장애자를 배려한 옥외 조명 계획이나 음성 계획 등을 작성하고 있다.

【평가대상 외】
※없음

□ 해 설

① 외부 공간에 있어서 약자, 장애자를 배려한 배리어 프리 실현

- 건축에 있어서의 하트빌딩법의 원활화 기준 및 원활화 유도 기준을 외부 공간에 응용하여, 그 기준과 동등의 혹은 그 이상의 기준에 의해 어린이나 고령자 등의 약자를 배려한 공간 디자인을 평가한다.

② 스트리트 가구, 사인 등의 정비

- 대상구역 내의 공공 공간에 있어 정비되는 벤치나 표식, 쓰레기통 등에 관련되는 약자 배려 등의 시도를 평가한다.

③ 그 외의 배려(조명, 음성 등)

- 대상구역 내의 공공 공간에 있어 정비되는 조명이나 음성에 의한 주의환기나 유도 등에 관련된 약자로의 배려 · 시도를 평가한다.

Q_{UD}3 지역사회에의 공헌(역사 · 문화, 경관, 지역 활성화)

● 3.1 지역 자원의 활용

● 3.1.1 지역 산업, 인재 · 기능의 활용

현지의 전통기술을 살린 산업 창조, 고령자 등 다양한 인재의 능력을 살릴 수 있는 일자리 만들기 등에 대한 시도에 대해서 평가한다.

■■표준판■■

레벨 1	평가 득점률(Ⅲ)이 0≦득점률<0.2
레벨 2	평가 득점률(Ⅲ)이 0.2≦득점률<0.4
레벨 3	평가 득점률(Ⅲ)이 0.4≦득점률<0.6
레벨 4	평가 득점률(Ⅲ)이 0.6≦득점률<0.8
레벨 5	평가 득점률(Ⅲ)이 0.8≦득점률

평가 시도

항 목	포인트 0	포인트 1	포인트 2	포인트 3	포인트 4
① 지역산업이나 지역문화와 관련된 시설의 정비	(해당 없음)	(해당 없음)	시설이 없다.	(해당 없음)	시설이 있다.
② 건축 외장재나 포장재 등에 있어서 지방산 자재 등의 활용	지방의 소재 · 자재 등을 이용하고 있지 않다.	(해당 없음)	지방의 소재 · 자재 등을 일부에 이용하고 있다.	(해당 없음)	지방의 소재 · 자재 등을 적극적 혹은 전면적으로 이용하고 있다.
Ⅰ. 합계 포인트 = 점		Ⅱ. 최고 포인트 = 점		Ⅲ. 득점률(Ⅰ÷Ⅱ) = 점	

【평가대상 외】
※없음

□ 해 설

① 지역 산업이나 지역 문화와 관련된 시설 정비

- 전시, 견학, 체험 시설이나 체험 공간 등의 정비를 평가 대상으로 한다.
- 시설의 유무에 대해 정성적으로 평가한다.
- 대상구역 내에 지역 산업이나 지역 문화와 관련된 시설을 정비하고 있지 않는 경우는 포인트 2, 시설을 정비하고 있는 경우는 포인트 4로 한다.

② 건축 외장재나 포장재 등에 있어서 지방산 자재 등의 활용

- 대상구역을 포함한 주변지역에서의 지방의 소재 · 자재(인재 · 기능 등도 포함) 등의 이용 유무에 대해 정성적으로 평가한다.
- 대상구역의 정비에 있어 지방의 소재 · 자재 등을 이용하고 있지 않는 경우는 포인트 0, 그 지방의 소재 · 자재 등을 일부에 이용하고 있는 경우는 포인트 2, 그 지방의 소재 · 자재 등을

대상구역 전체 혹은 일부라도 적극적으로 이용하고 있는 경우는 포인트 4로 한다.
- 평가 대상으로 포장이나 가구, 사인 등에 현지산 재료나 도자기 등의 이용 여부를 둔다.

■간이판■

레벨 1	(해당 없음)
레벨 2	시도하고 있는 항목이 없다.
레벨 3	시도하고 있는 항목수가 1
레벨 4	(해당 없음)
레벨 5	시도하고 있는 항목수가 2

평가 시도

항 목	내 용
① 지역 산업이나 지역 문화와 관련된 시설의 정비	지역 산업이나 지역 문화와 관련된 시설이 있다.
② 건축 외장재나 포장재 등에 있어서 지방산 자재 등의 활용	지방의 소재·자재·인재 기능 등을 이용하고 있다.

【평가대상 외】
※없음

□ 해 설

① 지역 산업이나 지역 문화와 관련된 시설의 정비
- 전시, 견학, 체험 시설이나 체험 공간 등의 정비를 평가 대상으로 한다.
- 시도로서 대상구역 내에 있는 지역 산업이나 지역 문화와 관련된 시설의 정비 유무를 평가한다.

② 건축 외장재나 포장재 등에 있어서 지방산 자재 등의 활용
- 대상구역을 포함한 주변지역에서의 지방의 소재·자재(인재·기능 등도 포함) 등의 이용 유무에 대해 정성적으로 평가한다.
- 시도로서 포장이나 가구, 사인 등에 대한 현지산의 재료나 도자기 등의 이용 여부를 평가한다.

● 3.1.2 역사, 문화, 자연 자산의 보전과 활용

■■표준판■■

레벨 1	평가하는 득점률(Ⅲ)이 0≦득점률<0.2
레벨 2	평가하는 득점률(Ⅲ)이 0.2≦득점률<0.4
레벨 3	평가하는 득점률(Ⅲ)이 0.4≦득점률<0.6
레벨 4	평가하는 득점률(Ⅲ)이 0.6≦득점률<0.8
레벨 5	평가하는 득점률(Ⅲ)이 0.8≦득점률

평가 시도

항 목	포인트 0	포인트 1	포인트 2	포인트 3	포인트 4
① 역사적 유물, 건축물, 지역을 상징하는 자연물의 보전, 복원	보전되어 있지 않다.	(해당 없음)	일부를 보전하고 있다.	(해당 없음)	전면적으로 보전하고 있거나 손실된 자산을 복원하고 있다.
② 역사, 문화, 자연 자산 등의 보존, 계승을 위한 소프트한 시도	(해당 없음)	(해당 없음)	시도되지 않고 있다.	(해당 없음)	시도되고 있다.
Ⅰ. 합계 포인트= 점		Ⅱ. 최고 포인트 = 8점		Ⅲ. 득점률(Ⅰ÷Ⅱ)= 점	

【평가대상 외】
※없음

□ 해 설

① 역사적 유구(遺構), 건축물, 지역을 상징하는 자연물의 보전, 복원

- 자산 보전이나 복원의 유무 등 하드로서의 정비에 대해서 정성적으로 평가한다.
- 보전되어 있지 않은 경우는 포인트 0, 일부를 보전하고 있는 경우는 포인트 2, 전면적으로 보전하고 있거나 또는 손실된 자산을 복원하고 있는 경우는 포인트 4로 한다.
- 도시계획이나 상위 계획으로 정해져 있는 것 외에, 독자적인 관점에서 자산 보전이나 복원을 실시하고 있는 것도 평가대상으로 한다.

② 역사, 문화, 자연 자산 등의 보존, 계승을 위한 소프트한 시도

- 시도 유무, 정도 등 소프트한 시책에 대해서 정성적으로 평가한다.
- 시도되지 않은 경우는 포인트 2, 시도가 되는 경우는 포인트 4로 한다.

■간이판■

레벨 1	(해당 없음)
레벨 2	시도하고 있는 항목이 없다.
레벨 3	시도하고 있는 항목수가 1
레벨 4	(해당 없음)
레벨 5	시도하고 있는 항목수가 2

평가 시도

항　　목	내　　용
① 역사적 유물, 건축물, 지역을 상징하는 자연물의 보전, 복원	보전하고 있거나 손실된 자산을 복원하고 있다.
② 역사, 문화, 자연 자산 등의 보존, 계승을 위한 소프트적 시도	시도되고 있다.

【평가 대상 외】
※없음

□ **해　설**

① 역사적 유물, 건축물, 지역을 상징하는 자연물의 보전, 복원

- 자산 보전이나 복원의 유무 등 하드로서의 정비에 대해서 정성적으로 평가한다.
- 역사적 유물, 건축물, 지역을 상징하는 자연물에 대해, 보전하고 있거나 손실된 자산을 복원하고 있는지를 평가한다.
- 도시계획이나 상위 계획으로 정해져 있는 것 외에 독자적인 관점에서 자산 보전이나 복원을 실시하고 있는 것도 평가 대상으로 한다.

② 역사, 문화, 자연 자산 등의 보존, 계승을 위한 소프트적 시도

- 역사, 문화, 자연 자산 등의 보존, 계승을 위한 소프트로서의 시책에 대해서 정성적으로 평가한다.

● 3.2 지역사회 기반 형성 공헌

대상구역 내 도로나 공공시설, 재해 방지 대책 등 대상구역 내에서의 기반 정비에 있어 주변 기반 정비와의 연계함으로 상승효과나 기능 보완을 발휘할 수 있는 것에 대하여 그 공헌도를 정성적으로 평가한다.

■표준판 · 간이판(공통 항목)■

레벨	내용
레벨 1	(해당 없음)
레벨 2	(해당 없음)
레벨 3	법령 등에 정해진 수준 또는 사회적으로 일반적이라고 생각되는 수준으로 실시
레벨 4	일반적 수준 이상으로 실시
레벨 5	사회적 의의가 크며, 대상구역에서 전면적으로 실시

【평가대상 외】
※없음

□ **해　설**

〈평가대상의 예〉

- 복지 시설이나 대규모 공개 녹지 등 공공성이 높고 광역적인 정비 의의가 높은 시설을 대상구역 내에 계획

Q_{UD}3

• 보행자데크나 자전거도로의 연속 등 주변과 일체가 된 인프라 정비
• 지하철 중앙광장이나 지하도의 연속 등 주변과 일체가 된 지하 공간 정비
• 거대한 제방이나 건물의 판상 배치 등 지역의 방재 성능 향상 등을 목적으로 하는 주변 기반과의 제휴 정비

● 3.3 양호한 커뮤니티 양성으로의 배려

● 3.3.1 지역의 핵 형성, 활기 및 커뮤니티 양성

■■표준판■■

레벨 1	평가 득점률(Ⅲ)이 0≦득점률<0.2
레벨 2	평가 득점률(Ⅲ)이 0.2≦득점률<0.4
레벨 3	평가 득점률(Ⅲ)이 0.4≦득점률<0.6
레벨 4	평가 득점률(Ⅲ)이 0.6≦득점률<0.8
레벨 5	평가 득점률(Ⅲ)이 0.8≦득점률

평가 시도

항 목	포인트 0	포인트 1	포인트 2	포인트 3	포인트 4
① 지역 진흥을 위해 활기 및 커뮤니티의 거점이 되는 시설이나 오픈 스페이스 등의 정비	시설, 스페이스 등이 없다.	(해당 없음)	시설, 스페이스 등이 정비되고 있다.	(해당 없음)	시설, 스페이스 등이 확보되고 있어 정보 공유 시설이 있다.
② 기존 커뮤니티의 계승	(해당 없음)	(해당 없음)	시도가 없다.	(해당 없음)	시도가 있다.
③ 지역 세대간 교류 촉진	〈가점항목〉 특별한 것은 하고 있지 않다 : 가점 0, 지역의 세대인구 구성에 배려하여 세대간 교류를 위한 구조 구축 : 가점 0.1				
Ⅰ. 합계 포인트= 점		Ⅱ. 최고 포인트= 점		Ⅲ. 득점률(Ⅰ÷Ⅱ)= 점 ※가점항목이 있는 경우는 득점률에 가점	

【평가대상 외】
※② 매립지에서의 정비나 빌딩가의 주택지로의 전환 등 해당 프로젝트 착수 이전에 주민이 없어 기존부터의 커뮤니티가 존재하지 않는 경우는 본 항목은 평가대상 외로 한다.

□ 해 설

① 지역 진흥을 위해 활기 및 커뮤니티의 거점이 되는 시설이나 오픈 스페이스 등의 정비

• 대상구역 내에서 지역의 심벌이 되는 시설이나 녹지, 광장, 친수공간 등의 유무에 대해 정성적으로 평가한다.
• 대상구역 내에 시설이나 스페이스 등이 정비되어 있지 않은 경우는 포인트 0, 대상구역 내에 시설이나 스페이스 등이 정비되고 있는 경우는 포인트 2, 또한 지역의 커뮤니티 거점시설이나 오픈 스페이스에 게시판 등 정보 단말과 같은 지역 정보의 공유 수단이 유효하게 정비되고

있는 경우는 포인트 4로 한다.
- 여기서 '유효하게 정비되고 있다'란 정보 공유시설이 대상구역의 중심이나 공공 교통 시설의 근방, 산책길 상 등 구역 내의 동선을 고려하여 주민이 이용하기 편리한 장소에 정비되고 있는 경우를 말한다.

② 기존 커뮤니티의 계승
- 해당 프로젝트 착수 이전에 현존하고 있던 커뮤니티를 프로젝트 완성 이후에도 계승해 나갈 수 있는 시도가 이루어지지 않은 경우는 포인트 2, 시도가 있는 경우는 포인트 4로 한다.
- 평가 대상으로는 해당 프로젝트 착수 이전에 살고 있던 사람이 계속 살아갈 수 있는 시책 등을 생각할 수 있다.

③ 지역의 세대간 교류 촉진(가점항목)
- 대상구역을 포함한 주변지역의 세대 인구 구성을 배려하여 아이나 어른, 고령자 등 세대간의 교류가 활발히 이루어지는 구조에 대해 정성적으로 평가한다.
- 어린이 성인, 고령자까지 각 세대가 모두 균형 있게 살 수 있는 마을 만들기 등도 평가 대상으로 한다.
- ①, ②의 득점률을 계산하고 ③에 대해 배려되고 있는 경우는 그 득점률에 가점한다.

■간이판■

레벨 1	(해당 없음)
레벨 2	시도하고 있는 항목이 없다.
레벨 3	시도하고 있는 항목수가 1
레벨 4	(해당 없음)
레벨 5	시도하고 있는 항목수가 2

평가 시도

항 목	내 용
① 지역 진흥, 활기 및 커뮤니티의 거점이 되는 시설이나 오픈 스페이스 등의 정비	시설, 스페이스 등이 정비되고 있다.
② 기존 커뮤니티의 계승	커뮤니티 계승의 시도가 있다.

【평가대상 외】
※② 매립지에서의 정비나 빌딩가의 주택지로의 전환 등 해당 프로젝트 착수 이전에 주민이 없어 기존 커뮤니티가 존재하지 않는 경우는 본 항목은 평가대상 외로 한다.

□ 해 설

① 지역 진흥을 위해 활기 및 커뮤니티의 거점이 되는 시설이나 오픈 스페이스 등의 정비
- 대상구역 내에서 지역의 심벌이 되는 시설이나 녹지, 광장, 친수 공간 등의 유무에 대해 정성적으로 평가한다.
- 대상구역 내에 관련 시설이나 스페이스 등이 정비되고 있는지를 평가한다.

• 정보 공유 시설은 대상구역의 중심이나 공공 교통 시설의 근방, 산책길 상 등 구역 내의 동선을 고려해, 주민이 이용하기 편리한 장소에 정비되고 있는 경우를 평가 대상으로 한다.

② 기존 커뮤니티의 계승
• 커뮤니티 계승의 시도가 있는지를 평가한다.
• 평가 대상으로는 마을 만들기가 시작되기 전에 살고 있던 사람이 계속 살 수 있는 시책 등을 생각할 수 있다.

● 3.3.2 다양한 주민참가의 기회 창출

■■표준판■■

레벨 1	평가 득점률(Ⅲ)이 0≦득점률<0.2
레벨 2	평가 득점률(Ⅲ)이 0.2≦득점률<0.4
레벨 3	평가 득점률(Ⅲ)이 0.4≦득점률<0.6
레벨 4	평가 득점률(Ⅲ)이 0.6≦득점률<0.8
레벨 5	평가 득점률(Ⅲ)이 0.8≦득점률

평가 시도

항 목	포인트 0	포인트 1	포인트 2	포인트 3	포인트 4
① 계획 프로세스 단계에 대상구역 주변 주민의 참가	참가가 없다.	(해당 없음)	계획 프로세스 일부에 주민참가 가능한 구조가 있다.	(해당 없음)	계획 프로세스 전반에 걸쳐 주민참가 가능한 구조가 있다.
② 완성 후의 유지관리 · 마을 만들기에 주민 및 건물 이용자의 참가	참가 가능한 구조가 없다.	(해당 없음)	참가 가능한 구조로 되어 있다.	(해당 없음)	참가를 적극적으로 촉구하며 참가 가능한 구조가 다수 있다.
③ 완성 후의 유지관리 · 마을 만들기에 주변 주민의 참가	(해당 없음)	(해당 없음)	참가 가능한 구조가 없다.	(해당 없음)	참가 가능한 구조가 있다.
Ⅰ. 합계 포인트= 점		Ⅱ. 최고 포인트= 점		Ⅲ. 득점률(Ⅰ÷Ⅱ)= 점	

【평가대상 외】
※① 주변 주민이 없는 경우, 본 항목은 평가대상 외로 한다.

□ **해 설**

① 계획 프로세스 단계에 대상구역 주변 주민의 참가
• 계획 프로세스에 주민이 참가 가능한 구조의 유무에 대해 정성적으로 평가한다.
• 계획 프로세스에 주민참가의 구조가 전혀 없는 경우는 포인트 0, 계획 프로세스의 일부에 주민참가가 가능한 구조가 있는 경우는 포인트 2, 계획 프로세스 전반에 걸쳐 주민참가 가능한 구조가 있는 경우는 포인트 4로 한다.
• 토지 소유권자가 계획 프로세스에 관련되는 경우라도, 주변 주민에 대한 참가 기회가 없는 경우는 포인트 0으로 한다.

• 특히 마을 만들기의 초기부터 주민참가에 의한 검토가 가능한 프로그램 유무에 대해 평가를 실시한다.

② 완성 후의 유지관리 · 마을 만들기에 주민 및 건물 이용자의 참가

• 건물이나 인프라의 정비가 완성된 후, 유지관리나 마을 만들기에 주민 및 건물 이용자가 참가 가능한 구조의 유무에 대해 정성적으로 평가한다.
• 완성 후의 주민 및 건물 이용자가 참가 가능한 구조가 없는 경우는 포인트 0, 참가 가능한 구조가 있는 경우는 포인트 2, 적극적으로 참가를 촉진 또는 참가 가능한 구조가 다수 있는 경우는 포인트 4로 한다.
• 지역 청소나 쓰레기 처리, 녹지 관리 등 주민이 실행 가능한 활동을 실현하는 구조에 대해서도 평가 대상이 된다.
• 통상의 마을 만들기에서는 완성 후에 주민참가 구조가 없는 일이 많기 때문에 1개라도 구조가 있는 경우는 포인트 2, 구조가 다수 있는 경우는 포인트 4로 하고 있다.

③ 완성 후의 유지관리 · 마을 만들기에 주변 주민의 참가

• 완성 후의 유지관리 · 마을 만들기에 대하여 대상구역 외의 주변 주민의 참가를 촉진하고 있는지를 정성적으로 평가한다.
• 전문지식인이나 정비 관계자의 참가에 대해서는 대상 외로 한다.

■간이판■

레벨 1	시도하고 있는 항목이 없다.
레벨 2	(해당 없음)
레벨 3	시도하고 있는 항목수가 1
레벨 4	시도하고 있는 항목수가 2
레벨 5	시도하고 있는 항목수가 3

평가 시도

항 목	내 용
① 계획 프로세스 단계에 대상구역 주변 주민의 참가	계획 프로세스 전반에 걸쳐 대상구역 주변 주민이 참가 가능한 구조가 있다.
② 완성 후의 유지관리 · 마을 만들기에 주민 및 건물 이용자의 참가	주민 및 건물 이용자가 참가 가능한 구조가 있다.
③ 완성 후의 유지관리 · 마을 만들기에 주변 주민의 참가	주변 주민이 참가 가능한 구조가 있다.

【평가대상 외】
※① 주변 주민이 없는 경우 본 항목은 평가대상 외로 한다.

□ 해 설

① 계획 프로세스 단계에 대상구역 주변 주민의 참가

• 계획 프로세스 전반에 걸쳐 주민이 참가 가능한 구조의 유무에 대해 정성적으로 평가한다.

QUD3

- 토지 소유권자가 계획 프로세스에 관련되는 경우이더라도 주변 주민에 대한 참가 기회가 없는 경우는 평가하지 않는다.

② 완성 후의 유지 관리・마을 만들기에 주민 및 건물 이용자의 참가

- 건물이나 인프라의 정비가 완성된 후, 유지 관리나 마을 만들기에 주민 및 건물 이용자가 참가 가능한 구조의 유무에 대해 정성적으로 평가한다.
- 지역 청소나 쓰레기 처리, 녹지 관리 등 주민이 실행 가능한 활동을 실현하는 구조에 대해서도 평가 대상이 된다.

③ 완성 후의 유지 관리・마을 만들기에 주변 주민의 참가

- 완성 후의 유지 관리・마을 만들기에 대해 대상구역 외의 주변 주민 참가를 촉진하고 있는지를 정성적으로 평가한다.
- 전문지식인이나 정비 관계자의 참가에 대해서는 대상 외로 한다.

● 3.4 마을풍경・경관 형성의 배려

● 3.4.1 대상구역 전체로의 마을풍경・경관 형성

구역 전체의 마을풍경・경관 형성 및 외장 디자인 3항목, 가로 및 광장 경관 배려 3항목, 평면 주차장 1항목의 8개의 세부항목에 대해 평가한다.

■■표준판■■

레벨	기준
레벨 1	평가 득점률(Ⅲ)이 0≦득점률<0.2
레벨 2	평가 득점률(Ⅲ)이 0.2≦득점률<0.4
레벨 3	평가 득점률(Ⅲ)이 0.4≦득점률<0.6
레벨 4	평가 득점률(Ⅲ)이 0.6≦득점률<0.8
레벨 5	평가 득점률(Ⅲ)이 0.8≦득점률

평가 시도

항 목	포인트 0	포인트 1	포인트 2	포인트 3	포인트 4
① 벽면의 위치 배려	배려하고 있지 않다.	부분적으로 배려하고 있다.	가이드라인 등에 의해 목표와 방침을 정하고 있다.	(해당 없음)	지구계획, 경관지구, 가이드라인 등에 의해 구체적인 룰을 규정하고 실현 수단을 담보하고 있다.
② 외장 소재・색채 조화의 배려	배려하고 있지 않다.	부분적으로 배려하고 있다.	가이드라인 등에 의해 목표와 방침을 정하고 있다.	(해당 없음)	지구계획, 경관지구, 가이드라인 등에 의해 구체적인 룰을 규정하고 실현 수단을 담보하고 있다.

③ 저층부의 휴먼 스케일 배려	배려하고 있지 않다.	부분적으로 배려하고 있다.	가이드라인 등에 의해 목표와 방침을 정하고 있다.	(해당 없음)	지구계획, 경관지구, 가이드라인 등에 의해 구체적인 룰을 규정하고 실현 수단을 담보하고 있다.
④ 포장 재료의 소재·색채의 조화 배려	배려하고 있지 않다.	부분적으로 배려하고 있다.	가이드라인 등에 의해 목표와 방침을 정하고 있다.	(해당 없음)	가이드라인 등에 의해 구체적인 룰을 규정하고 실현 수단을 담보하고 있다.
⑤ 재배의 수종, 배치 배려	배려하고 있지 않다.	부분적으로 배려하고 있다.	가이드라인 등에 의해 목표와 방침을 정하고 있다.	(해당 없음)	가이드라인 등에 의해 구체적인 룰을 규정하고 실현 수단을 담보하고 있다.
⑥ 조명, 가구, 사인 계획 배려	배려하고 있지 않다.	부분적으로 배려하고 있다.	가이드라인 등에 의해 목표와 방침을 정하고 있다.	(해당 없음)	가이드라인 등에 의해 구체적인 룰을 규정하고 실현 수단을 담보하고 있다.
⑦ 인프라에 의한 경관 영향 배려	배려하고 있지 않다.	부분적으로 배려하고 있다.	가이드라인 등에 의해 목표와 방침을 정하고 있다.	(해당 없음)	가이드라인 등에 의해 구체적인 룰을 규정하고 실현 수단을 담보하고 있다.
⑧ 대규모 평면 주차장 배려(해당 시설이 없는 경우는 평가대상 외)	배려하고 있지 않다.	부분적으로 배려하고 있다.	가이드라인 등에 의해 목표와 방침을 정하고 있다.	(해당 없음)	가이드라인 등에 의해 구체적인 룰을 규정하고 실현 수단을 담보하고 있다.
Ⅰ. 합계 포인트= 점		Ⅱ. 최고 포인트= 점		Ⅲ. 득점률(Ⅰ÷Ⅱ)= 점	

【평가대상 외】
※⑧ 지상부에 통합된 규모의 평면 주차장(30대 이상)이 없는 경우는 평가대상 외로 한다.

□ 해 설

〈외장 디자인 배려〉

- 대상구역 내에서의 건축군(주차장 빌딩도 포함)의 외장 등에 관련된 디자인 배려를 정성적으로 평가한다.

① 벽면 위치 배려

- 건물 상호의 벽면 위치를 맞추는 등 벽면의 위치 배려를 평가한다.
- 지구계획, 경관지구, 가이드라인 등에 의해 벽면 위치 배려에 관한 구체적인 룰(벽면 후퇴거리 등)을 정하여 조화로운 마을풍경과 경관 형성의 실현 수단이 담보되고 있는 경우에는 포인트 4, 가이드라인 등에 의해 벽면의 위치 배려에 관한 완만한 방침이나 목표가 문서 등으로 제시되어 있는 경우에는 포인트 2, 대상구역 내 일부에 벽면 위치가 배려되고 있는 경우에는 포인트 1, 벽면의 위치에 대해서 배려하고 있지 않는 경우에는 포인트 0으로 한다.
- 기존 가이드라인이나 지구계획, 경관지구 등에 의해 벽면의 위치 배려에 관한 구체적인 룰이 이미 정해져 있는 경우는, 종전부터 지구 잠재력이 높고 룰에 따르는 마을풍경 형성을 기대할 수 있다고 생각되기 때문에 기존 룰에 따라 구체적으로 경관 형성에 대한 노력이 이루어지고 있는 경우에는 포인트 4로 하여도 좋다.

② 외장 소재 · 색채 조화 배려

- 대상구역에 있어 외장의 소재나 색채를 맞추는 등 외장의 소재 · 색채 조화 배려를 평가한다.
- 지구계획, 경관지구, 가이드라인 등에 의해 외장 소재 · 색채의 조화 배려에 관한 구체적인 룰(소재를 한정하는 지정이나 먼셀(Munsell) 색상환 표시에 의한 색채 선택폭의 지정 등)을 정하여 조화로운 마을풍경과 경관 형성의 실현 수단이 담보되고 있는 경우에는 포인트 4, 가이드라인 등에 의해 외장 소재 · 색채의 조화 배려에 관한 완만한 방침이나 목표가 문서 등으로 명시되고 있는 경우에는 포인트 2, 대상구역 내의 일부에 외장 소재 · 색채의 조화에 대해 배려되고 있는 경우에는 포인트 1, 외장 소재 · 색채의 조화에 대해서 배려하고 있지 않는 경우에는 포인트 0으로 한다.
- 기존 가이드라인이나 지구계획, 경관지구 등에 의하여 외장 소재나 색채의 조화 배려에 관한 구체적인 룰이 이미 정해져 있는 경우에는 종전부터 지구 잠재력이 높고, 룰에 따르는 것으로 양호한 마을풍경 경관의 형성을 기대할 수 있다고 생각되므로 기존 룰에 따라 구체적으로 경관 형성에 대한 노력이 이루어지고 있는 경우에는 포인트 4로 하여도 좋다.
- 대상구역 전체에 대해 반드시 같은 소재나 색채를 이용할 필요는 없고 다른 소재나 색채를 이용하는 경우에도, 경관 형성상 주요한 부분에 대해 외장의 소재나 색채를 맞추는 등 항목 대상구역 전체로서의 마을풍경 · 경관 형성을 배려하고 있는 경우에는 '평가항목'에 포함된다.

③ 저층부의 휴먼 스케일 배려

- 건물 저층부에서의 형태 등 저층부에 있어서 휴먼 스케일의 배려를 평가한다.
- 지구계획, 경관지구, 가이드라인 등에 의해 휴먼 스케일 배려에 관한 구체적인 룰(저층화의 존 지정 등)을 정하여, 조화로운 마을풍경 · 경관 형성의 실현 수단이 담보되고 있는 경우에는 포인트 4, 가이드라인 등에 의해 휴먼 스케일 배려에 관한 완만한 방침이나 목표가 문서 등으로 명시되고 있는 경우에는 포인트 2, 대상구역 내의 일부에 휴먼 스케일에 대해 배려되고 있는 경우에는 포인트 1, 휴먼 스케일에 대해서는 배려하고 있지 않는 경우에는 포인트 0으로 한다.
- 기존 가이드라인이나 지구계획, 경관지구 등에 의해 저층부 휴먼 스케일 배려에 관한 구체적인 룰이 이미 정해져 있는 경우는 종전부터 지구 잠재력이 높고, 룰에 따르는 양호한 마을풍경 경관의 형성을 기대할 수 있다고 생각되기 때문에 기존 룰에 따라 구체적으로 경관 형성에 대한 노력이 이루어지고 있는 경우에는 포인트 4로 하여도 좋다.
- 건물 저층부 형태 외에, 건물 고층부를 보이지 않게 하는 배려나 저층부에 있어서의 외장 소재 · 색채 컨트롤 등 휴먼 스케일에 대한 배려를 하고 있는 경우도 '평가 항목'에 포함된다.

〈가로 및 광장 경관 배려〉

- 대상구역 내에서 가로 및 광장 경관 배려를 정성적으로 평가한다.

④ 포장 재료의 소재 · 색채 조화 배려

- 포장 재료의 소재나 색채를 맞추는 포장 재료의 소재 · 색채 조화의 배려를 평가한다.
- 대상구역 전체에 대해 반드시 같은 소재나 색채를 이용할 필요는 없고, 다른 소재나 색채를 이용할 경우에도 경관 형성상 주요한 부분에서 소재나 색채를 통일하는 등 대상구역 전체적인 마을풍경과 경관의 조화를 꾀하고 있는 경우에는 평가 대상으로 한다.
- 가이드라인 등에 의해 포장 재료의 소재나 색채 배려에 관한 구체적인 룰을 정해 조화로운 마을풍경과 경관 형성의 실현 수단이 담보되고 있는 경우에는 포인트 4, 가이드라인 등에

의해 포장 재료의 소재나 색채 배려에 관한 완만한 방침이나 목표가 문서 등으로 나타나고 있는 경우에는 포인트 2, 대상구역 내의 일부에 포장 재료의 소재나 색채에 대해 배려되고 있는 경우에는 포인트 1, 포장 재료의 소재나 색채에 대해서는 배려하고 있지 않는 경우에는 포인트 0으로 한다.

- 종전 가이드라인이나 지구계획, 경관지구 등에 의하여 포장 재료의 소재나 색채의 조화 배려에 관한 구체적인 룰이 이미 정해져 있는 경우는 종전 지구 잠재력이 높고, 룰에 따르는 것으로 양호한 마을풍경 경관의 형성이 기대된다고 생각되기 때문에, 기존 룰에 따라 구체적으로 경관 형성에 대한 노력이 이루어지고 있는 경우에는 포인트 4로 하여도 된다.

⑤ 식재의 수종, 배치 배려

- 식재의 수종이나 배치를 맞추는 등 식재의 수종이나 배치 배려를 평가한다.
- 대상구역 전체에 대해 반드시 같은 수종이나 배치를 할 필요는 없고, 경관 형성상 주요한 부분에서 수종이나 배치를 통일하는 등 대상구역 전체적으로 마을풍경・경관의 조화를 꾀하고 있는 경우에는 평가의 대상으로 한다.
- 가이드라인 등에 의해 식재의 수종이나 배치의 배려에 관한 구체적인 룰을 정해 조화로운 마을풍경・경관 형성의 실현 수단이 담보되고 있는 경우에는 포인트 4, 가이드라인 등에 의해 재배의 수종이나 배치의 배려에 관한 완만한 방침이나 목표가 문서 등으로 나타나고 있는 경우에는 포인트 2, 대상구역 내 일부에 있어 식재의 수종이나 배치에 대해 배려되고 있는 경우에는 포인트 1, 식재의 수종이나 배치에 대해서는 배려하고 있지 않는 경우에는 포인트 0으로 한다.
- 종전의 가이드라인이나 지구계획, 경관지구 등에 의해 식재의 수종이나 배치의 배려에 관한 구체적인 룰이 이미 정해져 있는 경우는 종전부터 지구 잠재력이 높고, 룰에 따르는 양호한 마을풍경 경관의 형성을 기대할 수 있다고 생각되기 때문에 기존 룰에 따라 구체적으로 경관 형성에 대한 노력이 이루어지고 있는 경우에는 포인트 4로 하여도 좋다.

⑥ 조명, 가구, 사인 계획의 배려

- 조명이나 가구, 사인의 디자인을 맞추는 등 조명, 가구, 사인 계획의 배려를 평가한다.
- 가이드라인 등에 의해 조명이나 가구, 사인 계획의 배려에 관한 구체적인 룰을 정해 조화로운 마을풍경・경관 형성의 실현 수단이 담보되고 있는 경우에는 포인트 4, 가이드라인 등에 의해 조명이나 가구, 사인 계획의 배려에 관한 완만한 방침이나 목표가 문서 등으로 나타나고 있는 경우에는 포인트 2, 대상구역 내의 일부에 있어 조명, 가구, 사인에 대해 배려되고 있는 경우에는 포인트 1, 조명이나 가구, 사인에 대해서는 배려하고 있지 않는 경우에는 포인트 0으로 한다.
- 종전의 가이드라인이나 지구계획, 경관지구 등에 의해 조명이나 가구, 사인 계획의 배려에 관한 구체적인 룰이 이미 정해져 있는 경우는 종전부터 지구 잠재력이 높고, 룰에 따르는 양호한 거리 수준 경관의 형성을 기대할 수 있다고 생각되기 때문에 기존 룰에 따라 구체적으로 경관 형성에 대한 노력이 이루어지고 있는 경우에는 포인트 4로 하여도 좋다.

⑦ 인프라에 의한 경관 영향의 배려

- 인프라 설치에 대한 모색 등 인프라에 의한 경관 영향의 배려를 평가한다.
- 가이드라인 등에 의해 인프라에 의한 경관 영향의 배려에 관한 구체적인 룰을 정하여 조화로운 마을풍경・경관 형성의 실현 수단이 담보되고 있는 경우에는 포인트 4, 가이드라인 등에 의해

인프라에 의한 경관 영향의 배려에 관한 완만한 방침이나 목표가 문서 등으로 명시되고 있는 경우에는 포인트 2, 대상구역 내의 일부에 있어 인프라에 의한 경관 영향에 대해 배려되고 있는 경우에는 포인트 1, 인프라에 의한 경관 영향에 대해서 배려하고 있지 않는 경우에는 포인트 0으로 한다.

- 종전의 가이드라인이나 지구계획, 경관지구 등에 의해 인프라에 의한 경관 영향의 배려에 관한 구체적인 룰이 이미 정해져 있는 경우는 종전부터 지구 잠재력이 높고, 룰에 따르는 양호한 거리 수준 경관의 형성을 기대할 수 있다고 생각되기 때문에, 기존 룰에 따라 구체적으로 경관 형성에 대한 노력이 이루어지고 있는 경우에는 포인트 4로 하여도 된다.
- 평가 대상의 예로서 전신주의 지중화(地中化)나 다리 등의 토목 구조물에 대한 경관 디자인의 배려 등을 생각할 수 있다.

⑧ 대규모 평면 주차장의 배려

- 지상부의 30대 이상 규모의 평면 주차장을 대상으로 1) 주변 경관과의 조화성, 2) 평면 주차장 자체 경관에 관해서 그 계획의 담보성에 대해 평가한다.
- 1) 주변 경관과의 조화성이란, 평면 주차장 둘레에 마운드나 식재 등을 마련하는 등 인접지로부터의 경관을 배려하는 것.
- 2) 평면 주차장 자체의 경관이란, 포장재나 패턴 모색, 면적 확대를 느끼게 하지 않는 효과적인 주차장의 분절화, 잔디 블록이나 가로수 등의 효과적인 녹화 등으로 경관을 배려하는 것.
- 가이드라인 등에 의해 1) 및 2)에 관한 구체적인 룰을 정하여 조화로운 마을풍경・경관 형성의 실현 수단이 담보되고 있는 경우에는 포인트 4, 가이드라인 등에 의해 1) 및 2) 배려에 관한 완만한 방침이나 목표가 문서 등으로 명시되고 있는 경우에는 포인트 2, 대상구역 내의 일부에 있어, 또는 1)인가 2)의 어느 쪽 한편에만 배려되고 있는 경우에는 포인트 1, 평면 주차장에 대해 배려하고 있지 않는 경우에는 포인트 0으로 한다.
- 기존 가이드라인이나 지구계획, 경관지구 등에 의해 평면 주차장의 경관 배려에 관한 구체적인 룰이 이미 정해져 있는 경우는 종전부터 지구 잠재력이 높고, 룰에 따르는 것으로 양호한 거리 수준 경관의 형성을 기대할 수 있다고 생각되기 때문에, 기존 룰에 따라 구체적으로 경관 형성에 대한 노력이 이루어지고 있는 경우에는 포인트 4로 하여도 된다.

■간이판■

레벨 1	시도하고 있는 항목수가 없다.
레벨 2	시도하고 있는 항목수가 1 ・ 2
레벨 3	시도하고 있는 항목수가 3~5
레벨 4	시도하고 있는 항목수가 6 ・ 7
레벨 5	시도하고 있는 항목수가 8

평가 시도

항　　목	내　　용
① 벽면 위치의 배려	가이드라인 등에 의해 구체적인 룰을 규정하고 실현 수단을 담보하고 있다.
② 외장 소재・색채 조화 배려	가이드라인 등에 의해 구체적인 룰을 규정하고 실현 수단을 담보하고 있다.

③ 저층부에 있어서의 휴먼 스케일 배려 〈가로 및 광장 경관 배려〉	가이드라인 등에 의해 구체적인 룰을 규정하고 실현 수단을 담보하고 있다.
④ 포장 재료의 소재·색채의 조화 배려	가이드라인 등에 의해 목표나 방침을 정하고 있다.
⑤ 식재의 수종, 배치 배려	가이드라인 등에 의해 목표나 방침을 정하고 있다.
⑥ 조명, 가구, 사인 계획 배려	가이드라인 등에 의해 목표나 방침을 정하고 있다.
⑦ 인프라에 의한 경관 영향 배려	가이드라인 등에 의해 구체적인 룰을 규정하고 실현 수단을 담보하고 있다.
⑧ 대규모 평면 주차장 배려(해당 시설이 없는 경우는 평가대상 외)	가이드라인 등에 의해 구체적인 룰을 규정하고 실현 수단을 담보하고 있다.

【평가대상 외】
※⑧ 지상부에 일정 규모의 평면 주차장(30대 이상)이 없는 경우는 평가대상 외로 한다.

□ 해 설

〈외장 디자인의 배려〉

- 대상구역 내의 건축군(주차장 빌딩도 포함) 외장 등에 관련되는 디자인의 배려를 정성적으로 평가한다.

① 벽면 위치의 배려

- 건물 상호의 벽면 위치를 맞추는 등 벽면 위치 배려를 평가한다.
- 지구계획, 경관지구, 가이드라인 등에 의해 벽면의 위치 배려에 관한 구체적인 룰(벽면 후퇴의 거리 등)을 정하여 조화로운 마을풍경·경관 형성의 실현 수단이 담보되고 있는 경우를 평가한다.
- 종전의 가이드라인이나 지구계획, 경관지구 등에 의해 벽면 위치 배려에 관한 구체적인 룰이 이미 정해져 있는 경우는, 종전부터 지구 잠재력이 높고, 룰에 따른 것으로 양호한 거리 수준 경관의 형성을 기대할 수 있다고 생각되기 때문에 기존 룰에 따라 구체적으로 경관 형성에 대한 노력이 이루어지고 있는 경우에는 평가해도 좋다.

② 외장 소재·색채 조화의 배려

- 대상구역에 있어 외장의 소재나 색채를 맞추는 등 외장 소재나 색채 조화의 배려를 평가한다.
- 지구계획, 경관지구, 가이드라인 등에 의해 외장 소재·색채 조화의 배려에 관한 구체적인 룰을 정해 조화로운 마을풍경·경관 형성의 실현 수단이 담보되고 있는 경우를 평가한다.
- 종전 가이드라인이나 지구계획, 경관지구 등에 의해 외장 소재·색채 조화의 배려에 관한 구체적인 룰이 이미 정해져 있는 경우는, 종전부터 지구 잠재력이 높고, 룰에 따르는 양호한 거리 수준 경관의 형성을 기대할 수 있다고 생각되기 때문에, 기존 룰에 따라 구체적으로 경관 형성에 대한 실시하는 노력이 이루어지고 있는 경우에는 평가해도 좋다.
- 대상구역 전체에 대해 반드시 같은 소재나 색채를 이용할 필요는 없고, 다른 소재나 색채를 이용하는 경우에도 경관 형성상 주요 부분에 대해 외장의 소재나 색채를 맞추는 등 대상구역 전체의 거리풍경·경관 형성을 배려하고 있는 경우에는 평가한다.

③ 저층부의 휴먼 스케일 배려

- 건물저층부에서의 형태 등 저층부 휴먼 스케일 배려를 평가한다.
- 지구계획, 경관지구, 가이드라인 등에 의해 휴먼 스케일 배려에 관한 구체적인 룰(저층화의

존 지정 등)을 정하여 조화로운 마을풍경·경관 형성의 실현 수단이 담보되고 있는 경우를 평가한다.

- 종전 가이드라인이나 지구계획, 경관지구 등에 의해 저층부의 휴먼 스케일 배려에 관한 구체적인 룰이 이미 정해져 있는 경우는 종전부터 지구 잠재력이 높고, 룰에 따르는 양호한 거리 수준 경관의 형성을 기대할 수 있다고 생각되기 때문에, 기존 룰에 따라 구체적으로 경관 형성에 대한 노력이 이루어지고 있는 경우에는 평가해도 좋다.
- 건물저층부 형태 외에 건물 고층부를 보이지 않게 하는 방법 또는 저층부의 외장 소재·색채 컨트롤 등 휴먼 스케일에 대한 배려를 하고 있는 경우도 평가한다.

〈가로 및 광장 경관의 배려〉

- 대상구역 내에서 가로 및 광장 경관 배려를 정성적으로 평가한다.

④ 포장 재료의 소재·색채의 조화 배려

- 포장 재료의 소재나 색채를 맞추는 등 포장 재료의 소재·색채 조화의 배려를 평가한다.
- 가이드라인 등에 의해 포장 재료의 소재나 색채의 배려에 관한 완만한 방침이나 목표가 문서 등으로 명시되고 있는 경우를 평가한다.
- 대상구역 전체에 대해 반드시 같은 소재나 색채를 이용할 필요는 없고, 다른 소재나 색채를 이용하는 경우에서도, 경관 형성상 주요한 부분에서 소재나 색채를 통일하는 등 대상구역 전체의 거리풍경·경관의 조화를 꾀하고 있는 경우에는 평가한다.

⑤ 식재의 수종, 배치의 배려

- 재배의 수종이나 배치를 맞추는 등 식재의 수종이나 배치 배려를 평가한다.
- 가이드라인 등에 의해 식재의 수종이나 배치의 배려에 관한 완만한 방침이나 목표가 문서 등으로 명시되고 있는 경우를 평가한다.
- 대상구역 전체에 대해 반드시 같은 수종이나 배치를 실시할 필요는 없고, 경관 형성상 주요한 부분에서 수종이나 배치를 통일하는 등 대상구역 전체의 거리풍경·경관의 조화를 꾀하고 있는 경우에는 평가한다.

⑥ 조명, 가구, 사인 계획의 배려

- 조명이나 가구, 사인의 디자인을 맞추는 등 조명, 가구, 사인 계획 배려를 평가한다.
- 가이드라인 등에 의해 조명이나 가구, 사인 계획의 배려에 관한 완만한 방침이나 목표가 문서 등으로 명시되고 있는 경우에는 평가한다.

⑦ 인프라에 의한 경관 영향의 배려

- 인프라 설치에 대한 모색 등 인프라에 의한 경관 영향 배려를 평가한다.
- 가이드라인 등에 의해 인프라에 의한 경관 영향의 배려에 관한 구체적인 룰을 정하여 조화로운 마을풍경·경관 형성의 실현 수단이 담보되고 있는 경우에는 평가한다.
- 종전의 가이드라인이나 지구계획, 경관지구 등에 의해 인프라에 의한 경관 영향 배려에 관한 구체적인 룰이 이미 정해져 있는 경우는, 종전부터 지구 잠재력이 높고, 룰에 따르는 양호한 거리 수준 경관의 형성을 기대할 수 있다고 생각되기 때문에, 기존 룰에 따라 구체적으로 경관 형성에 대한 노력이 이루어지고 있는 경우에는 평가해도 좋다.

• 평가 대상의 예로서 전신주의 지중화나 교량 등 토목 구조물에 대한 경관 디자인 배려 등을 생각 할 수 있다.

⑧ 대규모 평면 주차장의 배려

• 지상부의 30대 이상 규모의 평면 주차장을 대상으로, 1) 주변 경관과의 조화성, 2) 평면 주차장 자체의 경관에 관해서 그 계획의 담보성에 대해 평가한다.
• 1) 주변 경관과의 조화성이란, 평면 주차장 둘레에 마운드나 식재 등을 마련하는 것으로, 인접지로부터의 경관을 배려하는 것.
• 2) 평면 주차장 자체의 경관이란, 포장재나 패턴 모색, 면적 확대를 느끼게 하지 않는 효과적인 주차장의 분절화, 잔디 블록이나 가로수 등의 효과적인 녹화 등으로 의해 경관을 배려하는 것.
• 가이드라인 등에 의해 1) 및 2)에 관한 구체적인 룰을 정하여 조화로운 마을풍경・경관 형성의 실현 수단이 담보되고 있는 경우를 평가한다.
• 종전의 가이드라인이나 지구계획, 경관지구 등에 의해 평면 주차장 경관의 배려에 관한 구체적인 룰이 이미 정해져 있는 경우는 종전부터 지구 잠재력이 높고, 룰에 따르는 것으로 양호한 거리 수준 경관의 형성을 기대할 수 있다고 생각되기 때문에, 기존 룰에 따라 구체적으로 경관 형성에 대한 노력이 이루어지고 있는 경우에는 평가해도 좋다.

● 3.4.2 주변과의 조화성

■■표준판■■

레벨 1	평가 득점률(Ⅲ)이 0≦득점률<0.2
레벨 2	평가 득점률(Ⅲ)이 0.2≦득점률<0.4
레벨 3	평가 득점률(Ⅲ)이 0.4≦득점률<0.6
레벨 4	평가 득점률(Ⅲ)이 0.6≦득점률<0.8
레벨 5	평가 득점률(Ⅲ)이 0.8≦득점률

평가 시도

항 목	포인트 0	포인트 1	포인트 2	포인트 3	포인트 4
① 경관축 배려	배려하고 있지 않다.	부분적으로 배려하고 있다.	가이드라인 등에 의해 목표와 방침을 정하고 있다.	(해당 없음)	가이드라인 등에 의해 구체적인 룰을 규정하고 실현 수단을 담보하고 있다.
② 자연환경의 연속성 배려	배려하고 있지 않다.	부분적으로 배려하고 있다.	가이드라인 등에 의해 목표와 방침을 정하고 있다.	(해당 없음)	가이드라인 등에 의해 구체적인 룰을 규정하고 실현 수단을 담보하고 있다.

③ 주변지역의 스카이라인 배려	배려하고 있지 않다.	부분적으로 배려하고 있다.	가이드라인 등에 의해 목표와 방침을 정하고 있다.	(해당 없음)	가이드라인 등에 의해 구체적인 룰을 규정하고 실현수단을 담보하고 있다.
Ⅰ. 합계 포인트 = 점		Ⅱ. 최고 포인트 = 12점		Ⅲ. 득점률(Ⅰ÷Ⅱ) = 점	

【평가대상 외】
※없음

□ 해 설

① 경관축 배려

- 전망의 배려, 대상구역 외의 경관축 연장상에 아이 스탑(eye stop)을 마련하는 등 대상구역 밖에서 대상구역을 바라보았을 경우의 경관축 배려를 정성적으로 평가한다.
- 가이드라인 등에 의해 경관축 배려에 관한 구체적인 룰(공터 위치 지정 등)을 정하여 주변과 조화를 이루는 마을풍경・경관 형성의 실현 수단이 담보되고 있는 경우에는 포인트 4, 가이드라인 등에 의해 경관축 배려에 관한 완만한 방침이나 목표가 문서 등으로 명시되고 있는 경우에는 포인트 2, 대상구역 내 일부에 있어 경관축에 관해 배려하고 있는 경우에는 포인트 1, 경관축에 대하여 배려하고 있지 않는 경우에는 포인트 0으로 한다.
- 종전 가이드라인이나 지구계획, 경관지구 등에 의해, 경관축 배려에 관한 구체적인 룰이 이미 정해져 있는 경우는, 종전부터 지구 잠재력이 높고, 룰에 따르는 양호한 마을풍경 경관의 형성을 기대할 수 있다고 생각되기 때문에, 기존 룰에 따라 구체적으로 경관 형성에 대한 노력이 이루어지고 있는 경우에는 포인트 4로 하여도 좋다.

② 자연환경의 연속성 배려

- 대상구역 밖에서 대상구역을 바라보았을 경우의 자연환경 연속성 배려를 정성적으로 평가한다.
- 수변 형성이나 절벽선의 녹지 연속 등, 특히 마을풍경・경관 형성에 기여하는 자연환경 정비를 평가 대상으로 한다.
- 가이드라인 등에 의해 자연환경의 연속성 배려에 관한 구체적인 룰을 정하여 주변과 조화를 이룬 마을풍경・경관 형성의 실현 수단이 담보되고 있는 경우에는 포인트 4, 가이드라인 등에 의해 자연환경의 연속성 배려에 관한 완만한 방침이나 목표가 문서 등으로 명시되고 있는 경우에는 포인트 2, 대상구역 내 일부에 자연환경의 연속성에 대해 배려되고 있는 경우에는 포인트 1, 자연환경의 연속성에 대해서는 배려하고 있지 않는 경우에는 포인트 0으로 한다.
- 종전 가이드라인이나 지구계획, 경관지구 등에 의해, 자연환경의 연속성 배려에 관한 구체적인 룰이 이미 정해져 있는 경우는 종전부터 지구 잠재력이 높고, 룰에 따르는 것으로 양호한 마을풍경 경관의 형성을 기대할 수 있다고 생각되기 때문에, 기존 룰에 따라 구체적으로 경관 형성에 대한 노력이 이루어지고 있는 경우에는 포인트 4로 하여도 좋다.

③ 주변지역의 스카이라인 배려

- 대상구역의 밖에서 대상구역을 바라보았을 경우의 스카이라인 배려를 정성적으로 평가한다.
- 건물 높이의 통일이나 고층 건물의 난립 억제 등 주변지역의 스카이라인을 가능한 한 흐트러지지

않는 배려 전반에 대해 평가한다.

- 가이드라인 등에 의해 주변지역의 스카이라인 배려에 관한 구체적인 룰(고층동이나 저층동의 높이 지정 등)을 정하여 주변과 조화를 이룬 마을풍경 · 경관 형성의 실현 수단이 담보되고 있는 경우에는 포인트 4, 가이드라인 등에 의해 주변지역의 스카이라인 배려에 관한 완만한 방침이나 목표가 문서 등으로 명시되고 있는 경우에는 포인트 2, 대상구역 내 일부에 주변지역의 스카이라인에 대해 배려되고 있는 경우에는 포인트 1, 주변지역의 스카이라인에 대해서는 배려하고 있지 않는 경우에는 포인트 0으로 한다.
- 종전 가이드라인이나 지구계획, 경관지구 등에 의해, 주변지역의 스카이라인 배려에 관한 구체적인 룰이 이미 정해져 있는 경우는, 종전부터 지구 잠재력이 높고, 룰에 따르는 것으로 양호한 마을풍경 경관의 형성을 기대할 수 있다고 생각되기 때문에, 기존 룰에 따라 구체적으로 경관 형성에 대한 노력이 이루어지고 있는 경우에는 포인트 4로 하여도 좋다.

■간이판■

레벨 1	시도하고 있는 항목이 없다.
레벨 2	시도하고 있는 항목수가 1
레벨 3	시도하고 있는 항목수가 2
레벨 4	시도하고 있는 항목수가 3
레벨 5	(해당 없음)

평가 시도

항 목	내 용
① 경관축 배려	가이드라인 등에 의해 목표나 방침을 정하고 있다.
② 자연환경의 연속성 배려	가이드라인 등에 의해 목표나 방침을 정하고 있다.
③ 주변지역의 스카이라인 배려	가이드라인 등에 의해 구체적인 룰을 규정하고 실현 수단을 담보하고 있다.

【평가대상 외】

※없음

□ 해 설

① 경관축 배려

- 전망 형성의 배려, 대상구역 외의 경관축 연장상에 아이 스탑을 마련하는 등 대상구역의 밖으로부터 대상구역을 바라보았을 경우의 경관축 배려를 정성적으로 평가한다.
- 가이드라인 등에 의해 경관축 배려에 관한 완만한 방침이나 목표가 문서 등으로 명시되고 있는 경우에는 평가한다.

② 자연환경의 연속성 배려

- 대상구역의 밖에서 대상구역을 바라보았을 경우의 자연환경 연속성 배려를 정성적으로 평가한다.
- 가이드라인 등에 의해 자연환경의 연속성 배려에 관한 완만한 방침이나 목표가 문서 등으로

명시되고 있는 경우에는 평가한다.

• 수변의 형성이나 절벽선의 녹지 연속 등, 특히 마을풍경・경관 형성에 기여하는 자연환경 정비를 평가한다.

③ 주변지역의 스카이라인 배려

• 대상구역의 밖에서 대상구역을 바라보았을 경우의 스카이라인 배려를 정성적으로 평가한다.
• 건물 높이의 통일이나 고층 건물의 난립 억제 등 주변지역의 스카이라인을 가능한 한 어지럽히지 않는 배려 전반에 대해 평가한다.
• 가이드라인 등에 의해 주변지역의 스카이라인 배려에 관한 구체적인 룰(고층동이나 저층동의 높이 지정 등)을 정하여 주변과 조화를 이룬 마을풍경・경관 형성의 실현 수단이 담보되고 있는 경우에는 평가한다.
• 종전 가이드라인이나 지구계획, 경관지구 등에 의해, 주변지역의 스카이라인 배려에 관한 구체적인 룰이 이미 정해져 있는 경우는, 종전부터 지구 잠재력이 높고, 룰에 따르는 것으로 양호한 마을풍경 경관의 형성을 기대할 수 있다고 생각되기 때문에, 기존 룰에 따라 구체적으로 경관 형성에 대한 노력이 이루어지고 있는 경우에는 평가해도 좋다.

2. LR_{UD} 마을 만들기의 환경부하 저감성

LR_{UD}1 미기후 · 외부 공간의 환경 영향

● 1.1 지구 외에 대한 온열 환경 악화의 개선(여름)

● 1.1.1 풍하 쪽 지역의 통풍로를 차단하지 않는 건축 배치 · 형태의 계획

■■표준판■■

레벨 1	평가 득점률(Ⅲ)이 0≦득점률<0.2
레벨 2	평가 득점률(Ⅲ)이 0.2≦득점률<0.4
레벨 3	평가 득점률(Ⅲ)이 0.4≦득점률<0.6
레벨 4	평가 득점률(Ⅲ)이 0.6≦득점률<0.8
레벨 5	평가 득점률(Ⅲ)이 0.8≦득점률

평가 시도

항 목	포인트 0	포인트 1	포인트 2	포인트 3	포인트 4
① 여름 탁월풍향의 건축물 수직투영 면적 축소	수직투영 면적비 : 2.0 이상	1.5 이상 2.0 미만	1.0 이상 1.5 미만	0.5 이상 1.0 미만	0.5 미만
② 바람을 차단하지 않는 동간 간격	동간 간격의 총합/부지폭 : 0.4 미만	0.4 이상 0.5 미만	0.5 이상 0.6 미만	0.6 이상 0.7 미만	0.7 이상
③ 통풍을 고려해, 지표면의 오픈 스페이스 연속성을 고려한 건축군의 배치 · 형태	대상구역에 인접한 오픈 스페이스는 있으나, 연속성이 없다.	(해당 없음)	대상구역에 인접한 오픈 스페이스가 없다.	대상구역에 인접한 오픈 스페이스가 있어, 연속성을 배려하고 있다(저층화도 대상).	대상구역에 인접한 오픈 스페이스가 있어, 통풍 예측을 세운 다음 적정한 배치계획을 하고 있다.
Ⅰ. 합계 포인트 = 점		Ⅱ. 최고 포인트 = 12점		Ⅲ. 득점률(Ⅰ÷Ⅱ) = 점	

【평가대상 외】
※없음

□ 해 설

① 여름 탁월풍향에 대한 건축물의 수직투영 면적 축소

- 건축군의 배치 · 형태 계획에 있어서 여름철 탁월풍을 차단하지 않도록 탁월풍향에 대한 건축물의 수직투영 면적을 작게 한다.
- 탁월풍향에 대한 수직투영 면적비율로 평가한다. 〈참고 1) 참조〉

② 바람을 차단하지 않는 동간 간격

- 건축군의 배치 · 형상 계획에 있어서 여름철 탁월풍의 통풍로를 확보하기 위해 동간 간격을 확보한다.
- 탁월풍 이외의 바람에 대해서도 통풍로의 확보는 중요하기 때문에 탁월풍향과 직교하는 방향의 바람에 대해서도 동간 간격을 확보하는 것이 바람직하다.
- ①에서 높이 H의 절단 평면에 대한 동간 간격 비율을 평가한다. 〈참고 2) 참조〉

③ 통풍과 지표면의 오픈 스페이스의 연속성을 배려한 건축군의 배치·형태

- 건축물의 배치·형태 계획에 있어, 대상구역 주변의 바람 상황을 파악해, 대상구역 주변의 오픈 스페이스 연속성을 확보하여 대상구역 내 보행자 공간 등에 바람을 유도한다.
- 대상구역에 인접한 오픈 스페이스가 있어, 시뮬레이션 등에 의해 통풍의 예측을 세우고 적정한 오픈 스페이스 배치계획을 하는 경우는 포인트 4, 대상구역에 인접하는 오픈 스페이스가 있어 오픈 스페이스의 배치나 오픈 스페이스의 연결을 차단하는 건축물에 대해서 저층화나 필로티 등을 설치하여 절반 이상의 오픈 스페이스의 연속성을 배려하고 있는 경우에는 포인트 3, 대상구역에 인접한 오픈 스페이스가 없는 경우는 포인트 2, 대상구역에 인접한 오픈 스페이스가 있음에도 불구하고, 오픈 스페이스의 연속성에 대해 배려하지 않는 경우에는 포인트 0으로 한다.

■간이판■

레벨 1	시도 항목이 없다.
레벨 2	시도 항목 1
레벨 3	(해당 없음)
레벨 4	시도 항목 2
레벨 5	시도 항목 3

평가 시도

항 목	내 용
① 여름의 탁월풍향에 대한 건축물의 수직투영 면적 축소	수직투영 면적비 : 0.5 미만
② 바람을 차단하지 않는 동간 간격	동간 간격의 합/부지폭 : 0.5 이상
③ 통풍을 고려하여 지표면의 오픈 스페이스 연속성을 배려한 건축군의 배치·형태(인접지에 오픈 스페이스가 없는 경우에는 본 항목은 평가하지 않는다)	대상구역에 인접한 오픈 스페이스와 연속성을 배려하고 있다(저층화도 대상).

【평가대상 외】
※없음

□ 해 설

① 여름의 탁월풍향에 대한 건축물의 수직투영 면적 축소

- 건축군의 배치·형태 계획에 있어서 여름철 탁월풍을 차단하지 않도록 탁월풍향에 대한 건축물의 수직투영 면적을 작게 한다.
- 탁월풍향에 대한 수직투영 면적비율로 평가한다. 〈참고 1) 참조〉

② 바람을 차단하지 않는 동간 간격

- 건축군의 배치·형태 계획에 있어서 여름철 탁월풍의 풍하지역으로의 통풍로를 확보하기 위해 동간 간격을 확보한다.
- 탁월풍향 이외의 바람에 대해서도 통풍로의 확보는 중요하기 때문에 탁월풍향과 직교하는 방향의 바람에 대해서도 동간 간격을 확보하는 것이 바람직하다.
- ①에서 구한 높이 H에 있어서의 절단 평면에 대한 동간 간격 비율을 평가한다. 〈참고 2) 참조〉

③ 통풍을 고려한 지표면의 오픈 스페이스 연속성을 배려한 건축군의 배치 · 형태

- 건축물의 배치 · 형태 계획에 있어서 대상구역 주변의 바람 상황을 파악하여 대상구역 주변의 오픈 스페이스 연속성을 확보하고 대상구역 내의 보행자 공간 등에 바람을 유도한다.
- 대상구역에 인접하는 오픈 스페이스가 있으며, 오픈 스페이스의 배치나 오픈 스페이스의 연결을 차단하는 건축물에 대해서 저층화나 필로티 등의 방안을 실시하여, 절반 이상 오픈 스페이스 연속성에 배려하고 있는 것을 평가한다.

■ 참고 1) 수직투영 면적비율

〈탁월풍향에 대한 수직투영 면적비율〉=〈수직투영 면적〉÷〈W × H〉

W : 가상 경계의 폭

H : [{〈기준 용적률〉÷〈기준 건폐율〉} × 〈층고〉]의 면적 하중 평균치

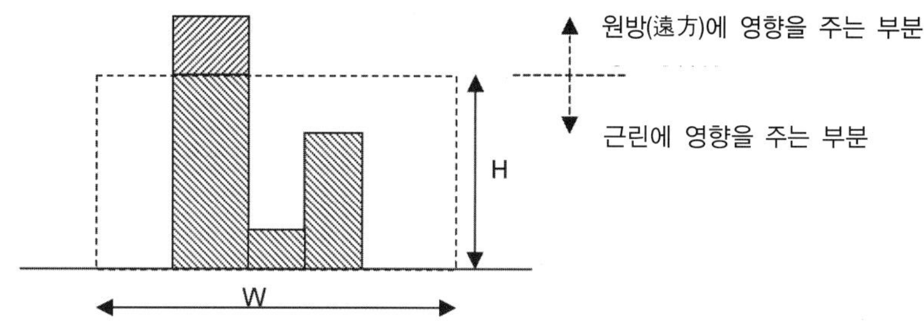

- 지구(地區) 규모로 풍환경을 평가하려면 개발 지역의 바로 앞과 먼 곳의 쌍방 영향을 고려하여 높이 H의 상하에 관계없이 전 수직투영 면적을 산입한다.

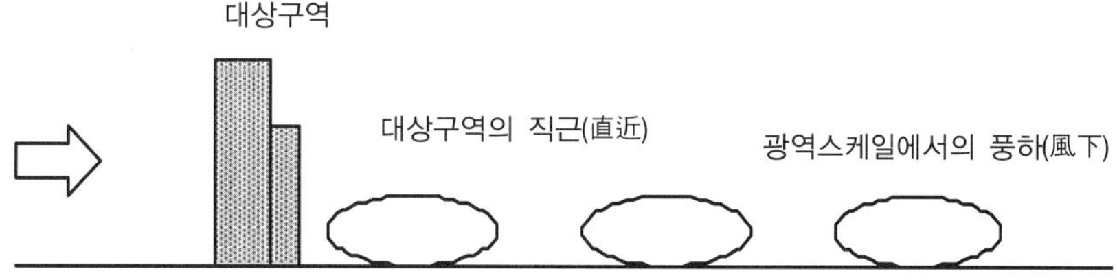

- 대상 지역의 지형이 경사 · 구배 등으로 복잡한 경우, 수직투영 면적에 건물 부분만 포함하고, 지반의 요철에 의한 투영 면적은 산입하지 않는다.

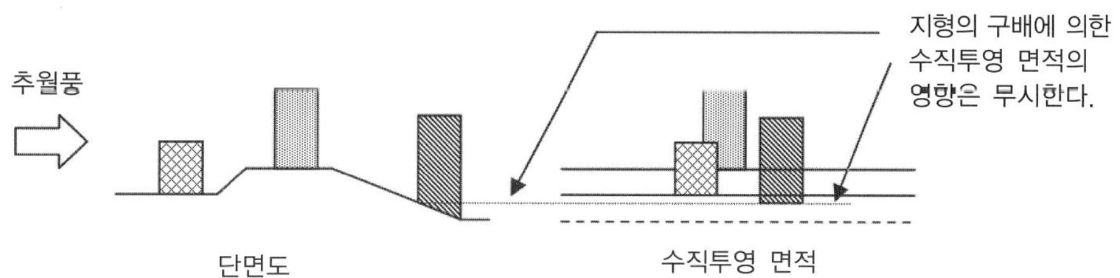

■ 참고 2) 동간 간격 비율

- 절단 평면의 높이 H는 대상구역 평균 지반면을 기준으로 한 높이를 원칙으로 한다. 단 대상구역이 넓고, 지반 형상이 복잡하여 평균 지반면을 기준으로 한 높이를 절단면으로 하는 것이 부적절할 경우, 평균 지반면으로 바꾸어 지반 형상에 맞추어 실 지반면으로부터의 높이를 절단면으로 한다.

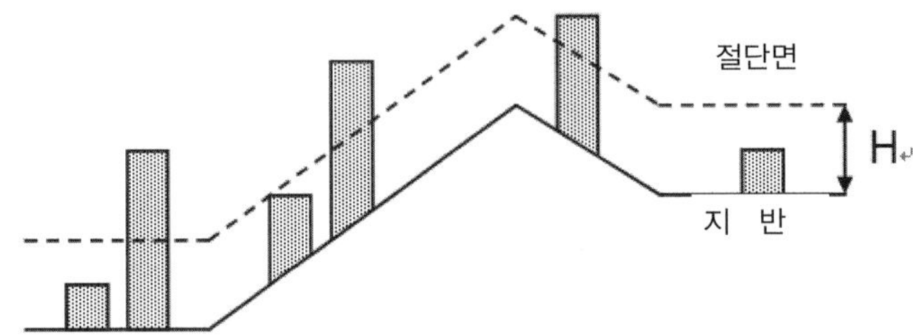

평균 지반높이를 기준으로 하는 것이 부적절한 경우의 절단면 설정

- 절단면은 탁월풍향에 대한 절단면의 축, 탁월풍향에 직교하는 풍향에 대한 절단면의 축 각각에 대해(부지의 과반의 길이를 포함) 동간 간격의 총합이 가장 적게 되는 개소로 한다.
- 탁월풍향, 탁월풍향에 직교하는 풍향 각각에 대하여 직교하는 단면의 동간 간격 비율(동간 간격의 총합/부지 단면 길이)을 구한다.

〈탁월풍향〉 : 〈탁월풍향에 직교하는 풍향〉 = 1 : 0.5의 비율로 한다.

〈동간 간격 비율〉

$$= \frac{1}{1+0.5} \times \frac{\sum wa}{Wa} + \frac{0.5}{1+0.5} \times \frac{\sum wb}{Wb}$$

Wa : 탁월풍향에 마주보는(직교하는) 절단면의 단면 길이

Wb : 탁월풍향에 직교하는 풍향에 마주보는(직교하는) 절단면의 단면 길이

Σwa : 탁월풍향에 마주보는 절단면에 있어서의 동간 간격의 총합

Σwb : 탁월풍향에 직교하는 풍향에 대한 절단면에 있어서의 동간 간격의 총합

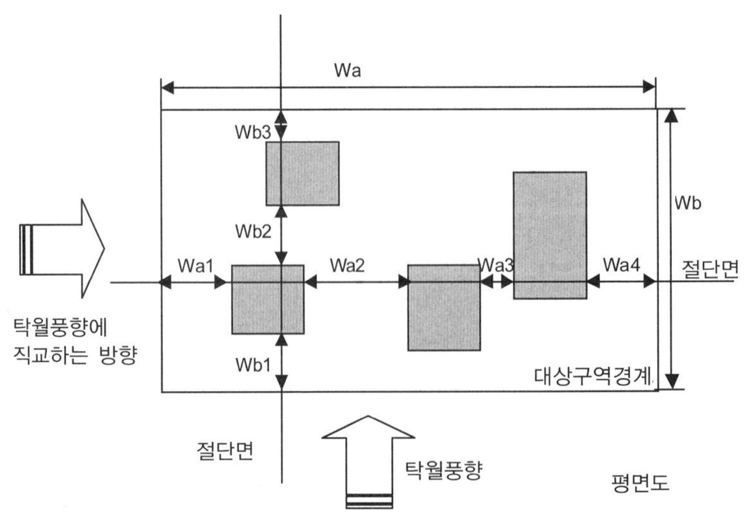

- 탁월풍향과 지역 계획의 축이 완전하게 일치하지 않는 경우에 대해서는 가능한 가까운 축으로 옮겨 평가해도 된다.
- 주택지 등 절단면에 있어서의 각 주거의 동간 간격을 산출하는 것이 곤란한 경우에 대해서는 법정 건폐율을 근거로 하여 동간 간격을 산출해도 좋다.

●1.1.2 지표면 피복재

지표면의 보수성·투수성이 높은 피복재의 선정 정도를 평가한다.

■■표준판■■

레벨 1	대책 면적률 0%
레벨 2	대책 면적률 5% 미만
레벨 3	대책 면적률 5% 이상 10% 미만
레벨 4	대책 면적률 10% 이상 15% 미만
레벨 5	대책 면적률 15% 이상

【평가대상 외】
※없음

□ 해 설

- 보수성·투수성이 높은 피복 재료를 이용하는 〈보수·투수대책을 실시한 면적〉을 〈전 대상구역 면적〉으로 나눈 〈대책 면적률〉로 평가한다.
- 녹지나 나지(裸地), 수면은 보수·투습대책을 면적에 산입한다.

■간이판■

레벨 1	보수성·투수성이 높은 피복재를 사용하지 않는다.
레벨 2	(해당 없음)
레벨 3	보수성·투수성이 높은 피복재를 사용하고 있다.
레벨 4	(해당 없음)
레벨 5	(해당 없음)

【평가대상 외】
※없음

□ 해 설

- 보수성·투수성이 높은 피복 재료 사용을 평가한다.
- 녹지나 나지, 수면은 보수·투수 대책을 실시한 지표면과 동등하다고 본다.

■ 참고 1) 보수성·투수성의 높은 재료

외벽 재료나 포장 재료로서의 높은 보수성과 높은 투습성은 표면에서의 증발 냉각 효과는 같으나, 전자는 재료 자체에 수분을 보관 유지시키는 기능, 후자는 재료 밑의 지면으로부터의 증발 플럭스(flux)에 대한 저항을 저감시키는 기능이다. 아스팔트나 벽돌 등 기반 재료에 미세한 구멍을 뚫는 것으로,

보수성, 투수성 쌍방을 향상시킬 수 있다.

아스팔트 등 많은 일반 포장 재료는 발수성이며, 포장, 외벽 재료로서도 자주 사용되는 붉은 벽돌로 그 포화 중량함수율(포화 시의 함수 중량과 절건중량과의 비)은 7wt% 전후이며(谷本, 2004)[1] 포장 재료로서 적용 가능한 특수한 다공질 세라믹 벽돌은 28wt%도 있다(足永, 1996).[2] 또 감온 고분자 겔을 외벽 재료에 적용하는 시도도 있다(石川, 2004).[3] 보수성 건재의 냉각 효과는 물의 기화열에 의한 것이므로 물이 세라믹 중에 남아 있는 한 지속되며, 물이 없어졌을 경우 강수 혹은 살수 등에 의해 보급되면 다시 냉각이 시작된다.

〈참고 문헌〉

1) 谷本潤　荻島理　他：「高保水性パッシブクーリングレンガの開発」, 日本建築学会技術報告集、No.11, 2000.

2) 足永晴信 他：「保水性建材を用いた市街地熱環境計画手法の開発」、空気調和・衛生工学会学術講演論文集, 1996.

3) 石川幸雄：感温性ハイドロゲルを用いたクールルーフの水分蒸発冷却効果に関する研究ークールルーフの熱性能実測ー日本太陽エネルギー学会・日本風力エネルギー協会合同研究発表会予稿集, 2004.

●1.1.3 건축 외장재(옥상 · 벽면)

■■표준판■■

레벨 1	평가 득점률(Ⅲ)이 0≦득점률<0.2
레벨 2	평가 득점률(Ⅲ)이 0.2≦득점률<0.4
레벨 3	평가 득점률(Ⅲ)이 0.4≦득점률<0.6
레벨 4	평가 득점률(Ⅲ)이 0.6≦득점률<0.8
레벨 5	평가 득점률(Ⅲ)이 0.8≦득점률

평가 시도

항　목	포인트 0	포인트 1	포인트 2	포인트 3	포인트 4
① 옥상 : 옥상 녹화나 고반사 제품 사용	(해당 없음)	(해당 없음)	대책 면적률 20% 미만	20% 이상 40% 미만	40% 이상
② 벽면 : 벽면녹화	(해당없음)	(해당 없음)	벽면 녹화율 10% 미만	10% 이상 20% 미만	20% 이상
Ⅰ. 합계 포인트＝　　점		Ⅱ. 최고 포인트＝　8점		Ⅲ. 득점률(Ⅰ÷Ⅱ)＝　　점	

【평가대상 외】
※없음

□ 해　설

① 옥상 : 옥상 녹화나 고반사 제품의 사용

• 지붕면의 녹화, 일사 반사율 · 장파 방사율이 높은 지붕재 사용 등 전체 지붕 면적에 대한

대상구역 외의 열적 영향 저감대책을 실시한 지붕 면적의 비율로 평가한다.

- 일사 반사율·장파 방사율의 높은 재료는 열섬현상과 부하삭감 대책을 의도한 고반사성 제품을 사용했을 경우만 면적에 산입하여도 좋다. 백색계의 재료 이용만으로는 면적 산입이 안 된다. 〈참고 1) 참조〉

② 벽면 : 벽면 녹화

- 대상구역 외에의 열적 영향을 저감하기 위한 대책으로, 전 외벽 면적(창면적을 포함)에 대한 외벽면의 녹화를 실시한 외벽 면적 비율로 평가한다.

■간이판■

레벨 1	(해당 없음)
레벨 2	(해당 없음)
레벨 3	시도하고 있는 항목이 없다.
레벨 4	시도하고 있는 항목수가 1
레벨 5	시도하고 있는 항목수가 2

평가 시도

항 목	내 용
① 옥상 : 옥상 녹화나 고반사성 제품의 사용	옥상 면적률 40% 이상
② 벽면 : 벽면 녹화	벽면 면적률 10% 이상

【평가대상 외】
※없음

□ 해 설

① 옥상 : 옥상 녹화나 고반사성 제품의 사용

- 지붕면의 녹화, 일사 반사율·장파 방사율이 높은 지붕재의 사용 등 전체 지붕 면적에 대한 대상구역 외의 열적 영향 저감대책을 실시한 지붕 면적 비율로 평가한다.
- 일사 반사율·장파 방사율이 높은 재료는 열섬현상과 부하삭감 대책을 의도한 고반사성 제품을 사용했을 경우만 면적에 산입한다. 백색계의 재료의 이용만으로는 면적 산입은 안 된다. 〈참고 1) 참조〉

② 벽면 : 벽면 녹화

- 대상구역 외에의 열적 영향 저감 대책으로 전 외벽 면적(창면적을 포함)에 대한 외벽면의 녹화를 실시한 외벽 면적 비율로 평가한다.

■ 참고 1) 고반사성 제품

- 고반사성 제품이란, 아래의 시험 방법·사양에 근거하여 측정한 일사 반사율이 50% 이상의 제품을 대상으로 한다.

1) JISR3106(판유리류의 투과율·반사율·방사율·일사열 취득률의 시험 방법)에 따라, 분광

광도계를 이용해 8도의 입사각으로 시험체에 광원을 대어, 가시 및 근적외선의 파장역(300~2,500nm)의 분광 반사율을 측정해, 그 측정 결과를 동 JIS의 계산방법에 근거해 일사 반사율을 산출한다.

2) 단, 이전 JIS A 5759(건축 유리창용 필름)에 따라 측정·산출한 자료가 있으면 그 값을 이용해도 무관하다.

●1.1.4 배열 삭감 배려

■■표준판■■

레벨 1	평가 득점률(Ⅲ)이 0≦득점률<0.2
레벨 2	평가 득점률(Ⅲ)이 0.2≦득점률<0.4
레벨 3	평가 득점률(Ⅲ)이 0.4≦득점률<0.6
레벨 4	평가 득점률(Ⅲ)이 0.6≦득점률<0.8
레벨 5	평가 득점률(Ⅲ)이 0.8≦득점률

평가 시도

항 목	포인트 0	포인트 1	포인트 2	포인트 3	포인트 4
① 배열량 삭감 : 건축물 열손실 방지나 에너지 효율 이용에 의한 배열량 총량 삭감을 도모한다.	160W/m² 이상	120W/m² 이상~160W/m² 미만	100W/m² 이상~120W/m² 미만	80W/m² 이상~100W/m² 미만	80W/m² 미만
② 배열 저온화 : 열원의 물분무, 수냉화 등에 의한 열의 잠열화 : 하천수나 하수 등의 히트 싱크 이용 : 열 회수	(해당 없음)	특별한 대책 없음	표준 대책	표준 레벨 이상 대책	80% 이상의 현열 발열량 억제
Ⅰ. 합계 포인트 = 점		Ⅱ. 최고 포인트 = 8점		Ⅲ. 득점률(Ⅰ÷Ⅱ) = 점	

【평가대상 외】
※없음

□ **해 설**

① 배열량의 삭감 : 건축물의 열손실 방지나 에너지 효율 이용에 의한 발열량 삭감

- 건축 설비에서 대기에 대한 발열량은 건축물로부터의 냉방열과 건축물이 도시를 냉각하는 효과를 생각하면, 부지 내에 투입되어 소비된 에너지량이 모두 발열된다는 생각에 근거할 수 있다. 그 중 일단위의 소비 에너지량 중 대기에 배출된 에너지량으로 평가한다.
- 한여름 최대 시간당 소비 에너지량 원단위(용적 대상 총 바닥 면적당)에서 평가한다.
- 에너지 시스템이 미정일 경우에, 목표 최대 에너지량으로 평가한다.
- 대기에 방출되지 않는 열(예를 들면, 급탕 혹은 하천수, 하수처리수 등 미이용 에너지를 활용했을 경우 등)은 그만큼의 에너지량을 공제한다.
- 설치기기 용량 계획값을 이용하는 경우에는 실제 가동 시 기기 여유율을 고려한다.
- 기존 건물에 대해서는 소비 에너지량(2차 환산 에너지량)의 실측치를 이용하는 것이 바람직하다.

- 지역 냉난방 방식의 경우는 지역 냉난방 플랜트에 있어서 해당 건물 냉방분의 시간 최대 소비 에너지량을 산입한다. 산정 방법은 아래와 같다.
  〈지역 냉난방 플랜트에 있어서 해당 건물 냉방분의 시간 최대 소비 에너지량〉
  =해당 건물의 시간 최대 냉열 수요량(W/m²)÷지역 냉난방 플랜트의 시스템 성적 계수

② 배열의 저온화 : 열원의 물분무, 수냉화 등에 의한 발열의 잠열화
하천수나 하수 등의 히트 싱크 이용
배열 회수

- 온도 상승에 직접 영향을 주는 현열의 대기 방출 감소를 목표로 한다.
- '특별한 대책 없음'이란 공냉형의 시스템의 잠열화, 저온화를 실시하지 않는 경우를 말한다.
- '표준적 대책'이란 공냉형 시스템의 풍량 증가, 배열의 쇼트 서킷의 방지 등 잠열화 이외의 수법에 있어 배기 온도를 가능한 낮게 억제하는 대책이 있는 시스템을 말한다.
- '표준적 레벨 이상의 대책'이란 물분무, 수냉화 등에 의한 배열의 잠열화, 하천수나 하수 등의 히트 싱크 이용, 배열 회수 등에 의해 현열 배열 억제나 저하 등의 노력을 하고 있는 시스템을 말한다. 현열 배열의 억제 정도가 80% 미만의 경우를 포인트 3으로 한다.
- '80% 이상의 현열 배열의 억제'란 물분무, 수냉화 등에 의한 배열의 잠열화, 하천수나 하수 등의 히트 싱크 이용, 배열 회수 등에 의해, 현열 배열 억제나 저하 등의 노력을 하고 있는 시스템이며 현열 배열의 억제 정도가 80% 이상일 경우에 포인트 4로 한다.

■간이판■

레벨 1	시도하고 있는 항목이 없다.
레벨 2	시도하고 있는 항목수가 1
레벨 3	(해당 없음)
레벨 4	시도하고 있는 항목수가 2
레벨 5	(해당 없음)

평가 시도

항 목	내 용
① 배열량의 삭감 : 건축물의 열손실 방지나 에너지의 효율 이용에 대한 배열량의 총량을 삭감한다.	시간 최대 소비 에너지량 100W/m² 미만
② 배열의 저온화 : 열원의 물분무, 수냉화 등에 의한 배열의 잠열화 : 하천수나 하수 등의 열 싱크 이용 : 배열 회수	배열의 저온화 대책을 실시하고 있다.

【평가대상 외】
※없음

□ 해 설

① 배열량의 삭감 : 건축물 열손실의 방지나 에너지 효율 이용에 의한 배열총량 삭감

- 건축 설비로부터 대기에의 배열량은 건축물로부터의 냉방 배열과 건축물이 도시를 냉각하는 효과를 생각하면, 부지 내에 투입된 에너지량이 모두 배열된다는 생각에 근거할 수 있다. 여기서

일단위의 소비 에너지량 중 대기에 배출된 에너지량으로 평가한다.

- 한여름의 시간 최대 소비 에너지량 원단위(용적 대상 총 바닥 면적당)에서 평가한다.
- 에너지 시스템이 미정일 경우에는 목표로 하는 시간 최대 에너지량으로 평가한다.
- 대기에 방출되지 않는 배열(예를 들면, 급탕 혹은 하천수, 하수처리수 등 미이용 에너지를 활용했을 경우)은 그만큼 에너지량을 공제한다.
- 설치기기 용량 계획값을 이용할 경우는 실제 가동 시 기기 여유율을 고려할 수 있다.
- 기존 건물에 대해서 소비 에너지량(2차 환산 에너지량)의 실측치를 이용하는 것이 바람직하다.
- 지역 냉난방 방식의 경우는 지역 냉난방 플랜트에 있어서 해당 건물 냉방분의 시간 최대 소비 에너지량을 산입한다. 산정방법은 아래에 따른다.

〈지역 냉난방 플랜트에 있어서 해당 건물 냉방분의 시간 최대 소비 에너지량〉
＝해당 건물의 시간 최대 냉열 수요량(W/m^2)÷지역 냉난방 플랜트의 시스템 성적 계수

② 배열의 저온화

- 온도 상승에 직접 영향을 주는 현열의 대기 방출을 줄이는 것이 목적이다.
- 공냉형 시스템의 풍량 증가, 배열의 쇼트 서킷 방지 등 물분무, 수냉화 등에 의한 배열의 잠열화, 하천수나 하수 등의 히트 싱크 이용, 배열 회수 등에 의해 배기 온도를 낮추는 대책을 실시하고 있는 시스템을 평가한다.

■ 참고 1) 消費エネルギー削減量の算出に際する参考資料例

- 住宅建築省エネルギーハンドブック：(財)建築環境 · 省エネルギー機構
- 建築物の省エネルギー基準と計算の手引：(財)建築環境 · 省エネルギー機構
- ビル建築設備の省エネルギー：(財)省エネルギーセンター
- 建築設備の省エネルギー技術指針：(社)空気調和 · 衛生工学会
- (財)省エネルギーセンターHP：http://www.eccj.or.jp/index.html

●1.2 지구 외의 지반 · 지질 영향의 억제

●1.2.1 대상구역 외의 토양오염 방지

대상구역 내의 토양의 오염 상황을 파악해, 상황에 따라 대상구역 내 토양오염의 제거 · 주위의 확산 방지를 강구한다.

토양오염 대책법의 지정 물질 25종 및 다이옥신류(상황에 따라 유분)를 대상 물질로 한다.

■■표준판■■

레벨	평가
레벨 1	평가 득점률(Ⅲ)이 0≦득점률＜0.2
레벨 2	평가 득점률(Ⅲ)이 0.2≦득점률＜0.4
레벨 3	평가 득점률(Ⅲ)이 0.4≦득점률＜0.6
레벨 4	평가 득점률(Ⅲ)이 0.6≦득점률＜0.8
레벨 5	평가 득점률(Ⅲ)이 0.8≦득점률

평가 시도

항 목		포인트 0	포인트 1	포인트 2	포인트 3	포인트 4
① 대상구역 외의 오염 확산 방지에 대한 조치 사례 1 : 대상구역 내 오염은 있지만 지하수 오염은 없는 경우		조치를 취하지 않는다.	(해당 없음)	관측 우물 설치와 정기 관측	(해당 없음)	(해당 없음)
사례 2 : 대상구역 내 토양오염원에 기인하는 지하수 오염 대책을 실시하는 경우	사례 2-1 : 지정 기준 초과 및 제2용출량 기준 이하	기준을 채우지 않고 조치를 취하지 않는다.	(해당 없음)	확산 방지 조치를 하고 있다(토양오염은 잔존).	(해당 없음)	토양오염제거
	사례 2-2 : 제2용출량 기준 초과	기준을 채우지 않고 조치를 취하지 않는다.	(해당 없음)	제1, 3종 특정 유해 물질→토양오염 제거 제2종 특정 유해 물질→불용화+확산 방지 조치	(해당 없음)	제1, 2, 3종 특정 유해 물질 → 토양오염 제거
사례 3 : 대상구역 내 토양오염에 기인하는 지하수 오염에 직접적인 대책을 실시할 수 없는 경우		기준을 채우지 않고 조치를 취하고 있지 않다.	(해당 없음)	토양오염의 확산 방지가 꾀해지고 있다	(해당 없음)	(해당 없음)
② 새롭게 토양오염을 일으키지 않는 조치(공장 등 토양오염을 일으킬 가능성이 있는 시설을 포함한 경우만 해당)		오염물질 사용의 유무를 파악하고 있지 않다.	(해당 없음)	수처리 설비(배수)의 정기 관리	관측 우물의 설치와 정기 관측	오염 원인이 되는 오염물질을 내지 않는다.
Ⅰ. 합계 포인트 = 점		Ⅱ. 최고 포인트 = 점		Ⅲ. 득점률(Ⅰ÷Ⅱ) = 점		

【평가대상 외】

※① 대상구역 내 오염 · 지하수 오염, 모두 존재하지 않는 경우에는 본 항목은 평가하지 않는다.

※② 토양오염을 일으킬 가능성이 있는 시설 · 설비의 유무를 파악해, 해당하는 시설 · 설비가 전혀 존재하지 않는다고 판단되는 경우는 평가하지 않는다.

□ 해 설

① 대상구역 외의 오염 확산 방지에 대한 조치

- 대상구역의 토양 · 지하수의 오염 상황에 따라, 사례 1~3 중 해당하는 항목으로 평가한다.

〈사례 1 : 대상구역 내 오염은 있지만 지하수 오염은 없는 경우〉

- 대상구역 내에 토양 오염은 존재하지만 지하수 오염은 보이지 않는 경우, 사례 1의 평가 기준으로 판단한다.

〈사례 2 : 대상구역 내 토양오염원에 기인하는 지하수 오염이 있어 대책을 실시하는 경우〉

- 대상구역 내에 토양 오염이 존재해, 거기에 유래하는 지하수 오염이 보이기 때문에 토양오염 및 오염 확산 방지에 대해 대책을 실시하는 경우는 사례 2의 평가 기준으로 판단한다.
- 기준 초과의 정도에 의해, 지정 기준을 초과해 제2용출량 기준 이하의 경우는 사례 2-1, 제2용출량 기준 초과의 경우는 사례 2-2로 판단한다.

〈사례 3 : 대상구역 내 토양오염에 기인하는 지하수 오염이 있어 직접적인 대책을 실시할 수 없는 경우〉

- 대상구역 내에 토양 오염이 존재, 거기에 유래하는 지하수 오염이 보여지는 경우에 대하여 토양오염에 대한 직접적인 대책을 실시하는 것이 곤란한 경우는 사례 3의 평가 기준으로 판단한다.

② 새로운 토양오염을 일으키지 않는 조치(공장 등 토양오염을 일으킬 가능성이 있는 시설을 포함한 경우만 해당)

- 대상구역 내 토양오염 발생의 가능성을 파악해, 상황에 따라 토양오염 발생 감시, 오염원 대책을 실시한다.
- 토양오염 발생 가능성의 파악, 토양오염에 대한 관리, 감시 상황, 발생 대책을 평가한다.

■간이판■

레벨 1	이력 조사를 실시하지 않는다.
레벨 2	이력 조사를 실시하여 조사결과가 기준에 부합되지 않고 조치를 취하고 있지 않다.
레벨 3	이력 조사를 실시하여 기준을 채우지 않은 경우는 오염 대책(확산 방지, 제거)을 실시한다.
레벨 4	(해당 없음)
레벨 5	(해당 없음)

【평가대상 외】

※이력 조사를 실시하여 대상구역 내 오염·지하수 오염 등이 모두 존재하지 않는 경우, 본 항목은 평가대상 외로 한다.

※토양오염을 새롭게 일으킬 가능성이 있는 시설·설비의 유무를 파악하여 해당하는 시설·설비가 전혀 존재하지 않는다고 판단되는 경우는 평가대상 외로 한다.

□ 해 설

- 대상구역 외의 오염 확산 방지에 대한 조치를 평가한다.
- 토양오염 발생 가능성의 파악, 토양오염 관리, 감시 등 발생 대책을 평가한다.

●1.2.2 지반침하 방지

지하수 퍼올리기 억제 등 지반침하의 방지 시도를 평가한다.

■표준판 · 간이판(공통 항목)■

레벨 1	일정 규모의 지하수 퍼올리기
레벨 2	약간의 지하수 퍼올리기
레벨 3	지하수 퍼올리기 없음
레벨 4	(해당 없음)
레벨 5	(해당 없음)

【평가대상 외】

※없음

□ 해 설

- 공업용수법, 빌딩 용수법, 그 지역에 있어서의 조례나 기준 등에 지하수 양수량 규제가 있는 구역에서 규제치의 80%를 넘는 지하수 퍼올리기를 '일정 규모의 지하수 퍼올리기'라고 한다.
- 지하수 양수량에 규제가 있는 구역에서 규제치의 30% 이상 80% 미만의 지하수 퍼올리기를 '약간의 지하수 퍼올리기'라고 한다.
- 지하수 양수량에 규제가 있는 구역에서, 규제치의 30% 미만의 지하수 퍼올리기 및 지하수

퍼올리기가 없는 경우, 지하수 양수량 규제가 없는 지역에 대해서는, 레벨 3 '지하수 퍼올리기 없음'으로 한다.

● 1.3 지구 외 대기오염 방지

● 1.3.1 발생원의 대책

■표준판 · 간이판(공통 항목)■

레벨	내용
레벨 1	대처하고 있지 않다.
레벨 2	(해당 없음)
레벨 3	표준적 대책
레벨 4	중간적인 대책을 강구하고 있다.
레벨 5	최신의 방지 장치를 전면적으로 채용

【평가대상 외】

※에너지의 면적인 이용 시설(지역 냉난방 플랜트 등)이 없는 경우는 평가대상 외로 한다.

□ **해 설**

- 발생원 대책에 대해 평가한다.
- 발생원으로부터 배출되는 오염물질 농도를 저감한다.
- '표준적 대책'은 오염물질을 환경기준치의 농도까지 저감하는 대책을 말한다.
- '중간적인 대책'은 오염물질을 환경기준치의 50% 이하 농도까지 저감하는 대책을 말한다.
- '최신의 방지 장치를 전면적으로 채용'이란, 그 시점에서 최고 수준의 농도 저감 효율을 갖는 장치를 사용했을 경우, 혹은 오염물질을 환경기준치의 20% 이하의 농도까지 저감하는 대책을 말한다.

● 1.3.2 교통수단 대책

■표준판 · 간이판(공통 항목)■

레벨	내용
레벨 1	(해당 없음)
레벨 2	(해당 없음)
레벨 3	도입하고 있지 않다.
레벨 4	(해당 없음)
레벨 5	도입하고 있다.

【평가대상 외】

※없음

□ **해 설**

- 교통수단에 있어 클린 에너지를 동력원으로 하는 교통수단(연료 전지 자동차, 전기 자동차, 하이브리드 자동차, CNG 자동차 등)을 도입하였을 경우 등을 레벨 5로 한다.

●1.3.3 대기 정화 시도

대기 전반의 정화에 대한 여러 시도를 평가한다.

■■표준판■■

레벨 1	평가 득점률(Ⅲ)이 0≦득점률<0.2
레벨 2	평가 득점률(Ⅲ)이 0.2≦득점률<0.4
레벨 3	평가 득점률(Ⅲ)이 0.4≦득점률<0.6
레벨 4	평가 득점률(Ⅲ)이 0.6≦득점률<0.8
레벨 5	평가 득점률(Ⅲ)이 0.8≦득점률

평가 시도

항 목	포인트 0	포인트 1	포인트 2	포인트 3	포인트 4
① 식물에 의한 대기 정화	대상구역 녹화율 10% 미만	대상구역 녹화율 10% 이상 20 % 미만	대상구역 녹화율 20% 이상 30% 미만	대상구역 녹화율 30% 이상 40% 미만	대상구역 녹화율 40% 이상
② 대기 정화에 적절한 수목 사용	(해당 없음)	(해당 없음)	사용하고 있지 않다.	일부(10% 이상)에서 사용하고 있다.	20% 이상에서 사용하고 있다.
③ 대기 정화 시스템의 도입(광촉매, 토양 정화, 기계 정화 등)			〈가점항목〉 도입하고 있지 않다 : 가점 0, 도입하고 있다 : 0.1을 가점		
Ⅰ. 합계 포인트 = 점		Ⅱ. 최고 포인트 = 점		Ⅲ. 득점률(Ⅰ÷Ⅱ) = 점	

【가점의 유무】
※있음
【평가대상 외】
※없음

□ 해 설

① 녹화율, 녹화에 의해 기대되는 대기 정화 능력 높이에 대해 평가한다.
- 녹지 규모에 대해서는 대상구역에 대한 녹지 비율로 평가하는 것을 기본으로 한다.
  녹화율=〈녹지 면적〉/〈대상구역 면적〉

② 대기오염에 강하고, 대기 정화 능력이 높은 수목 도입을 평가한다.
- 계획지 내의 수목 중 대기 정화 능력이 높다고 여겨지는 수목 비율에 의해 평가한다.
  〈참고 1) 참조〉

③ 대기정화 시스템 도입
- 광촉매, 토양 정화, 기계 정화 등 특별한 대기 정화 시스템의 도입 유무를 평가한다.

■간이판■

레벨 1	(해당 없음)
레벨 2	시도하고 있는 항목이 없다.
레벨 3	시도하고 있는 항목수가 1
레벨 4	시도하고 있는 항목수가 2
레벨 5	(해당 없음)

■ 참고 1) 대기정화 식수를 위한 수종 리스트(관동지방 주변)

	비교적 농도 레벨이 낮은 지역(주택가 등)	농도 레벨이 높은 지역(공장·간선도로 주변 등)
고목	(상록수) 소귀나무, 졸가시나무, 가시나무, 종가시나무, 구실잣밤나무, 돌참나무, 태산목, 녹나무, 후박나무, 먼나무, 후피향나무, 일본황칠나무, 향나무, 감탕나무, 산호수 (낙엽수) 느티나무, 팽나무, 푸조나무, 느릅나무, 오동나무, 은행나무, 상수리나무, 참느릅나무, 튤립나무, 가죽나무, 개오동나무, 백일홍, 밤나무, 뜰단풍, 목련, 백목련, 산벚나무, 왕벚나무, 단풍나무, 개서어나무, 서어나무, 칠엽수, 회화나무, 중국단풍, 졸참나무, 버즘나무, 단풍버즘나무, 멀구슬나무, 감나무, 수양벚나무, 조구나무, 때죽나무, 아까시나무, 층층나무, 벚나무과, 연두벚나무, 오리나무, 풍나무, 측백나무, 매화오리, 복숭아 이상 외에 이것들에 준하는 수종	(상록수) 소귀나무, 졸가시나무, 가시나무, 종가시나무, 구실잣밤나무, 돌참나무, 태산목, 녹나무, 후박나무, 먼나무, 후피향나무, 일본황칠나무, 향나무, 감탕나무, 산호수 (낙엽수) 은행나무, 상수리나무, 참느릅나무, 튤립나무, 가죽나무, 개오동나무, 중국단풍, 졸참나무, 버즘나무, 단풍버즘나무, 멀구슬나무, 조구나무, 아까시나무, 벚나무과, 연두벚나무, 오리나무, 풍나무, 측백나무 이상 외에 이것들에 준하는 수종
중목	(상록수) 꽝꽝나무, 사철나무, 광나무, 협죽도 (낙엽수) 매화, 덧나무, 박태기나무, 박달나무, 별목련, 자목련 이상 외에 이것들에 준하는 수종	(상록수) 꽝꽝나무, 사철나무, 광나무, 협죽도 (낙엽수) 덧나무, 박달나무 이상 외에 이것들에 준하는 수종
저목	(상록수) 작살나무, 왜철쭉, 다정큼나무, 원잎다정큼나무, 팔손이나무, 영산홍, 대자철쭉, 꽃댕강나무, 차나무 (낙엽수) 무궁화, 개나리, 도사물나무, 일행물나무, 싸리나무, 화살나무, 일본병꽃나무, 설구화, 낙상홍 이상 외에 이것들에 준하는 수종	(상록수) 작살나무, 다정큼나무, 원잎다정큼나무, 팔손이나무, 영산홍, 대자철쭉, 꽃댕강나무, 차나무 (낙엽수) 무궁화, 개나리, 일본병꽃나무, 설구화, 낙상홍 이상 외에 이것들에 준하는 수종
덩굴식물	(상록) 남오미자, 멀꿀, 송악, 마삭줄, 아이비 (낙엽) 노박덩굴, 등나무, 산등나무, 인동, 능소화, 으름덩굴, 삼엽목통, 담쟁이덩굴 이상 외에 이것들에 준하는 종	(상록) 멀꿀, 송악, 아이비, 마삭줄 이상 외에 이것들에 준하는 종

주 1) 조원 재료로서의 수목은 조원상 사용하기 편리함 등에서 다음과 같이 나무 높이의 대략적인 기준에 의해 고목·중목·저목으로 3구분하였다.

고목 : 3m 이상, 중목 1m 이상 3m 미만, 저목 1m 미만

단, 생물적 특성이 이것을 넘는 것이라도 생울타리, 베어들인 것과 같이 전정 등에 의해 나무의 높이 가지 길이가 조정되어, 조원상에서는 중목·저목 취급으로 하는 일이 많은 수종에 대해서는 각각 중목·저목으로 하였다.

주 2) 음영으로 표시되어 있는 수종은 도쿄도 내 및 그 근현의 사례 조사에 있어, 옥상 녹화 등 도시 건축 공간의 녹화에 다용되고 있는 수종을 나타내고 있으며, 밑줄로 표시하고 있는 수종은 길가 녹화 등 도로 녹화에 다용되고 있는 수종을 나타내고 있다.

주 3) 이상 외에, 오염 가스 흡수 능력은 낮지만 대기오염에 대한 저항성이 강하고 그늘 등에도 일반적으로 잘 버티고 도로 녹화 등에 많이 이용되고 있는 수종은 다음과 같은 것이 있다. 상기의 종군을 주로 재배해, 이러한 수종을 섞는 것은 지장이 없다.

고목(상록수) : 제주광나무, 비쭈기나무, 굴거리나무, 좀굴거리나무, 참식나무
중목(상록수) : 홍가시나무, 애기동백, 시스레피니모, 야생 동백꽃, 은목서, 호랑가시나무
저목(상록수) : 우묵사스레피나무, 뿔남천, 식나무, 마취목, 돈나무, 서향, 치자나무

주 4) 덩굴식물에 대해서는 그밖에 대기 정화 능력에 대해 조사되어 있지는 않으나, 벽면 녹화에 자주 사용되고 있는 식물로서 이하와 같은 것이 있다.

(상록) : 모람류, 캐롤라이나자스민, 빈카류, 줄사철나무, 아이비류
(낙엽) : 키위, 담쟁이덩굴류, 비그노니아 카프레올라타, 덩굴장미류, 포도

(출전 : 大気浄化植樹マニュアル　環境再生保全機構)

LRUD1

평가 시도

항 목	내 용
① 식물에 의한 대기 정화	대상구역에 대한 녹화율 20% 이상
② 대기 정화에 적절한 수목의 채용	일부(10% 이상)에서 사용하고 있다

【평가대상 외】
※없음

□ **해 설**

① 녹화율, 녹화에 의해 기대되는 대기 정화 능력 높이에 대해 평가한다.
② 대기오염에 강하고 대기정화 능력이 높은 수목의 도입을 평가한다.
• 계획지 내의 수목 중 대기정화 능력이 높다고 여겨지는 수목 비율에 의해 평가한다. 〈참고 1) 참조〉

● 1.4 지구 외 소음 · 진동 · 악취의 방지

● 1.4.1 소음이 대상구역 외에 미치는 영향의 경감

운용 시 소음이 발생하는 개소에 대하여 발생하는 소음 자체의 저감이나 그 설치 장소의 배려, 소음의 전파 억제에 대한 대책에 의해 적절한 음환경을 확보한다. 또 소음원이 되는 시설에 대해서는 토지이용계획에 따라 배치계획의 검토를 실시하여 바람직한 장소에 배치한다.

■■표준판■■

레벨	내용
레벨 1	평가 득점률(Ⅲ)이 0≦득점률<0.2
레벨 2	평가 득점률(Ⅲ)이 0.2≦득점률<0.4
레벨 3	평가 득점률(Ⅲ)이 0.4≦득점률<0.6
레벨 4	평가 득점률(Ⅲ)이 0.6≦득점률<0.8
레벨 5	평가 득점률(Ⅲ)이 0.8≦득점률

평가 시도

항 목	포인트 0	포인트 1	포인트 2	포인트 3	포인트 4
① 토지이용 계획 배려	배려하고 있지 않다.	다소의 배려	표준적 배려	적극적 배려	전면적 배려
② 소음 억제	부지 경계에서 환경기준＋5dB를 넘는다.	부지 경계에 있어서 환경기준 ＋5dB 이하	부지 경계에 있어서 환경기준 이하	부지 경계에 있어서 환경기준 −5dB 이하	부지 경계에 있어서 환경기준 −10dB 이하
Ⅰ. 합계점수＝ 점		Ⅱ. 최고점수＝ 점		Ⅲ. 득점률(Ⅰ÷Ⅱ)= 점	

【평가대상 외】
※② 공동시설에서 소음 억제에 있어, 소음 규제법의 규제 대상이 되는 시설 또는 대규모 소매점포 입지법의 규제 대상이 되는 시설이 없는 경우는 대상 외로 한다.

□ **해 설**

대상구역 내의 공동시설 등 소음원이 되는 구역 외의 소음 대책에 대해 평가한다.
따라서 본 항에서 주목하는 '부지 경계'는 대상구역 외에 소음 영향이 미칠 우려가 있는 부분이다.

① 토지이용계획의 배려

- 토지이용계획의 소음 발생 시설의 배치계획상 배려를 평가한다.
- 본 항목에서 평가하는 소음 발생 시설이란, 소음 규제법의 규제 대상이 되는 특정 시설, 대규모 소매점포 입지법의 규제 대상이 되는 시설 및 일정 규모 이상(30대 이상)이 규합된 주차장 또는, 거기에 관련되는 진입로 등으로 한다.
- 전면적 배려란, 소음 발생 시설이 없는 경우, 혹은 소음 발생원은 존재하나 대상구역의 외주부(부지 경계에서 안쪽 10m까지의 영역)에 1개도 배치되어 있지 않은 경우로 한다.
- 적극적 배려란, 존재하는 소음 발생 시설의 총수 중 대부분(80% 이상)의 시설이 대상구역의 외주부(부지 경계에서 안쪽 10m까지의 영역)에 배치되어 있지 않은 경우로 한다.
- 표준적 배려란, 존재하는 소음 발생 시설의 총수 중 과반(50% 이상) 시설이 대상구역의 외주부(부지 경계에서 안쪽 10m까지의 영역)에 배치되어 있지 않은 경우로 한다.
- 다소의 배려란, 존재하는 소음 발생 시설의 총수 중 다소(20% 이상) 시설이 대상구역의 외주부(부지 경계에서 안쪽 10m까지의 영역)에 배치되어 있지 않은 경우로 한다.
- 존재하는 소음 발생원의 총수 중 대부분(80% 이상)의 시설이 대상구역의 외주부(부지 경계에서 안쪽 10m까지의 영역)에 배치되고 있는 경우, '배려하고 있지 않다'로 한다.
- 소음 발생 시설을 지하에 배치하여 격리하였을 경우는, 그 소음 발생원은 없는 것으로 평가한다.

② 소음의 억제

- 본 항목의 평가대상은 공동시설이며, 동시에 소음 규제법의 규제 대상이 되는 특정 시설 또는 대규모 소매점포 입지법의 규제 대상이 되는 시설로, 그 외는 평가대상 외로 한다. 다만 상기 외의 시설에 대하여 보다 적극적인 대처를 실시하고 있는 경우는 그 레벨에 따라 평가할 수 있다.
- 소음 규제법의 규제 대상이 되는 특정 시설, 혹은 대규모 소매점포 입지법의 규제 대상에 해당하는 경우에, 소음원에서 발생하는 소음의 부지 경계의 값에 대해서는 환경기준(■참고 1) 참조)을 지표로서 평가한다.
- 부지 경계의 소음치 예측에 대해서는 상정되는 소음 발생원의 소음만을 평가대상으로 하여, 암소음은 본 평가에서는 고려하지 않는 것으로 한다.

■ **참고 1) 환경기준 기준치**

지역별 각각 지자체에서 지정하는 것에 따른다.

지역의 종류	기 준 치	
	주 간	야 간
AA	50dB 이하	40dB 이하
A 및 B	55dB 이하	45dB 이하
C	60dB 이하	50dB 이하

- 시간은 주간을 오전 6시부터 오후 10시까지의 사이 야간을 오후 10시부터 익일 오전 6시까지의 사이로 한다.
- AA를 적용시키는 지역은 요양 시설, 사회 복지 시설 등이 집합 설치되는 지역 등 특히 평온이 필요한 지역으로 한다.
- A를 적용시키는 지역은 오로지 주거용 지역으로 한다.
- B를 적용시키는 지역은 주로 주거용으로 제공되는 지역으로 한다.
- C를 적용시키는 지역은 상당수의 주거와 아울러 상업, 공업 등으로 제공되는 지역으로 한다.

단, 다음 표에 보이는 지역은 상기 표에 의하지 않고 다음 표의 기준치대로 한다.

지역의 구분	기 준 치	
	주 간	야 간
A지역 중 2차선 이상의 차선*1을 가진 도로에 면하는 지역	60dB 이하	55dB 이하
B지역 중 2차선 이상의 차선*1을 가진 도로에 면하는 지역 및 C지역 중 차선을 가진 도로에 면하는 지역	65dB 이하	60dB 이하

* 1) 차선이란, 1종렬의 자동차가 안전하고 원활히 주행하기 위해 필요한 일정한 폭을 가지는 띠모양의 차도 부분을 말한다.

■간이판■

레벨 1	배려하고 있지 않다.
레벨 2	다소 배려를 하고 있다.
레벨 3	표준적 배려를 하고 있다.
레벨 4	적극적 배려를 하고 있다.
레벨 5	전면적 배려를 하고 있다.

【평가대상 외】
※없음

□ 해 설

대상구역 내의 공동시설의 소음 발생원 배려 및 대책을 평가한다.

공동시설 외의 소음 발생원에 대해서는 각각의 건축물에서 대책이 되고 있는 것으로 판단하여 여기에서는 평가대상 외로 한다.

- 토지이용계획에 있어서 소음 발생 시설의 배치계획상의 배려를 평가한다.
- 본 항목에서 평가하는 소음 발생 시설이란, 소음 규제법의 규제 대상이 되는 특정 시설, 대규모 소매점포 입지법의 규제 대상이 되는 시설 및 일정 규모 이상(30대 이상)이 규합된 주차장 또는, 거기에 관련되는 진입로 등으로 한다.
- 전면적 배려란, 소음 발생 시설이 없는 경우, 혹은 소음 발생원은 존재하나 대상구역의 외주부(부지 경계에서 안쪽 10m까지의 영역)에는 1개도 배치되어 있지 않은 경우로 한다.
- 적극적 배려란, 존재하는 소음 발생 시설의 총수 중 대부분(80% 이상)의 시설이 대상구역의 외주부(부지 경계에서 안쪽 10m까지의 영역)에는 배치되어 있지 않은 경우로 한다.
- 표준적 배려란, 존재하는 소음 발생 시설의 총수 중 과반(50% 이상)의 시설이 대상구역의

외주부(부지 경계에서 안쪽 10m까지의 영역)에는 배치되어 있지 않은 경우로 한다.

- 다소의 배려란, 존재하는 소음 발생 시설의 총수 중 다소(20% 이상)의 시설이 대상구역의 외주부(부지 경계에서 안쪽 10m까지의 영역)에 배치되어 있지 않은 경우로 한다.
- 존재하는 소음 발생원의 총수 중 대부분(80% 이상)의 시설이 대상구역의 외주부(부지 경계에서 안쪽 10m까지의 영역)에 배치되고 있는 경우, '배려하고 있지 않다'로 한다.
- 소음 발생 시설을 지하에 배치하는 것에 의해 격리하였을 경우에 대해서는, 그 소음 발생원은 없는 것으로 평가한다.

●1.4.2 진동이 대상구역 외에 미치는 영향의 경감

운용 시 진동이 발생하는 개소에 대하여 발생하는 진동 자체의 저감이나 설치 장소의 배려, 진동의 전파 억제 대책에 의해 적절한 진동환경을 확보한다. 또 진동원이 되는 시설에 대해서는 토지이용계획에 있어서 배치계획의 검토를 실시하여 바람직한 장소에 배치한다. 단, 진동의 발생원이 대상구역 내에 존재하지 않는 경우는 평가대상 외로 한다.

■■표준판■■

레벨	기준
레벨 1	평가 득점률(Ⅲ)이 0≦득점률<0.2
레벨 2	평가 득점률(Ⅲ)이 0.2≦득점률<0.4
레벨 3	평가 득점률(Ⅲ)이 0.4≦득점률<0.6
레벨 4	평가 득점률(Ⅲ)이 0.6≦득점률<0.8
레벨 5	평가 득점률(Ⅲ)이 0.8≦득점률

평가 시도

항　목	포인트 0	포인트 1	포인트 2	포인트 3	포인트 4
① 토지이용 계획의 배려	배려하고 있지 않다.	(해당 없음)	배려하고 있다.	(해당 없음)	(해당 없음)
② 진동 억제	진동규제법에서 정한 현행법의 규제기준*1을 초과하고 있다.	(해당 없음)	진동규제법에서 정한 현행 규제기준*1이하로 억제되고 있다.	(해당 없음)	진동규제법에서 정한 현행 규제기준*1보다 대폭으로*2 억제되고 있다.
Ⅰ. 합계점수 = 　점		Ⅱ. 최고점수 = 　점		Ⅲ. 득점률(Ⅰ÷Ⅱ) = 　점	

*1) 규제 기준은 현행 값으로 하며, 현행 기준 이전에 설치된 시설에 대해서도 현행의 기준으로 평가한다.
*2) 포인트 4는 [현행 기준치-5dB] 이하로 억제되고 있는 경우로 한다.

【평가대상 외】
※공동시설에서 진동규제법의 규제 대상이 되는 특정 시설이 없는 경우는 평가대상 외로 한다.

□ 해　설

대상구역 공동시설의 진동 발생원 배려 및 대책을 평가한다.

본 항목에서의 평가대상은 진동규제법에서 규정하는 특정 시설에 의해 규제되는 시설로 한다. 공동시설 이외의 진동 발생원은 각각의 건축물에서 발생원 대책이 되는 것이라고 판단하여, 여기에서는 평가대상 외로 한다.

① 토지이용계획의 배려
• 토지이용계획의 진동 발생 시설 배치계획을 평가한다.
• 배려하고 있다는 것은, 배치계획(조닝)에 의해 쾌적한 진동환경이 요구되는 개소에 대해서 영향을 미치지 않는 장소까지 진동 발생 시설을 격리하는 경우를 말한다.

② 진동 억제
• 진동규제법의 규제 대상이 되는 특정 시설에 해당하는 경우에 진동규제법의 평가 기준으로 평가한다.
• 계획 시 사양으로 평가해도 무관한 것으로 한다. 단, 진동규제법으로 정하는 계측 기간 주간(am8시~pm7시), 조·석(am6시~am8시, pm7시~pm10시), 야간(pm10시~익일 아침 6시))의 어느 시간에 있어도 기준을 채우고 있는 것이 평가 조건이 된다.
• 레벨 5로 평가할 경우는 현행 규제 기준보다 진동이 큰 폭으로 억제되는 것을 제삼자가 확인할 수 있는 자료를 첨부한다.

≪진동규제법에 있어서의 기준치≫
각각의 지역구분 및 구분마다의 규제 기준은 도도부현 지사가 정하는 것에 따른다. 아래 도쿄의 도쿄도 환경 확보 조례에 도쿄지사가 정한 공장·지정 작업장과 관련되는 진동의 규제기준을 포인트 2로 했을 경우의 예시이다.

① 제1종 지역(제1종 저층 주거 전용지역, 제2종 저층 주거 전용지역, 제1종 중고층 주거 전용지역, 제2종 중고층 주거 전용지역, 제1종 주거지역, 제2종 주거지역, 준주거 지역, 무지정 지역)
• 양호한 주택 환경을 보전하기 위하여 특히 평온 유지가 필요한 구역
• 주택용으로 제공되기 때문에 평온 유지가 필요한 구역

	주 간	야 간
포인트 0	규제 기준을 충족시키지 않는다.	규제 기준을 충족시키지 않는다.
포인트 1	(해당 없음)	(해당 없음)
포인트 2	60dB 이하	55dB 이하
포인트 3	(해당 없음)	(해당 없음)
포인트 4	55dB 이하	50dB 이하

② 제2종 지역(근린상업 지역, 상업지역, 준공업지역, 공업지역, 공업 전용 지역)
• 주택, 상업, 공업 등의 용도로 제공되는 구역
• 주로 공업용으로 제공되는 지역, 주민의 생활환경 보전 구역

	주 간	야 간
포인트 0	규제 기준을 충족시키지 않는다.	규제 기준을 충족시키지 않는다.
포인트 1	(해당 없음)	(해당 없음)
포인트 2	65dB 이하	60dB 이하
포인트 3	(해당 없음)	(해당 없음)
포인트 4	60dB 이하	55dB 이하

■간이판■

레벨 1	배려하고 있지 않다.
레벨 2	(해당 없음)
레벨 3	배려하고 있다.
레벨 4	(해당 없음)
레벨 5	(해당 없음)

【평가대상 외】
※있음

□ 해 설

대상구역의 공동시설의 진동 발생원의 배려 및 대책을 평가한다.

본 항목에서의 평가대상은 진동규제법에서 규정하는 특정 시설에 의해 규제되는 시설로 한다.

공동시설 외의 진동 발생원에 대해서는 각 건축물의 발생원 대책이 되고 있는 것이라고 판단하여 평가대상 외로 한다.

- 토지이용계획의 진동 발생 시설의 배치계획 배려를 평가한다.
- 배려한다는 것은, 배치계획(조닝)에 의하여 쾌적한 진동환경이 요구되는 개소에 대해서 영향을 미치지 않는 장소까지 진동 발생 시설을 거리적으로 격리하고 있는 경우를 말한다.

●1.4.3 악취가 대상구역 외에 미치는 영향 경감

운용 시에 악취가 발생하는 개소에 대하여 악취 발생을 억제함과 동시에, 그 설치 장소의 배려 및 주위로의 악취 확산 억제 대책을 실시한다. 단, 악취의 발생원이 대상구역 내에 존재하지 않는 경우는 평가대상 외로 한다.

■■표준판■■

레벨 1	평가 득점률(Ⅲ)이 0≦득점률<0.2
레벨 2	평가 득점률(Ⅲ)이 0.2≦득점률<0.4
레벨 3	평가 득점률(Ⅲ)이 0.4≦득점률<0.6
레벨 4	평가 득점률(Ⅲ)이 0.6≦득점률<0.8
레벨 5	평가 득점률(Ⅲ)이 0.8≦득점률

평가 시도

항 목	포인트 0	포인트 1	포인트 2	포인트 3	포인트 4
① 발생원 대책	배려하고 있지 않다	(해당 없음)	표준적 배려	(해당 없음)	전면적 배려
② 악취 발생원 장소 배려	배려하고 있지 않다	(해당 없음)	표준적 배려	(해당 없음)	전면적 배려
Ⅰ. 합계 포인트= 점		Ⅱ. 최고 포인트= 점		Ⅲ. 득점률(Ⅰ÷Ⅱ)= 점	

【평가대상 외】
※주요 건축물에 부수되지 않는 외부 공간 등에 악취 발생원이 없는 경우는 평가대상 외로 한다.

□ **해 설**

대상구역의 주요 건축물에 부수되지 않는 외부 공간 등에 존재하는 악취 발생원의 대책을 평가한다. 평가항목으로는 쓰레기 집적 장소, 공장 등이 발생원으로서 상정된다.

건물 내부의 악취 발생원은 개개의 건축물에서 발생원 대책이 되는 것으로 판단하여, 여기에서는 평가대상 외로 한다. 단 각각 건축물의 발생원 대책이 불충분하고, 건축물 외부에 대한 악취 발생원이 명백한 경우는 평가대상으로 한다.

① 발생원 대책

- 악취 발생원의 대책을 평가한다.
- '표준적 배려'란, 쓰레기 집적 장소의 밀폐화, 냄새제거 장치의 도입 등, 발생한 악취를 외부에 누설시키지 않기 위한 대책 등을 말한다.
- '전면적 배려'란, 쓰레기의 공기수송 집적, 악취원의 현지 사전 처리 등, 악취 자체를 발생시키지 않는, 혹은 저감시키는 시도 등을 말한다.

② 악취 발생원 장소 배려

- 악취 발생원이 될 가능성이 있는 시설 설치 장소에 대한 배려를 평가한다.
- '표준적 배려'란, 악취 발생원에 대해서 거리적인 격리를 실시했을 경우 등을 말한다.
- '전면적 배려'란, 악취 발생원의 backyard화나, 악취 발생원을 건축물에 밀폐해 격리하는 경우 등을 말한다.

■간이판■

레벨 1	시도하고 있는 항목이 없다.
레벨 2	시도하고 있는 항목수가 1
레벨 3	(해당 없음)
레벨 4	시도하고 있는 항목수가 2
레벨 5	(해당 없음)

평가 시도

항 목	내 용
① 발생원 대책	악취 발생원에 있어서의 대책을 실시하고 있다.
② 악취 발생원이 되는 장소의 배려	악취 발생원의 설치 장소에 대해 배려를 하고 있다.

【평가대상 외】
※있음

□ **해 설**

대상구역의 주요 건축물에 부수되지 않는 외부공간 등에 존재하는 악취 발생원의 대책을 평가한다. 평가항목으로는 쓰레기 집적 장소, 공장 등이 발생원으로 상정된다.

건물 내부의 악취 발생원은 개개의 건축물에서 발생원 대책이 되고 있는 것으로 판단하여, 여기에서는 평가대상 외로 한다. 단 개개의 건축물에 있어서의 발생원 대책이 불충분하고, 건축물 외부에 대한 악취 발생원이 되는 것이 명백한 경우는 평가대상으로 한다.

① 발생원 대책
- 악취 발생원의 대책을 평가한다.
- 쓰레기 집적 장소의 밀폐화, 냄새제거 장치 도입 등 발생한 악취를 외부에 누설시키지 않기 위한 대책 등을 평가한다.

② 악취 발생원 장소 배려
- 악취 발생원이 될 가능성이 있는 시설 설치 장소에 대한 배려를 평가한다.
- 악취 발생원의 backyard화나, 악취 발생원을 건축물에 밀폐해 격리하는 경우 등을 평가한다.

● 1.5 지구 외의 풍해 · 일조 저해 억제

● 1.5.1 대상구역 외의 풍해 억제

건축군에 의한 구역 외에 대한 풍해의 발생을 억제하도록 건축군 형태나 배치 검토, 수림대 설치 등의 대책을 실시한다.

■■표준판■■

레벨 1	강풍역의 발생 등을 파악하고 있지 않다.	
레벨 2	건설 전의 랭크보다 일부 악화	
	(기준 용적률 150% 이하의 지역)	(해당 없음)
레벨 3	건설 전의 바람의 랭크를 유지	
	(기준 용적률 150% 이하의 지역)	강풍역을 파악하여, 필요에 따라서 문제에 대한 대책을 강구하고 있다.
레벨 4	건설 전의 랭크를 유지하고 있어, 일부의 측정점(영역)으로써 1랭크 이상 향상하고 있다.	
레벨 5	건설 전의 랭크를 유지하고 있어, 전 측정점(영역)의 20% 이상에서 1랭크 이상 향상하고 있다.	

【평가대상 외】
※없음

□ **해 설**
- 건축군의 배치나 형태에 의한 강풍역 발생의 저감 · 억제를 평가한다.
- 방풍 수림대나 방풍벽 등 발생 강풍을 완화 · 억제하는 외구부 시도를 평가한다.
- 강풍역의 발생을 파악하여 건설 전후의 풍황 변화로 평가한다.
- 풍환경의 랭크 평가는 환경 영향 조사 등에 이용되는 수법을 적당히 이용한다(Q-1-5-2에 예시된 랭크 평가 수법(풍환경평가 척도) 이외를 이용해도 상관없다).
- 강풍역의 발생 상황을 파악하고 있지 않는 경우를 레벨 1, 강풍역의 발생 상황을 파악해 건설 전후 비교를 실시하여 건설 전의 랭크보다 일부 악화되었을 경우를 레벨 2, 일부에서 개선해 일부에서 악화되는 등 종합적으로 파악해 건설 전의 바람의 랭크를 유지하고 있는 경우를 레벨 3, 건설 전의 랭크를 유지하고 있으며, 일부의 측정점 및 영역에서 1랭크 이상 향상하고 있는 경우를 레벨 4, 건설 전의 랭크를 유지하고 있으며, 전 측정점 및 영역의 20% 이상에서 1랭크 이상 향상하고 있는 경우를 레벨 5로 한다.

■간이판■

레벨 1	강풍역의 발생 등을 파악하고 있지 않다.
레벨 2	(해당 없음)
레벨 3	강풍역을 파악하여 필요에 따라 대책을 강구한다.
레벨 4	(해당 없음)
레벨 5	(해당 없음)

【평가대상 외】
※없음

□ 해 설

- 건축군의 배치나 형태에 의한 강풍역 발생의 저감・억제를 평가한다.
- 방풍 수림대나 방풍벽 등, 발생한 강풍을 완화・억제하는 외구부(外構部)의 시도를 평가한다.

●1.5.2 대상구역 외의 일조 저해 억제(겨울)

일조를 확보하도록 건축군의 배치・형태를 배려한다.

■표준판・간이판(공통 항목)■

레벨 1	건축 기준법을 준수하고 있다.
레벨 2	(해당 없음)
레벨 3	건축군으로서 복합 일영을 조사해, 기준을 채우고 있다.
레벨 4	건축군으로서 복합 일영을 조사해, 1랭크 높은 기준을 채우고 있다.
레벨 5	(해당 없음)

【평가대상 외】
※해당 구역에 일영 규제가 없는 경우는 평가대상 외로 한다.

□ 해 설

- 건축 부지마다 건축 기준법의 일영 규제를 충족하는 경우를 레벨 1로 한다.
- 복수 부지로 구성되는 지구에서, 그것들을 건축군으로서 복합 일영을 고려해 일영 규제를 충족하는 경우를 레벨 3으로 하여, 일영 규제의 1랭크 높은 기준을 충족하는 경우를 레벨 4로 한다.
- 일조 저해의 억제에서 1순위 상위란 예를 들면 근린상업 지역에서 일영 규제가 5시간/3시간(5m, 10m)의 경우를 말하며, 그것보다 하나 엄격한 기준의 준주거 지역에서 4시간/2.5시간이면, 준주거 지역의 일영 규제를 충족하는 경우이다.
  또한 이미 가장 엄격한 규제를 받고 있는 경우, 규제 기준보다 −1시간/−0.5시간(5m, 10m)을 1랭크 높은 기준으로 간주한다.
- 단일 건축물에 적용하는 경우는 건축 기준법 준수를 레벨 3으로 한다.

●1.6 지구 외의 광해(光害) 억제

●1.6.1 조명 · 광고물 등의 광해 억제

옥외 조명, 광고물 등의 밝기나 방향 등에 대한 적절한 계획이나 관리를 실시한다.

■표준판 · 간이판(공통 항목)■

레벨 1	배려하고 있지 않다.
레벨 2	레벨 1과 레벨 3의 중간레벨
레벨 3	표준적 배려
레벨 4	레벨 3과 레벨 5의 중간레벨
레벨 5	전면적 배려

【평가대상 외】
※없음

□ **해 설**

- 옥외 조명에 대해서「광해대책 가이드라인」(환경성) 또는「지역 조명 계획」(해당 지역에서 정해져 있는 경우)에 있어서「좋은 조명 환경을 얻기 위한 체크 리스트」〈참고 1)〉에 대한 달성 비율을 이하와 같이 '없음, 소레벨, 대레벨' 3단계로 평가한다.
  - 없 음 : 체크 리스트 항목이 거의 없음
  - 소레벨 : 체크 리스트 항목이 일부
  - 대레벨 : 체크 리스트 항목이 과반
- 광고물 등에 의한 광해에 대해서는「광해대책 가이드라인」에 제시한「광고물 조명의 배려 사항」〈참고 4)〉을 평가할 때 참고로 하여 앞서 서술한 바와 같이 3단계에서 평가한다.
  - 없 음 : 광고탑의 야간 조명 조치를 강구하지 않고 주변에 현저한 영향을 준다고 인정되는 경우
  - 소레벨 : 광고탑의 야간 조명에 대해 영향이 없다고 인정되는 경우
  - 대레벨 : 광고탑의 야간 조명을 실시하지 않은 경우 또는「광고물 조명의 배려 사항」에 적합하고 있는 경우
- 옥외 조명, 광고탑 등의 몇 개의 평가에 없음이 상당한 경우, '배려하고 있지 않다'(레벨 1)라고 한다.
- '표준적 배려'란, 옥외 조명, 광고탑 등 어느 평가도 소레벨 이상인 경우로 한다.
- '전면적 배려'란, 옥외 조명, 광고탑 등 어느 평가도 대레벨인 경우로 한다.

■ 참고 1) 광해대책 가이드라인 '좋은 조명 환경을 얻기 위한 체크 리스트'

체 크 항 목	대 책 예
0. 검토 체제가 적절한가 어떤가. ☐ 검토 체제에 조명 전문가가 참가하고 있는가.	→ 빛이나 조명에 관한 전문 지식이 있는 사람을 검토 체제에 참여시킨다. → 체제 그 자체에 참가하는 것이 어려울 경우는 어드바이저로서 조언을 받는다.
1. 에너지의 유효 이용이 꾀해지고 있는가. ☐ 목적에 따른 적절한 조도 레벨이 설정되어 있는가. JIS 조도기준 등의 조명에 관한 여러 기준에 대해서 조도가 과잉이 아닌가 또 너무 낮지는 않는가. ☐ 조명 범위는 적절한가. 필요 이상으로 넓지 않은가. ☐ 광원은 종합 효율이 높은 것을 채용했는가. ☐ 조명기구는 조명률의 높은 것, 혹은 조명률이 높아지도록 설치를 검토했는가.	→ JIS 조도기준 등의 조명 기준을 참고하여, 목적에 맞는 조도를 설정한다. 너무 높은 경우는 광원의 와트를 보다 낮은 것으로 바꾼다. → 조명 범위를 재검토한다. → 참고 2) 「옥외 조명 설비의 가이드」의 종합 효율 이상으로 한다. → 조명기구의 배광, 설치 위치를 재검토한다.
2. 인간의 제반 활동 영향에 관한 저감 대책을 강구하고 있는가. ☐ 위쪽이나 주변의 누설광이 적은 조명기구를 채용했는가. 또 누설광의 저감책을 검토했는가. 그것은 참고 2) 「옥외 조명 설비의 가이드」의 상방 광속비를 만족하고 있는가. ☐ 섬광이나 극단적인 명암이 억제되고 있는가. 조명기구의 문제가 될 방향의 광도나 휘도의 제한해야 할 목표치를 검토했는가. ☐ 현저하게 과잉인 조명(밝기・빛남・색채 및 그 시간적 변화 등)이 불쾌감을 주거나 생활을 방해하거나 할 일은 없는가. 피조면의 휘도, 누락광에 의한 창면 조도 등의 제한해야 할 목표치를 검토했는가.	→ 참고 2) 「옥외 조명 설비의 가이드」의 상방 광속비를 만족하는 조명기구를 선택한다. 또는 이하가 되는 설치를 검토한다. → 조명기구 선정, 조사 방향을 재검토한다. 필요에 따라서, 루버, 후드 등으로 차광한다. → 설정 조도(휘도)나 운용 방법을 재검토한다. 필요에 따라서, 설정 조도(휘도)를 내린다. 또는 루버, 후드 등으로 조명기구를 차광한다.
3. 동식물(자연생태계)에의 영향에 관한 저감 대책을 강구하고 있는가. ☐ 주위와 조화를 검토했는가. 주변 환경보다 현저하게 과잉인 조명을 계획하고 있지 않는가. ☐ 조명 설비의 주변 환경에 있어서 보호해야 할 동식물에 대해 조사했는가. 또 보호해야 할 동식물에 영향을 미치지 않도록 대책을 검토했는가.	→ 설정 조도를 재검토한다. 너무 높은 경우는 광원의 와트를 보다 낮은 것으로 바꾼다. → 주변 환경에의 영향을 재조사해, 조명 설비 설치의 가부, 설정 조도나 사용 조명 기기, 운용 방법 등의 타당성을 재검토한다.
4. 운용・관리 방법을 검토했는가. ☐ 주변 환경에 따른 시간별 운용 계획을 세웠는가. ☐ 정기적인 청소・램프 교환을 검토했는가.	→ 심야의 조광, 감등, 소등을 검토한다. → 정기적인 점검・청소・램프 교환의 실시를 검토한다.
5. 거리 만들기에의 적용에 유의했는가. ☐ 전체적인 코디네이트를 실시했는가. ☐ 공공 공간, 반(半)공공 공간, 프라이빗 공간을 포함한 광설계의 검토를 실시했는가. ☐ 대책의 타깃은 적절히 선정했는가. ☐ 안전・안심의 배려를 실시했는가.	→ 거리 만들기 코디네이트에 의한 냉방 부하나 경관의 영향 체크 등 → 도로 양측의 부지나 대로에 접한 공간 조명을 광설계 대상으로 하는 등 → 영향이 크다고 생각되는 주차장, 중고차 판매장, 옥외 골프장의 배려 등 → 방범에 적절한 조명 검토 등

■ 참고 2) 광해대책 가이드라인 · 옥외 조명 설비 가이드

규제항목	평 가	내 용
종합 효율	종합효율로 평가 램프 광속/(램프 전력+점등 회로의 전력 손실)	램프 입력 전력이 200W 이상인 경우는 60[lm/W] 이상 램프 입력 전력이 200W 미만인 경우는 50[lm/W] 이상인 것을 추천한다.
조명률	조명률=유효 이용 광속/총램프 광속=(조명 면적×평균 조도)/총램프 광속	조명률은 램프에서 발생한 광속 가운데 조명이 필요한 장소 혹은 물건에 도달하는 광속의 비율이다.
상방 광속비	ULOR=상방 광속/램프 광속에서 평가	조명 환경 Ⅰ* : 0%
		조명 환경 Ⅱ* : 0~5%
		조명 환경 Ⅲ* : 0~15%
		조명 환경 Ⅳ* : 0~20%
섬광 및 인간의 활동 영향	조명학회 「보행자를 위한 옥외 공공 조명 기준」의 '섬광의 제한' 항목에 따른다.	
	기본적으로 기존 JIS, 기술 지도에 따른다.	
동식물의 영향	조명기구의 배광 · 부착법의 개량 혹은 환경 측에 설치하는 차광체 등으로 자연 환경을 조사하는 인공광을 가능한 억제할 것	

* : 조명 환경 Ⅰ~Ⅳ의 분류는 참고 3)에서 살펴볼 수 있다.

■ 참고 3) 광해대책 가이드라인 · 조명 환경의 4 유형

① 조명 환경 Ⅰ	자연공원이나 시골지역 등으로, 옥외 조명 설비의 설치 밀도가 상대적으로 낮고 본질적으로 어두운 지역.
② 조명 환경 Ⅱ	촌락부나 교외의 주택지 등으로, 도로등이나 방범등이 배치된 정도이며, 주변 밝기가 낮은 지역.
③ 조명 환경 Ⅲ	도시지역 주택지 등으로, 도로등 · 가로등이나 옥외 광고물 등이 어느 정도 설치되어 주위 밝기가 중간 정도의 지역.
④ 조명 환경 Ⅳ	대도시 중심부 번화가 등으로, 옥외 조명이나 옥외 광고물의 설치 밀도가 높고 주위 밝기가 높은 지역.

■ 참고 4) 광해대책 가이드라인 · 광고물 조명의 배려 사항

배 려 사 항	내 용
(1) 누설광에 대한 배려 □조도, 휘도를 주는 범위의 적정한 설정을 실시한다. □발광 방식의 적절한 선택을 실시한다. □인공광 사용 총량의 삭감을 위한 세세한 대책을 실시한다.	→특히, 서치 라이트, 레이저 등 광범위하게 빛이 새어 영향이 큰 것은 사용하지 않는다. →내조식 간판이나 형광 부분 노출에 의한 것은 그 설치에 대해 충분히 배려한다. →콘트라스트의 설계를 궁리해, 인공광 사용 총량의 삭감을 실시한다.
(2) 빛의 성질에 관한 배려 □점멸을 시키지 않을 것 □움직이지 않을 것 □투광 조명을 착색하지 않을 것	→발광 부분을 점멸시키지 않는다. →발광 부분 및 조사 범위를 움직이지 않는 일 →투광기에 대하여 필터를 통한 착색 등은 실시하지 않는다. (환경 배려로서 필터를 거는 것은 제외)
(3) 저에너지에 관한 배려 □효율이 좋은 광원 사용을 추천한다. □점등 시간을 적절히 관리한다.	

LRup1

●1.6.2 건물 외벽이나 옥외 구조물에 의한 주광반사 억제

건축 외장재의 배려, 주광의 외벽 반사에 의해 생기는 주변지역에 대한 섬광의 발생을 억제하는 대책에 대해 평가한다.

■표준판 · 간이판(공통 항목)■

레벨 1	배려하고 있지 않다
레벨 2	(해당 없음)
레벨 3	표준적 배려
레벨 4	(해당 없음)
레벨 5	전면적 배려

【평가대상 외】
※없음

□ **해 설**

- 건물 외벽(유리면을 포함)의 반사광(섬광)에 의해 주변지역에 현저한 영향이 있는 경우를 '배려 없음'으로 한다.
- 건물 외벽(유리면을 포함)의 반사광(섬광)에 대해 특히 영향이 없는 경우를 '표준적 배려'로 한다.
- 건물 외벽(유리면을 포함)의 반사광(섬광)이 발생하지 않는 경우를 '전면적 배려'로 한다.

■ 참고 1) 건물의 반사광의 광해대책

건물의 외관이 유리면인 경우에는 주위의 반사광 배려가 특별히 요구된다. 벽면이 곡면의 경우나 비스듬한 경우에는 생각지 못한 범위의 광해 영향이 미치는 일도 있으므로, 사전에 충분히 검토하는 것이 요구된다. 최근에는 아래 그림과 같이 컴퓨터를 이용한 시뮬레이션이 가능해 반사광의 영향을 파악하는 것이 용이하다.

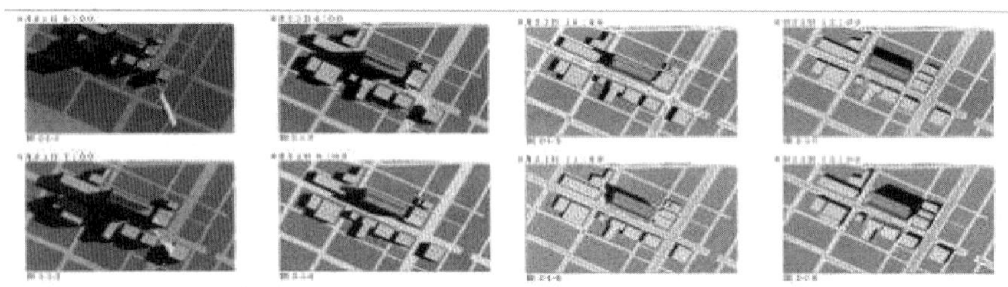

(그림 제공) 일본 설계

또 반사광에 대한 주된 대책 방법은 다음과 같다.

대 책	방 법	내 용
반사 측에서의 대책	반사율 저감	반사면의 실내 측에 반사를 억제하는 필름을 붙이거나, 도료를 유리에 코팅하여 반사율을 저감한다.
	난반사	유리의 표면 처리 형판 유리의 사용 등으로 빛을 난반사시키고 확산성을 높인다.
	반사 각도 조정	유리의 설치 각도를 조절해 영향을 줄인다.

(주의점) 일사 흡수율이 높아져, 유리의 열균열이 생기기 쉬워지는 일이 있다.
표면 가공한 유리는 내풍압 강도 면에서 제한이 있다.

LR$_{UD}$2 사회 기반

● 2.1 상수 공급(부하)의 저감

● 2.1.1 저장우수의 적극적 이용 촉진

■■표준판■■

레벨 1	평가의 득점률(Ⅲ)이 0≦득점률<0.2
레벨 2	평가의 득점률(Ⅲ)이 0.2≦득점률<0.4
레벨 3	평가의 득점률(Ⅲ)이 0.4≦득점률<0.6
레벨 4	평가의 득점률(Ⅲ)이 0.6≦득점률<0.8
레벨 5	평가의 득점률(Ⅲ)이 0.8≦득점률

평가 시도

항 목	포인트 0	포인트 1	포인트 2	포인트 3	포인트 4
① 외부 공간의 우수 저장과 활용	(해당 없음)	(해당 없음)	활용하고 있지 않다.	(해당 없음)	활용하고 있다.
② 집합화한 우수 저장조의 상호 이용	(해당 없음)	(해당 없음)	상호 이용하고 있지 않다.	(해당 없음)	상호 이용하고 있다.
③ 단일 저장의 의무 부여	(해당 없음)	(해당 없음)	의무화하고 있지 않다.	(해당 없음)	의무화하고 있다.
Ⅰ. 합계 포인트= 점		Ⅱ. 최고 포인트 = 12점		Ⅲ. 득점률(Ⅰ÷Ⅱ) = 점	

【평가대상 외】
※없음

□ 해 설

① 외부 공간의 우수저장과 활용
- 대상구역 내 외부 공간에서의 우수를 저장해 활용하는 시도를 평가한다.

② 집합화한 우수 저장조의 상호 이용
- 대상구역 내 복수 건물이 공동으로 우수 저장조를 이용하는 시도를 평가한다.

③ 단일 저장의 의무 부여
- 대상구역 내 건물에 대해서 우수 저장의 의무화를 실시하고 있는 시도를 평가한다.

■간이판■

레벨 1	(해당 없음)
레벨 2	(해당 없음)
레벨 3	임하고 있는 항목이 없다.
레벨 4	임하고 있는 항목수가 1 또는 2
레벨 5	임하고 있는 항목수가 3

평가 시도

항　목	내　용
① 외부 공간의 우수저장과 활용	활용하고 있다.
② 집합화한 우수 저장조의 상호 이용	상호 이용하고 있다.
③ 단일 저장의 의무 부여	의무화하고 있다.

【평가대상 외】
※없음

□ **해　설**

① 외부 공간의 우수저장과 활용
- 대상구역 내 외부 공간에 있어 우수를 저장하여 활용하는 시도를 평가한다.

② 집합화한 우수 저장조의 상호 이용
- 대상구역 내 복수 건물이 공동으로 우수 저장조를 이용하는 시도를 평가한다.

③ 단일 저장의 의무 부여
- 대상구역 내 건물에 대해서 우수 저장의 의무화를 실시하고 있는 시도를 평가한다.

● 2.1.2 중수도 시스템에 의한 물 순환 이용

오수 이외의 잡배수 순환 이용을 평가한다.

■표준판 · 간이판(공통 항목)■

레벨 1	(해당 없음)
레벨 2	(해당 없음)
레벨 3	공동의 중수도 시스템이 없다
레벨 4	(해당 없음)
레벨 5	공동의 중수도 시스템을 정비하고 있다

【평가대상 외】
※없음

□ **해　설**

- 대상구역 내 몇 개의 건축물이 공동의 중수도 시스템을 가지고, 화장실이나 옥외 살수 등에 이용하는 시도를 평가한다.

● 2.2 우수 배수 부하의 저감

● 2.2.1 침투성 포장이나 침투 트렌치 등에 의한 외부 공간의 표면 유출 억제

우수의 지면 침투를 촉진하는 시도를 평가한다.

■■표준판■■

레벨 1	대책 없다.
레벨 2	(해당 없음)
레벨 3	공터 면적의 절반 이하에 적용하고 있다 혹은 동등한 침투 트렌치를 채용하고 있다.
레벨 4	(해당 없음)
레벨 5	공터 면적의 과반에 적용하고 있다 혹은 동등한 침투 트렌치를 채용하고 있다.

【평가대상 외】
※없음

□ 해 설

- 평가대상은 투수성 포장, 침투성, 침투 트렌치 등의 침투 시설 외에 지표면상의 식재지나 나대지 등 우수의 침투가 가능한 외부 공간에 대해서도 평가대상이 된다.
- 대상구역 내 공터 면적의 절반 이하에 대해 강우의 지하 침투 대책이 실시되고 있는 경우는 레벨 3, 과반의 경우엔 레벨 5로 평가한다.
- 행정지도 우수 유출억제 등의 대책이 의무화되고 있는 지역에서는 지도에 의거하는 대책을 실시하는 경우에는 레벨 3으로 하고, 이것보다 크게 웃도는 대책을 실시하고 있는 경우에는 레벨 5로 한다.

■간이판■

레벨 1	대책 없다.
레벨 2	(해당 없음)
레벨 3	대책 있다.
레벨 4	(해당 없음)
레벨 5	(해당 없음)

【평가대상 외】
※없음

□ 해 설

- 평가대상이 되는 시도는 침투성 포장, 침투승, 침투 트렌치 등의 침투 시설 외에 지표면상의 식재지나 나대지 등 우수의 침투가 가능한 외부 공간에 대해서도 평가대상이 된다.

● 2.2.2 조정지 · 유수지 등에 의한 우수의 유출 억제(피크 컷 peak cut)

■표준판 · 간이판(공통 항목)■

레벨	내용
레벨 1	(해당 없음)
레벨 2	(해당 없음)
레벨 3	필요 최소 범위만 실시하고 있다
레벨 4	(해당 없음)
레벨 5	필요 최소 범위 이상으로 실시하고 있다

【평가대상 외】
※행정 지도나 관계 법령, 지반조사 등에 의거, 우수를 지하에 침투시켜서는 안 된다고 판단함으로써 침투 시설을 설치하지 않는 경우에는 평가대상 외로 한다.

□ 해 설

- 평가대상은 조정연못이나 유수지, 외구나 옥외 주차장의 지하에 설치되는 쇄석 저장조, 옥상 등 건물 녹화에 수반하는 우수 저장 기능 확보 등의 우수 일시 저장 시설이다.
- 우수유출 억제에 관한 행정지도 등에 의거한 대책 레벨의 경우는 레벨 3, 그 이상의 대책을 강구하고 있는 경우에는 레벨 5로 평가한다. 행정 지도에 규정이 없는 지구는 대책량이 대체로 $300m^3$/ha 미만의 시도를 레벨 3으로 하고, $300m^3$/ha 이상의 시도는 레벨 5로 평가한다.

● 2.3 오수 · 잡배수의 처리 부하 저감

● 2.3.1 오수 · 잡배수의 고도처리 등을 통한 부하의 저감

■표준판 · 간이판(공통 항목)■

레벨	내용
레벨 1	(해당 없음)
레벨 2	(해당 없음)
레벨 3	고도 처리하고 있지 않다.
레벨 4	(해당 없음)
레벨 5	고도 처리하고 있다.

【평가대상 외】
※없음

□ 해 설

- 오수처리 부하를 억제하기 위한 시도로서 오수 정화 시스템이나 오수 재이용 시스템 등을 도입하는 경우, 수질의 정화도 또는 배수의 저감도에 따라 평가한다.
- 하수도 미정비 지역에 있어, 지역의 수질 기준보다 높은 성능의 정화조를 설치했을 경우에도 평가대상이 된다. 또 하수도 정비 지역에서도 수질을 보다 향상시키는 목적으로 정화조를 설치한 경우에는 평가대상이 된다(예를 들어 디스포저를 이용하는 경우에 정화조를 설치하여 정화한 후 배수하고 있는 경우가 해당됨).

● 2.3.2 배수 조정조 등에 의한 부하의 평준화

■표준판 · 간이판(공통 항목)■

레벨 1	(해당 없음)
레벨 2	(해당 없음)
레벨 3	평준화하고 있지 않다.
레벨 4	(해당 없음)
레벨 5	평준화하고 있다.

【평가대상 외】
※없음

□ **해 설**

- 최종적으로 대상구역으로부터의 배수를 직접 하수에 흘리기 전에 대상구역 내에 배수 조정조를 설치하고 마련하여 구역 외 부하를 평준화하는 시도를 평가한다.

● 2.4 쓰레기 처리 부하의 저감

● 2.4.1 쓰레기 보관 시설의 집약 정비에 의한 수집 부하 저감

■표준판 · 간이판(공통 항목)■

레벨 1	정비하고 있지 않다.
레벨 2	(해당 없음)
레벨 3	구역마다 개별적으로 정비하고 있다.
레벨 4	(해당 없음)
레벨 5	공동시설로서 정비하고 있다.

【평가대상 외】
※없음

□ **해 설**

- 대상구역 내에서 발생하는 폐기물에 대해, 그 수집 부하를 경감하기 위한 대책을 평가한다. 각 건축물이 쓰레기 집적소(스톡 야드 stock yard)를 가지는 것이 일반적이지만, 쓰레기 수집 부하를 경감하기 위해 몇 개의 건축물이 공동의 쓰레기 집적소를 대상구역의 일부에서 정비하고 있는 경우에는 레벨 3, 대상구역에서 전면적으로 정비하고 있는 경우는 레벨 5로 한다.

● 2.4.2 쓰레기의 용적 축소화 · 감량화, 혹은 퇴비화하기 위한 시설의 도입 및 운용

■표준판 · 간이판(공통 항목)■

레벨	내용
레벨 1	도입 · 운용하고 있지 않다.
레벨 2	(해당 없음)
레벨 3	부분적으로 도입 · 운용하고 있다.
레벨 4	(해당 없음)
레벨 5	전면적으로 도입 · 운용하고 있다.

【평가대상 외】
※없음

□ **해 설**

• 대상구역 내에서 쓰레기의 압축화 장치 등을 정비하고 있는 정도로 평가한다. 또 발생한 음식물 쓰레기를 퇴비화(compost)하는 장치 등도 평가대상이 된다. 평가는 이러한 시도 정도에 따라 레벨 1 · 3 · 5로 한다.

● 2.4.3 쓰레기 분리 수준과 처리 · 처분 루트의 확보

■표준판 · 간이판(공통 항목)■

레벨	내용
레벨 1	쓰레기 분리가 되어 있지 않다.
레벨 2	쓰레기 분리는 5종류 미만이다.
레벨 3	5종류 이상으로 쓰레기 분리가 되고 있지만, 처리 · 처분 등이 대응하고 있지 않다.
레벨 4	(해당 없음)
레벨 5	5종류 이상으로 쓰레기 분리되어 처리 · 처분 루트가 확보되고 있다.

【평가대상 외】
※없음

□ **해 설**

• 쓰레기의 재활용을 촉진시키기 위해서는 우선 쓰레기가 분리되는 것이 먼저이다. 또한 그 분리의 종류가 세세할수록 재활용 처리의 부하는 적게 된다. 그러나 그 분리의 세세함은 처리 · 처분 측인 지자체에 따라 차이가 있는 것이 현황이다. 따라서 최종적인 처리 · 처분 루트 및 수용처까지의 확보(배려)를 평가한다.

● 2.5 자동차 교통량에 관한 배려

● 2.5.1 다른 교통수단 전환을 통한 자동차 교통량의 총량 삭감

■표준판 · 간이판(공통 항목)■

레벨	내용
레벨 1	실시하지 않았다.
레벨 2	(해당 없음)
레벨 3	실시되고 있다(삭감 계획이 있다).
레벨 4	실시되고 있다(삭감 계획에 목표치가 설정되어 있다).
레벨 5	삭감 목표치의 검증 계획이 있거나 계속적으로 삭감 노력을 실행한다.

【평가대상 외】
※없음

□ **해 설**

- 대상구역 내에서의 이동 혹은 구역 외와의 이동에 있어 가능한 자가용차 이외의 교통수단을 선택하기 쉽게 하도록, 구역 내 주요 동선과 기존의 공공 교통기관과의 접속 · 연계나 순회 버스의 운행, 자전거 이용 촉진의 시도 등을 평가한다.
- 대상구역(해당 프로젝트)의 자동차 교통량 예측이 적절히 되고 있는 것이 전제가 된다. 교통 수요예측은 「국토교통성 도시 · 지역 정비국 도시계획과 도시교통 조사실(2007.3), 대규모 개발 지구 관련 교통 계획 메뉴얼 개정판」(http : //www.mlit.go.jp/crd/tosiko/manual/index.html)을 사용 또는 원용한다. 또 예측에 사용하는 교통수단별 분담률 데이터는 Person Trip 조사 결과 등을 사용하지만, 이것은 지자체의 교통 관계 부서에서 차용할 수 있다.
- 어떤 형태로든지 자동차 교통량 삭감 계획(정성적인 것이라도 상관없음)을 포함한 교통 계획이 작성되고 있는 경우는 레벨 3으로 한다.
- 그 삭감 계획에 해당 지역의 입지특성 · 교통특성 등을 감안하여 구체적 · 정량적인 삭감 목표치가 설정되어 있는 경우는 레벨 4로 한다.
- 또한 삭감 목표를 달성하기 위한 모니터링(시설 공용 후의 관련 교통량 실태 조사의 실시와 계획의 예측치와의 괴리에 관한 분석)을 통한 검증 계획을 작성하고 있는 경우(계획하여 실시하는 시책의 현실적 효과 파악에 근거하여 필요에 따른 대책 개선을 미리 계획하고 있는 상태), 그리고 계속적인 검증 · 삭감(결과 공표도 포함)을 시도하는 경우는 레벨 5로 한다.

● 2.5.2 주변 도로의 부하를 억제하는 동선계획

■표준판 · 간이판(공통 항목)■

레벨	내용
레벨 1	동선계획을 작성하고 있지 않다.
레벨 2	(해당 없음)
레벨 3	동선계획을 작성하여 정체가 발생되지 않는 대책을 강구하고 있다.
레벨 4	(해당 없음)
레벨 5	동선계획의 검증 계획이 있거나 계속적으로 검증하고 있다.

【평가대상 외】
※없음

□ 해 설

- 대상구역(해당 프로젝트)에 있어 발생 집중하는 자동차 교통이 주변 도로 각 구간을 처리할 수 있거나 정체를 발생시키지 않게 배려한 동선계획의 유무를 평가한다.
- 동선계획이 작성되어 개발 관련 교통을 포함한 장래 교통량이 주변 교차점(그 외의 교통 애로를 포함)에서 처리할 수 있는 대책을 강구하고 있는 경우는 레벨 3으로 한다.
- 교통 처리능력 내에 들어가는지 아닌지에 대해서는 단순 차로의 경우는 혼잡도, 신호 교차점의 경우는 (1) 교차점 포화도, (2) 모든 유입 차선에 대한 차선별 혼잡도, (3) 우회전·좌회전 등의 전용 차선이 있는 경우에는 그 필요 차선길이 확보 유무에 의해 판단하는 것으로 한다.
- 교차점 포화도나 차선별 혼잡도의 산출방법 등에 대해서는 「사단법인 교통공학 연구회편(2004), 개정 평면교차의 계획과 설계 기초편 제2판/사단법인 교통공학 연구회」를 사용한다. 또 우회전·좌회전 전용 차선의 필요길이에 대해서는 「사단법인 일본 도로협회편(2004), 도로 구조령의 해설과 운용(개정판)/사단법인 일본 도로 협회」를 사용한다.
- 신호가 없는 교차점에 대해서는 신호가 있다고 가정해 신호 교차점의 평가 수법을 원용하는 방법과 통칭 「서독의 계산법(OECD 보고서역)」(전술 : 「개정 평면교차의 계획과 설계 기초편 제2판」 부록 1 수록)에 의한 방법이 있지만, 모두 실증적인 검증이 부족한 면이 있기 때문에, 신호가 없는 교차점에만 대해서는 동적 교통 시뮬레이션에 의해 검증하는 것이 바람직하다.
- 또한 동적 교통 시뮬레이션에 의한 검증을 실시하는 경우에는, 사용하는 시뮬레이션 소프트웨어의 특성 차이나 입력 데이터의 소밀 등에 의한 재현성의 격차가 발생하는 일이 없도록 설정한 전제 조건이나 입력 데이터에 대해 상세하게 기술해 두는 것이 필요하다. 또 「교통 시뮬레이션 클리어링 하우스(사단법인 교통공학연구회 홈페이지 http://www.jste.or.jp/sim/index.html 내에 개설)」에 정보를 게재해 표준 검증을 공개하고 있는 시뮬레이션 소프트를 사용하는 등, 시뮬레이션의 프로세스나 결과가 자의적인 것이 되지 않도록 배려하는 것이 필요하다.

● 2.6 지구 전체의 면적인 에너지 이용

● 2.6.1 미이용 에너지·신에너지의 면적인 이용

■■표준판■■

레벨 1	(해당 없음)
레벨 2	(해당 없음)
레벨 3	이용하고 있지 않다.
레벨 4	이용하고 있다.
레벨 5	이용하고 있다.(대상구역 내의 연간 전 전력수요량 혹은 연간 전 열 수요량의 10% 이상을 투입 에너지 없이 공급하는 것과 동등의 효과가 있다.)

【평가대상 외】
※없음

□ 해 설

- 대상구역에서 태양광 발전, 태양열 이용 설비, 풍력 발전, 연료 전지, 하천수 이용 등의 자연 에너지나 미이용 에너지를 전기나 열로 변환해 이용하는 시도에 대해 평가한다.
- 대상구역에 있어 다소 시도하고 있는 경우(대략 대상구역의 연간 전 전력 수요량 혹은 연간

전 열 수요량의 10% 미만)에는 레벨 4, 비교적 많이(수요량의 대략 10% 이상) 도입하고 있는 시도를 레벨 5로 한다.

■간이판■

레벨 1	(해당 없음)
레벨 2	(해당 없음)
레벨 3	이용하고 있지 않다.
레벨 4	이용하고 있다.
레벨 5	(해당 없음)

【평가대상 외】
※없음

□ 해 설

- 대상구역에서 태양광 발전, 태양열 이용 설비, 풍력 발전, 연료 전지, 하천수 이용 등의 자연 에너지나 미이용 에너지를 전기나 열로 변환해 이용하는 시도에 대해 평가한다.
- 대상구역에서 다소 시도하고 있는 경우에는 레벨 4로 한다.

■ 참고 1) '신에너지'와 '미이용 에너지'의 용어 정의에 대해

- '신에너지'란, 「신에너지 이용 등의 촉진에 관한 특별 조치법(신에너지법)」에 의해, 태양광 발전, 풍력 발전, 태양열 이용, 온도차 에너지, 폐기물 발전, 폐기물 열이용, 폐기물 연료 제조, 바이오매스 발전, 바이오매스 열이용, 바이오매스 연료 제조, 설빙 열이용, 클린 에너지 자동차, 천연가스 코제네레이션, 연료 전지의 14종류가 정의되고 있다.
- '미이용 에너지'란, 자원 에너지청의 홈페이지에 의하면, ① 생활 배수나 중・하수의 열, ② 청소 공장의 배열, ③ 초고압 지중 송전선으로부터의 배열, ④ 변전소의 배열, ⑤ 하천수・해수의 열, ⑥ 공장의 배열, ⑦ 지하철이나 지하가의 냉난방 배열, ⑧ 설빙열 등을 들 수 있다.

● 2.6.2 면적 이용에 의한 전력・열부하의 평준화

■■표준판■■

레벨	타입	내용
레벨 1	(해당 없음)	
레벨 2	도심 타입	평준화하고 있지 않다.
	일반 타입	(해당 없음)
레벨 3	도심 타입	평준화하고 있다.
	일반 타입	평준화하고 있지 않다.
레벨 4	도심 타입	대상구역 내의 피크 전력의 2.5% 이상 5% 미만, 또는 피크열부하의 10% 이상 20% 미만을 평준화하고 있다.
	일반 타입	평준화하고 있다.
레벨 5	평준화하고 있다. (대상구역 내의 피크 전력의 5% 이상, 또는 피크열부하의 20% 이상을 평준화하고 있다.)	

【평가대상 외】
※없음

□ 해 설

• 평준화의 정도(피크 전력, 또는 피크열부하의 삭감률)에 의해 평가한다.

〈참고 자료〉

• 地域冷暖房技術手引書(改訂新版)/(社)日本地域冷暖房協会

■간이판■

레벨 1	(해당 없음)	
레벨 2	도심 타입	평준화하고 있지 않다.
	일반 타입	(해당 없음)
레벨 3	도심 타입	평준화하고 있다.
	일반 타입	평준화하고 있지 않다.
레벨 4	도심 타입	(해당 없음)
	일반 타입	평준화하고 있다.
레벨 5	(해당 없음)	

【평가대상 외】

※없음

□ 해 설

• 평준화의 정도(피크 전력, 또는 피크열부하의 삭감률)에 의해 평가한다.

〈참고 자료〉

• 地域冷暖房技術手引書(改訂新版)/(社)日本地域冷暖房協会

● 2.6.3 면적인 고효율 에너지의 활용

■■표준판■■

레벨 1	(해당 없음)	
레벨 2	도심 타입	활용하고 있지 않다.
	일반 타입	(해당 없음)
레벨 3	도심 타입	활용하고 있다.
	일반 타입	활용하고 있지 않다.
레벨 4	도심 타입	건물별 개별 열원 시스템에 대해 대상구역 내의 연간 일차 에너지량을 5% 이상 10% 미만 삭감하고 있다.
	일반 타입	활용하고 있다.
레벨 5	활용하고 있다. (건물별 개별 열원 시스템에 대해 대상구역 내의 연간 1차 에너지량을 10% 이상 삭감하고 있다.)	

【평가대상 외】

※없음

□ 해 설

• 지구(地區) 규모의 경제를 살리는 것으로 단일 건축물에서는 실현되기 어려운 고효율 에너지

시스템을 도입하여 일정 에너지 사용 삭감 효과를 목표로 하는 시도를 평가한다.

- 이러한 시스템의 도입 결정 프로세스에 대하여 통상적으로는 도입에 수반하는 에너지 삭감 효과에 관해서 어느 정도의 검토가 이루어지고 있다고 생각되기 때문에 도입·활용되어 고수준의 삭감 효과(건물별 개별 열원 시스템에 대해 대상구역 내의 연간 일차 에너지량을 10% 이상 삭감하고 있다)가 확실한 경우에는 레벨 5로 한다.

〈참고 자료〉

- 東京都地域冷煖房推進に関する指導要綱

■간이판■

레벨	타입	내용
레벨 1	(해당 없음)	
레벨 2	도심 타입	활용하고 있지 않다.
	일반 타입	(해당 없음)
레벨 3	도심 타입	활용하고 있다.
	일반 타입	활용하고 있지 않다.
레벨 4	도심 타입	(해당 없음)
	일반 타입	활용하고 있다.
레벨 5	(해당 없음)	

【평가대상 외】
※없음

□ 해 설

- 지구(地區) 규모의 경제를 살리는 것으로 단일 건축물에서는 실현되기 어려운 고효율 에너지 시스템을 도입하여 일정 에너지 사용 삭감 효과를 목표로 하는 시도를 평가한다.

〈참고 문헌〉

- 東京都地域冷煖房推進に関する指導要綱

LRUD2

LR_{UD}3 지역환경 관리

● 3.1 지구 온난화의 배려

마을 만들기에 관련되는 지구 온난화의 배려 정도를 정성적으로 평가한다.

■표준판 · 간이판(공통 항목)■

□ 해 설

- 마을 만들기(지구 · 가구 스케일의 개발 프로젝트)에 있어서도, 건설로부터 운용, 개수, 해체 · 처분까지의 여러 가지 단계에서 화석연료를 소비함으로써, 많은 이산화탄소를 배출한다.
- 여기에서는 라이프 사이클 CO_2에 영향이 큰 타 채점 항목(LR_{UD}1~3 중에서 선택된 7항목)의 평가 결과를 이용하여 간이적으로 마을 만들기에 있어서의 지구 온난화 방지의 노력을 채점한다.
- 이 7항목을 3.1.1 시공 · 재료 등 관계, 3.1.2 에너지 관계, 3.1.3 교통 관계로 크게 나누어, 아래 표대로 원래의 개소에서 결과를 인용하여 원래의 가중과는 독립하여 LR_{UD} 3.1 안에서 가중하여 평가한다.
- LR_{UD}3.1 내에서의 가중값은 3.1.1부터 순서로, (도심형) 0.1 : 0.6 : 0.3, (일반형) 0.1 : 0.5 : 0.4로 한다.

	'지구 온난화의 배려' 평가에 인용하는 평가 항목	
LR3.1.1 시공 · 재료 관계	LR_{UD}3.2 환경 배려형 건설 계획	3.2.3 시공 시의 저에너지 활동
		3.2.5 지구 환경을 배려한 소재 선정
LR3.1.2 에너지 관계	LR_{UD}2.6 지구 전체에서의 면적인 에너지 이용	2.6.1 미이용 에너지 · 신에너지의 면적 이용
		2.6.3 면적인 고효율 에너지의 활용
	LR_{UD}3.4 모니터링과 관리 체제	3.4.1 대상구역의 에너지 사용량 삭감을 위한 모니터링과 관리 체제
LR3.1.3 교통 관계	LR_{UD}1.3 지구 외에 대한 대기오염의 방지	1.3.2 기타 교통수단(전기 자동차나 연료 전지 자동차)의 도입
	LR_{UD}2.5 자동차 교통량에 관한 배려	2.5.1 기타 교통수단으로 전환을 통한 자동차 교통량의 총량 삭감

- 이것들 이외에도 CO_2 배출량에 영향을 갖는 여러 가지 시도가 있지만, 여기에서는 비교적 영향이 크고, 일반적인 평가 조건을 설정하기 쉬운 시도만 평가대상으로 하고 있다.
- 본항에 관련되는 계산은 전용 소프트웨어를 사용하면 상기에 나타낸 '지구 온난화의 배려' 평가에 인용하는 7항목에 입력하는 것만으로 자동계산된다.

● 3.2 환경 배려형 건설 계획

● 3.2.1 ISO14001의 인증 취득

프로젝트의 라이프 사이클을 기획, 계획·설계, 건설, 운용의 4분야로 나누어 각 분야의 담당자 자질을 평가한다.

■표준판 · 간이판(공통 항목)■

레벨	내용
레벨 1	관계 기업·단체 등이 모두 취득하고 있지 않다.
레벨 2	프로젝트 실행과 관련되는 4분야 중 1분야의 기업·단체 등이 취득하고 있다.
레벨 3	동 4분야 중 2분야의 기업·단체 등이 취득하고 있다.
레벨 4	동 4분야 중 3분야의 기업·단체 등이 취득하고 있다.
레벨 5	전 4분야의 기업·단체 등이 취득하고 있다.

【평가대상 외】
※없음

□ 해 설

- 평가대상 프로젝트에 종사하고 있는 기업·단체 등이 환경을 배려해 사업 진행할 수 있는 체제를 정비하고 있는지, 조직으로서의 기본 자질을 평가한다.
- 여기에서는, 각종 기업·단체에 있어서의 환경 매니지먼트 시스템 도입 및 실시 상황에 대한 국제적 기준인 ISO14001의 인증 취득 상황을 평가 지표로 한다.
- 프로젝트로의 관여 분야를 ① 사업주(기획) ② 계획·설계 ③ 건설(시공) ④ 운용(유지 관리)의 4분야에서 파악해 그 중의 몇 분야에서 ISO14001의 인증 취득자가 주된 담당자가 되어 있는지에 의해 레벨을 결정한다.
- 복수자에 의한 공동 사업, 공동 설계, 공동 시공 등의 경우는 대표자를 평가대상으로 한다.
- 운용(유지 관리) 분야의 주체가 관리 조합이나 관리 협의회 등이며, 그들이 ISO14001 인증 취득 단체가 아닌 경우에서도, 그러한 기관 결정에 의한 유지관리 업무의 주요 위탁처가 인증 취득 단체이면, '인증 취득자가 운용(유지 관리) 분야의 주된 담당자가 되어 있다'로 하여도 된다.
- 기획, 계획 단계의 평가여도, 장래 방침으로서 시공이나 유지 관리 주체에 ISO14001 인증 취득 단체를 등용할 계획인지 아닌지에 의해 전 4분야에 걸쳐 평가한다.

● 3.2.2 공사에 의해 발생하는 부산물의 삭감

건설 활동 시에 발생하는 부산물의 억제, 환경 부하 저감에 대한 배려·시도를 평가한다.

■■표준판■■

레벨	내용
레벨 1	평가 득점률(Ⅲ)이 0≦득점률<0.2
레벨 2	평가 득점률(Ⅲ)이 0.2≦득점률<0.4
레벨 3	평가 득점률(Ⅲ)이 0.4≦득점률<0.6
레벨 4	평가 득점률(Ⅲ)이 0.6≦득점률<0.8
레벨 5	평가 득점률(Ⅲ)이 0.8≦득점률

평가 시도

항 목	포인트 0	포인트 1	포인트 2	포인트 3	포인트 4
① 건설 부산물의 발생 억제	배려하고 있지 않다.	(해당 없음)	부분적으로 배려하고 있다.	(해당 없음)	충분히 배려하고 있다.
② 건설 부산물의 분별 · 재자원화	배려하고 있지 않다.	(해당 없음)	부분적으로 배려하고 있다.	(해당 없음)	충분히 배려하고 있다.
③ 건설 발생토 재이용	배려하고 있지 않다.	(해당 없음)	부분적으로 배려하고 있다.	(해당 없음)	충분히 배려하고 있다.
Ⅰ. 합계 포인트 = 점		Ⅱ. 최고 포인트 = 점		Ⅲ. 득점률(Ⅰ÷Ⅱ) = 점	

【평가대상 외】
※없음

□ **해 설**

① 건설 부산물의 발생 억제

- 건설 부산물의 발생 억제에 관한 배려 사항은 설계 단계에서의 배려와 시공 단계에서의 배려가 있다.
- 시도 예로는, 설계 단계에서는 기준 치수 통일에 의한 거푸집재의 손실 저감 · 거푸집의 전용(轉用) 회수 향상, 거푸집 미사용 공법의 채용, 공업화 공법에 따르는 현장 가공작업의 저감 등이 있으며, 시공 단계로서는 재사용 · 재활용 가능 자재의 활용, 자재의 비포장 상태에서의 반입 등을 들 수 있다.
- 이 중 시공 단계에서만 배려하고 있는 경우는 부분적인 배려로 보고 포인트 2로 하며, 설계 단계부터 배려를 실시하고 있는 경우에는 충분한 배려로 간주해 포인트 4로 한다.

② 건설 부산물의 분별 · 재자원화

- 시도 예로는 재활용 행동 계획의 책정, 건설 재활용법에 열거되어 있는 특정 건설 자재 3품목(콘크리트, 아스팔트, 목재)의 재자원화 등을 들 수 있다.
- 이 중 특정 건설 자재에 관해서는 이미 100% 재자원화를 의무화하고 있는 지역이 다수 있는 상황이므로 이를 배려만 하고 있는 경우는 포인트 2로 한다.
- '충분히 배려하고 있다'란 특정 3품목에 머무르지 않고, 보다 폭넓은 부산물에 대해 무배출(zero emission)의 시도를 하고 있는 상태를 가리킨다.

③ 건설 발생토 재이용

- 건설 부산물 중 특히 발생토 재이용의 시도를 평가한다.
- 건설 현장에서의 토사 이용에 있어 건설 발생토 재이용률(현장간 이용을 포함)이 60% 이상의 경우는 부분적인 배려로서 포인트 2로 하고, 90% 이상의 경우에는 충분한 배려로서 포인트 4로 한다.
- 또한 국토교통성에 의한 2005년 건설 부산물 실태 조사 결과에 의하면, '이용 토사의 건설 발생토 이용률'은 2005년도 실적으로 62.9%, 2007년도 목표치는 90%가 되고 있어 이것을 기준으로 평가하도록 하고 있다.

■간이판■

레벨 1	임하고 있는 항목이 없다.
레벨 2	임하고 있는 항목수가 1
레벨 3	(해당 없음)
레벨 4	임하고 있는 항목수가 2
레벨 5	임하고 있는 항목수가 3

평가 시도

항 목	내 용
① 건설 부산물의 발생 억제	충분히 배려하고 있다.
② 건설 부산물의 분별 · 재자원화	충분히 배려하고 있다.
③ 건설 발생토 재이용	배려하고 있다.

【평가대상 외】
※없음

□ **해 설**

① 건설 부산물의 발생 억제

- 건설 부산물의 발생 억제에 관한 배려 사항이란, 설계 단계에서의 배려와 시공 단계에서의 배려가 있다.
- 시도 예로는, 설계 단계에서는 기준 치수의 통일에 의한 거푸집재의 손실 저감 · 거푸집의 전용 회수 향상, 거푸집 미사용 공법의 채용, 공업화 공법에 따르는 현장 가공작업의 저감 등이 있으며, 시공 단계로서는 재사용 · 재활용 가능 자재의 활용, 자재의 비포장 상태에서의 반입 등을 들 수 있다.
- 여기에서는 설계 단계 · 시공 단계 모두 배려하고 있는 경우를 충분한 배려라고 평가한다.

② 건설 부산물의 분별 · 재자원화

- 시도 예로는, 재활용 행동 계획의 책정, 건설 재활용법에 열거된 특정 건설 자재 3품목(콘크리트, 아스팔트, 목재)의 재자원화 등을 들 수 있다.
- '충분히 배려하고 있다'란 특정 3품목에 머무르지 않고, 보다 폭넓은 부산물에 대해 zero emission의 시도를 하고 있는 상태를 가리킨다.

③ 건설 발생토 재이용

- 건설 부산물 중 특히 발생토 재이용의 시도를 평가한다.
- 건설 현장에서의 토사 이용에 대하여 건설 발생토의 재이용(현장간 이용을 포함)에 임하고 있는 경우에 '배려하고 있다'라고 한다.

● 3.2.3 시공 시의 저에너지 활동

차량 · 증기 대책/사무소 · 작업소의 설비 대책 등, 시공 시의 저에너지 활동을 평가한다.

■표준판 · 간이판(공통 항목)■

레벨 1	별기 7종의 대책 중 3종 이하 밖에 실시(또는 계획)하고 있지 않다.
레벨 2	별기 7종의 대책 중 4종을 실시(또는 계획)하고 있다.
레벨 3	별기 7종의 대책 중 5종을 실시(또는 계획)하고 있다.
레벨 4	별기 7종의 대책 중 6종을 실시(또는 계획)하고 있다.
레벨 5	별기 7종의 대책 중 7종을 실시(또는 계획)하고 있다.

【평가대상 외】
※없음

□ 해 설

- 일반적으로 건설 시공 시에 선택할 수 있는 7종의 대책 〈별기(別記)〉 중의 몇 개를 채용하고 있는지(실적 · 예정)에 의해 레벨을 정한다.
  〈별기〉
  1) 차량 · 중기의 공회전 정지
  2) 차량 · 중기의 적정 정비
  3) 운전자에 대한 저연비 운전(지도, 실기 연수)
  4) 공사용 히터 등의 적정 사용
  5) 사무소 · 작업소에서의 세세한 소등
  6) 사무소 · 작업소에서의 고효율 전기 기기의 사용 촉진
  7) 사무소 · 작업소에서의 과잉 냉난방의 억제
- 이러한 7종을 채용하고 있는(또는 채용의 계획이 있는) 경우에 레벨 4, 이하 순차적으로 6종 이상, 5종 이상, 4종 이상의 구분으로 레벨을 평가한다.

● 3.2.4 대상구역 외의 공사상 영향의 저감

■■표준판■■

레벨 1	(해당 없음)
레벨 2	평가 득점률(Ⅲ)이 0.2≦득점률<0.4
레벨 3	평가 득점률(Ⅲ)이 0.4≦득점률<0.6
레벨 4	평가 득점률(Ⅲ)이 0.6≦득점률<0.8
레벨 5	평가 득점률(Ⅲ)이 0.8≦득점률

평가 시도

항 목	포인트 0	포인트 1	포인트 2	포인트 3	포인트 4
① 토사 · 오탁수의 유출 방지 배려	(해당 없음)	(해당 없음)	법령 등에 따라 필요한 배려를 하고 있다.	(해당 없음)	법령 등에 따름과 동시에 자체적 기준 등으로 충분히 배려하고 있다.
② 소음 · 진동 대책	(해당 없음)	(해당 없음)	법령 등에 따라 필요한 배려를 하고 있다.	(해당 없음)	법령 등에 따름과 동시에 자체적 기준 등으로 충분히 배려하고 있다.

③ 생태계의 보호, 생태계 영향의 경감 대책	배려하고 있지 않다.	(해당 없음)	법령이나 평가의 일반적 기준 등에 따라 필요한 배려를 하고 있다.	(해당 없음)	법령이나 평가의 일반적 기준 등에 따름과 동시에 자체적 기준 등으로 충분히 배려하고 있다.
④ 경관의 배려	돌출된 경관 저해가 되는 것 같은 공작물이나 잠정 이용의 구축물(예를 들면 타워 주차)이 존재하다.	돌출된 경관 저해가 되는 것 같은 공작물이나 잠정 이용의 구축물이 없고, 가설 울타리도 통상적인 것	(해당 없음)	돌출된 경관 저해가 되는 것 같은 공작물이나 잠정 이용의 구축물이 없고, 가설 울타리 등에 경관상 배려를 하고 있다.	(해당 없음)
Ⅰ. 합계 포인트 = 점		Ⅱ. 최고 포인트 = 점		Ⅲ. 득점률(Ⅰ÷Ⅱ) = 점	

【평가대상 외】

※① 토사·오탁수의 유출 방지 배려에 있어, 대상구역 및 주변지역의 지형 조건과 공사 내용과의 관계로부터 분명하게 배려해야 할 사유가 없는 경우는 평가대상 외로 한다.

※③ 생태계의 보호, 생태계의 영향 경감 대책에 있어서 평가대상구역이 광범위하게 도시화된 지역에 위치하여 보호해야 할 생태계가 명확하지 않은 경우는 평가대상 외로 한다.

□ 해 설

① 토사·오탁수의 유출 방지 배려

• 시도 예로서는 침사지의 설치·법면의 조기 안정화 처리 등을 들 수 있다.

② 소음·진동 대책

• 시도 예로서는 저소음 공법의 선택, 저소음 기계의 도입 등을 들 수 있다.

③ 생태계의 보호, 생태계의 영향 경감 대책

• 대상구역 내 또는 주변에 기존의 산, 구릉지, 통합된 녹지나 하천, 호수와 늪, 연못 등 자연환경이 존재하는 경우 그 곳에는 특유의 자연생태계가 존재한다. 그 생태계의 보전에의 배려·시도에 대해 평가한다.

■간이판■

레벨 1	(해당 없음)
레벨 2	임하고 있는 항목이 없다.
레벨 3	임하고 있는 항목수가 1 또는 2
레벨 4	임하고 있는 항목수가 3
레벨 5	임하고 있는 항목수가 4

평가 시도

항 목	내 용
① 토사·오탁수의 유출 방지에 배려	법령 등에 따름과 동시에 자체 기준 등으로 충분히 배려하고 있다.
② 소음·진동 대책	법령 등에 따름과 동시에 자체 기준 등으로 충분히 배려하고 있다.

③ 생태계의 보호, 생태계의 영향 경감 대책	법령 등에 따라 필요한 배려를 하고 있다.
④ 경관의 배려	돌출된 경관 저해가 되는 구축물이 없고, 가설 울타리 등에 경관상 배려를 하고 있다.

【평가대상 외】

※① 토사·오탁수의 유출 방지 배려에 대하여 대상구역 및 주변지역의 지형 조건과 공사 내용과의 관계로부터, 명백히 배려해야 할 사유가 없는 경우는 평가대상 외로 한다.

※③ 생태계의 보호, 생태계에의 영향의 경감 대책에 있어, 평가대상구역이 광범위하게 도시화된 지역에 위치하여 보호해야 할 생태계가 명확하지 않은 경우는 평가대상 외로 한다.

□ **해 설**

① 토사·오탁수의 유출 방지 배려

• 시도 예로서는 침사지의 설치 및 법면의 조기 안정화 처리 등을 들 수 있다.

② 소음·진동 대책

• 시도 예로서는 저소음 공법의 선택, 저소음 기계의 도입 등을 들 수 있다.

③ 생태계의 보호, 생태계의 영향 경감 대책

• 대상구역 내 또는 주변에 기존의 산, 구릉지, 규합된 녹지나 하천, 호수와 늪, 연못 등 자연 환경이 존재하는 경우 그 곳에는 특유의 자연생태계가 존재한다. 그 생태계의 보전의 배려·시도에 대해 평가한다.

● 3.2.5 지구 환경을 배려한 재료의 선정

■■표준판■■

레벨 1	평가 득점률(Ⅲ)이 0≦득점률<0.2
레벨 2	평가 득점률(Ⅲ)이 0.2≦득점률<0.4
레벨 3	평가 득점률(Ⅲ)이 0.4≦득점률<0.6
레벨 4	평가 득점률(Ⅲ)이 0.6≦득점률<0.8
레벨 5	평가 득점률(Ⅲ)이 0.8≦득점률

평가 시도

항 목	포인트 0	포인트 1	포인트 2	포인트 3	포인트 4
① 재활용품의 이용(재생 골재, 용광로 시멘트, 전로강재 등)	이용하고 있지 않다.	(해당 없음)	부분적으로 이용하고 있다.	(해당 없음)	충분히 이용하고 있다.
② 지구 온난화에 대하여 영향이 낮은 재료의 사용(혼합 시멘트 등)	이용하고 있지 않다.	(해당 없음)	부분적으로 이용하고 있다.	(해당 없음)	충분히 이용하고 있다.
③ 지속 가능한 삼림에서 산출된 목재 이용	이용하고 있지 않다.	(해당 없음)	부분적으로 이용하고 있다.	(해당 없음)	충분히 이용하고 있다.
Ⅰ. 합계 포인트＝ 점		Ⅱ. 최고 포인트＝ 점		Ⅲ. 득점률(Ⅰ÷Ⅱ)＝ 점	

【평가대상 외】

※없음

□ 해 설

① 재활용품의 이용(재생 골재, 용광로 시멘트, 전로강재 등)

• 대상구역 내 외부 공간에서 건축물의 주요 구조 구체 콘크리트 부분에 이용되는 재활용품 사용 정도를 평가한다.

③ 지속 가능한 삼림에서 산출된 목재의 이용

• 대상구역 내의 외부 공간에서 이용되는 목재 중 지속 가능한 삼림으로부터 산출된 목재의 사용 정도를 평가한다. 지속 가능한 삼림으로부터 산출된 목재란, 1. 간벌재, 2. 지속 가능한 임업을 하고 있는 삼림을 원산지로 하는 증명이 있는 목재, 3. 삼나무재 등의 침엽수재를 가리킨다.

■간이판■

레벨 1	임하고 있는 항목이 없다.
레벨 2	임하고 있는 항목수가 1
레벨 3	임하고 있는 항목수가 2
레벨 4	임하고 있는 항목수가 3
레벨 5	(해당 없음)

LRup3

평가 시도

항 목	내 용
① 재활용품의 이용(재생 골재, 용광로 시멘트, 전로강재 등)	충분히 이용하고 있다.
② 지구 온난화에 대하여 영향이 낮은 재료의 사용(혼합 시멘트 등)	부분적으로 이용하고 있다.
③ 지속 가능한 삼림에서 산출된 목재의 이용	부분적으로 이용하고 있다.

【평가대상 외】

※없음

□ 해 설

① 재활용품의 이용(재생 골재, 용광로 시멘트, 전로강재 등)

• 대상구역 내 외부 공간에서 건축물의 주요한 구조 구체 콘크리트 부분에 이용되는 재활용품의 사용 정도를 평가한다.

③ 지속 가능한 삼림에서 산출된 목재의 이용

• 대상구역 내의 외부 공간에서 이용되는 목재 중 지속 가능한 삼림으로부터 산출된 목재의 사용 정도를 평가한다. 지속 가능한 삼림으로부터 산출된 목재란, 1. 간벌재, 2. 지속 가능한 임업을 하고 있는 삼림을 원산지로 하는 증명이 있는 목재, 3. 삼나무재 등의 침엽수재를 가리킨다.

● 3.2.6 건강의 영향을 배려한 재료 선정

■표준판 · 간이판(공통 항목)■

레벨 1	이용하고 있지 않다.
레벨 2	(해당 없음)
레벨 3	부분적으로 이용하고 있다.
레벨 4	(해당 없음)
레벨 5	충분히 이용하고 있다.

【평가대상 외】
※없음

□ 해 설

- 건축물의 외장이나, 외부 공간을 구성하는 여러 공작물, 혹은 식재를 위한 비료 · 농약 등은 건강 영향에 염려가 되는 재료 · 화학물질이 사용될 개연성은 항상 일정 이상 있다.
- 따라서 ① 각종 공작물의 주요 구성재, ② 외장 도료, ③ 방청제, 방부제, 접착제 등, ④ 비료 · 농약 등에 대하여「특정화학 물질의 환경 배출량 파악 등 및 관리 개선의 촉진에 관한 법률」(화학물질 배출 파악관리 촉진법)에서 지정된 화학물질이 포함되지 않은 재료가 이용 정도를 평가한다.
- 상기 4분류 중 1개 이상 배려하고 있으면 레벨 3, 3분야 이상 배려하고 있으면 레벨 5로 한다.

● 3.3 교통에 관한 광역적 시도

대상구역에 관련된 교통계획이 행정의 상위 계획이나 광역 교통계획과 얼마나 적극적으로 정합을 이루고 있는지 평가한다.

해당 프로젝트 실시에 있어서 공공에 이바지하는 내용, 예를 들면 도로 신설 등으로 주변지역의 교통에 있어서 경감하는 등 실효성을 수반한 방책이나, 발생 집중 교통량의 분산화 등 지자체가 행하는 교통 수요 매니지먼트의 참가나 협력을 평가한다.

● 3.3.1 교통 시설 정비에 관한 상위 계획과의 정합

■표준판 · 간이판(공통 항목)■

레벨 1	정합하고 있지 않다.
레벨 2	(해당 없음)
레벨 3	정합하고 있다.
레벨 4	(해당 없음)
레벨 5	교통시설 정비 등 적극적으로 기여하고 있다(도로 신설에 의해 주변지역의 교통 정체를 경감하는 등)

【평가대상 외】
※없음

□ 해 설

- 대상구역이 포함되는 지자체에 있어서 책정되는 교통 마스터플랜 혹은 기본계획 또는 도시계획 마스터플랜에 있어서의 교통계획 등 교통에 관한 광역적인 상위 계획을 조사하여 파악하는 것이 전제가 된다. 해당 개발 계획에 있어서 교통계획의 내용과 이것들 상위 계획 내용과의 정합성을 평가한다.
- 교통계획이 상위 계획의 내용과 정합을 취하고 있는 경우는 레벨 3으로 한다.
- 또 상위 계획에 기재된 시설 정비 계획(도로의 신설·확폭, 주차장 정비 지구에 있어서의 공공 주차장의 신설, 방치 자전거 대책 중점지구에 있어서의 공공 주륜장의 신설 등)에 적극적으로 기여하고 있어, 이 해당 정비로 인해 주변지역의 교통 혼잡·정체 등을 경감하는 내용으로 되어 있는 경우는 레벨 5로 한다.

● 3.3.2 교통 수요 매니지먼트 등의 시도

■표준판·간이판(공통 항목)■

레벨 1	지자체의 시도에 참가하고 있지 않다.
레벨 2	(해당 없음)
레벨 3	지자체의 시도가 없다.
레벨 4	(해당 없음)
레벨 5	지자체의 시도에 참가하고 있다.

【평가대상 외】
※없음

□ 해 설

- 교통 수요 매니지먼트(TDM=Traffic(또는 Transportation) Demand Management)란, 자동차 이용자의 교통 행동의 변경을 촉진하는 것으로, 도시나 지역 레벨의 도로 교통혼잡을 완화하는 수법을 말한다. 일본에서는 교통 수요가 도로 정비를 웃돌 기세로 증가하고 있어, 도로 등의 교통 시설의 정비만에서는 교통혼잡 완화에 한계가 생기고 있기 때문에, 도로의 '이용 방법의 궁리'와 '적절한 이용의 유도'에 의해 원활한 교통류를 실현하는 것이 기대되고 있다. 이를 위해 도로 정비에 더해 TDM이 필요하게 되고 있다. (이상 국토교통성 홈페이지(도로국) TDM 소개 페이지부터 http://www.mlit.go.jp/road/sisaku/tdm/TOP_PAGE.html)
- 대상구역이 포함되는 지자체가 TDM에 관한 시도를 실시하고 있는 경우에 그 시도 참여에 대하여 평가한다. 지자체가 임하는 TDM의 사례로서는 파크 앤드 라이드(park and ride) 등 교통수단을 변경하는 것(특히 자가용차로부터 공공 교통기관으로), 공동 수배송 등에 의한 자동차의 효율적 이용, 시차 통근 등에 의한 교통량의 평준화 등이 있다.
- 지자체에 원래 TDM의 시도가 없는 경우에는 레벨 3으로 하고, 지자체에 시도가 있으나 참가하고 있지 않는 경우에는 레벨 1로 한다.
- 시사제의 시도에 어떤 형태로든 참가를 하고 있는 경우는 레벨 5로 한다. 지자체의 시도 참가로서는 예를 들면 아래와 같은 내용을 생각할 수 있다.
  - 지자체(또는 관계단체 등)가 운용하고 있는 주차장 안내 시스템 가입
  - 철도역 근처에 입지한 쇼핑센터가 주차장에 여유가 있는 평일에 주차장의 일부를 제공하여 통근자의 자가용차를 주차시키고 역에서 철도를 이용하게 유도하는 파크 앤드 라이드 시책의 협력

- 지자체가 추진하는 버스 이용 촉진책에 이바지하기 위하여 방문객(쇼핑센터 등의 경우) 중 버스 이용자(예를 들면 버스 카드에의 인자로 판별)만을 대상으로 한 쇼핑 · 서비스 등에서의 메리트 부여
- 지자체가 추진하는 자전거 이용 촉진책에 이바지하기 위하여 공공 주륜장의 수용 대수를 충분히 확보하는 등 자전거 사용 촉진책 실시

• 또한 지자체의 시도 유무에 관계없이 또는 지자체의 시도와 명확한 연계를 하지 않는 경우에도, 개발자가 주체가 되어 개발 교통(방문객 차량 등)을 대상으로 해 TDM적인 시책을 실시하는 일이 있다(예를 들면, 터미널역에서 셔틀 버스 운행을 함으로써 자동차 방문객의 삭감, 특매(세일) 등의 특별 집중일을 주변 도로 혼잡일의 일정과 다르게 설정하는 피크 분산 등). 이러한 개발자 독자적인 시도에 대해서는 여기에서는 평가하지 않고, 「LRUD 2.5 자동차 교통량에 관한 배려(2.5.1 다른 교통수단 전환에 의한 자동차 교통량의 총량 삭감 2.5.2 주변 도로의 부하를 억제하는 동선 계획)」에서 평가한다.

〈참고 자료〉

渋滞緩和の知恵袋—TDMモデル都市 · ベストプラクティス集/交通工学研究会 · TDM研究会編集.

● 3.4 모니터링과 관리 체제

대상구역의 정비~경영 · 운영 관계 주체에 의한 제반 환경부하 저감에 관련되는 모니터링 활동의 시도 및 관리 체제를 평가한다.

● 3.4.1 대상구역의 에너지 사용량 삭감을 위한 모니터링과 관리 체제

■■표준판■■

레벨	평가
레벨 1	평가 득점률(Ⅲ)이 0≦득점률<0.2
레벨 2	평가 득점률(Ⅲ)이 0.2≦득점률<0.4
레벨 3	평가 득점률(Ⅲ)이 0.4≦득점률<0.6
레벨 4	평가 득점률(Ⅲ)이 0.6≦득점률<0.8
레벨 5	평가 득점률(Ⅲ)이 0.8≦득점률

평가 시도

항 목	포인트 0	포인트 1	포인트 2	포인트 3	포인트 4
① 에너지 소비 설비 · 기기의 운용 개선 대책의 실시	시도하고 있지 않거나 시도의 계획이 없다.	운용 개선을 위한 부분적, 일시적인 시도(실적, 계획)를 하고 있다.	운용 개선을 위한 자주적이며 계속적인 모니터링을 실시하고 있거나 실시 계획이 있다.	모니터링 데이터를 운용 개선에 활용하는 구조(실적, 계획)가 있다.	모니터링 데이터와 개선 상황을 공개하고 있거나 공개할 계획이 있다.
①′ 주택의 경우	(해당 없음)	(해당 없음)	시도하고 있지 않거나 시도계획이 없다.	(해당 없음)	운용 개선을 위한 자주적이며 계속적인 모니터링을 실시하고 있거나 실시 계획이 있다.

② 에너지 수요예측에 근거한 설비 운전의 효율화(에너지 사용량 삭감 계획의 입안)	시도되어 있지 않거나 시도 계획이 없다.	에너지 사용량 삭감을 목표로 한 계획이 있거나 계획을 책정할 예정이다.	계획에 명확한 에너지 사용량 삭감 목표를 설정하고 있거나 설정할 예정이다.	에너지 사용량 삭감 목표를 매년 재검토하여 계속적으로 개선하고 있거나 계속 개선의 예정이다.	삭감 목표를 공개하고 있거나 공개할 계획이다.
②′주택의 경우	(해당 없음)	(해당 없음)	시도하고 있지 않거나 시도 계획이 없다.	(해당 없음)	계획에 명확한 에너지 사용량 삭감 목표를 설정하고 있거나 설정할 예정이다.
Ⅰ. 합계 포인트 = 점		Ⅱ. 최고 포인트 = 점		Ⅲ. 득점률(Ⅰ÷Ⅱ) = 점	

【평가대상 외】
※없음

□ 해 설

- ①에서는 대상구역 전체의 여러 가지 에너지 수급 상황을 적절히 계측(모니터링)하여 운용에 반영시키는 구조를 정비하고 있는지 그 정도를 평가한다.
- ②에서는 ①을 활용하여 지구 전체적으로 얼마나 실효성 높게 에너지 절약 활동을 계속하고 있는지 그 정도를 평가한다.
- 주택을 포함한 복합 프로젝트에 있어서는 ①과 ①′과 ②와 ②′의 점수를 면적 안분하여 평가한다.

■간이판■

레벨 1	임하고 있는 항목이 없다.
레벨 2	임하고 있는 항목수가 1
레벨 3	(주된 용도(=과반)가 주택의 경우)
레벨 4	임하고 있는 항목수가 2
레벨 5	(해당 없음)

평가 시도

항 목	내 용
① 에너지 소비 설비·기기의 운용 개선 대책의 실시	모니터링 데이터를 운용 개선에 활용하는 구조(실적, 계획)로 되어 있다.
①′ 주택의 경우	(본 항목은 주택과 비주택 가운데 주된 용도(=과반)가 주택이면, 레벨 3으로 한다.)
② 에너지 수요예측에 근거한 설비 운전의 효율화(에너지 사용량 삭감 계획의 입안)	에너지 사용량 삭감 목표를 매년 재검토하여 계속적으로 개선하고 있거나 계속 개선 예정이다.
②′ 주택의 경우	(본 항목은 주택과 비주택 가운데 주된 용도(=과반)가 주택이면, 레벨 3으로 한다.)

【평가대상 외】
※없음

□ 해 설

- ①에서는 대상구역 전체의 여러 가지 에너지 수급 상황을 얼마나 적절히 계측(모니터링)하여 운용에 반영시키는 구조를 정비하고 있는지 그 정도를 평가한다.

• ②에서는 ①을 활용하여 지구 전체적으로 얼마나 실효성 높게 에너지 절약 활동을 계속하고 있는지 그 정도를 평가한다.
• 주 용도(=과반)가 주택의 경우는 레벨 3으로 한다.

● 3.4.2 대상구역 주변의 외부 환경보전을 위한 모니터링과 관리 체제

■■표준판■■

레벨 1	평가 득점률(Ⅲ)이 0≦득점률<0.2
레벨 2	평가 득점률(Ⅲ)이 0.2≦득점률<0.4
레벨 3	평가 득점률(Ⅲ)이 0.4≦득점률<0.6
레벨 4	평가 득점률(Ⅲ)이 0.6≦득점률<0.8
레벨 5	평가 득점률(Ⅲ)이 0.8≦득점률

평가 시도

항 목	포인트 0	포인트 1	포인트 2	포인트 3	포인트 4
① 대기오염	시도되어 있지 않거나 시도 계획이 없다.	검토 등으로 정해진 모니터링은 하고 있거나 할 계획이다.	자치적, 계속적인 모니터링을 실시하고 있거나 실시 계획이 있다.	모니터링의 결과를 대책에 활용하는 구조 또는 실적, 계획이 있다.	데이터와 대책 상황을 공개하고 있거나 공개할 계획이 있다.
② 수질	시도되어 있지 않거나 시도 계획이 없다.	검토 등으로 정해진 모니터링은 하고 있거나 할 계획이다.	자치적, 계속적인 모니터링을 실시하고 있거나 실시 계획이 있다.	모니터링의 결과를 대책에 활용하는 구조 또는 실적, 계획이 있다.	데이터와 대책 상황을 공개하고 있거나 공개할 계획이 있다.
③ 음·진동·악취	시도되어 있지 않거나 시도 계획이 없다.	검토 등으로 정해진 모니터링은 하고 있거나 할 계획이다.	자치적, 계속적인 모니터링을 실시하고 있거나 실시 계획이 있다.	모니터링의 결과를 대책에 활용하는 구조 또는 실적, 계획이 있다.	데이터와 대책 상황을 공개하고 있거나 공개할 계획이 있다.
④ 풍해	시도되어 있지 않거나 시도 계획이 없다.	검토 등으로 정해진 모니터링은 하고 있거나 할 계획이다.	자치적, 계속적인 모니터링을 실시하고 있거나 실시 계획이 있다.	모니터링의 결과를 대책에 활용하는 구조 또는 실적, 계획이 있다.	데이터와 대책 상황을 공개하고 있거나 공개할 계획이 있다.
⑤ 생물 환경(동식물, 생태계)	시도되어 있지 않거나 시도 계획이 없다.	검토 등으로 정해진 모니터링은 하고 있거나 할 계획이다.	자치적, 계속적인 모니터링을 실시하고 있거나 실시 계획이 있다.	모니터링의 결과를 대책에 활용하는 구조 또는 실적, 계획이 있다.	데이터와 대책 상황을 공개하고 있거나 공개할 계획이 있다.
Ⅰ. 합계 포인트= 점		Ⅱ. 최고 포인트= 점		Ⅲ. 득점률(Ⅰ÷Ⅱ)= 점	

【평가대상 외】

※②의 수질에 대해서는 대상구역 외의 수역에 대해서, 관리해야 할 대상 시설이 분명하게 존재하지 않는 경우는 평가대상 외로 한다.
※③의 소음·진동·악취에 대해서는 대상구역에 그러한 원인 요소가 분명하게 존재하지 않는 경우는 평가대상 외로 한다.
※④의 풍해에 대해서는, 기준 용적률 150% 이하의 지구의 경우는 평가대상 외로 한다.
※⑤의 생물 환경에 대해서는 다음 2방법의 적용 사항이 있다.

1) 해당 대상지구의 개발 이전에 희소 생물이 확인되어 보호, 이식 등의 보전 대책이 실시된 경우 : 그것들의 생육 상황 파악
2) 해당 개발 시에 계획적으로 조성한 식재나 창생한 비오톱의 경우 : 생육의 정도 파악과 적절한 유지 관리

대상구역의 상황상, 명백히 이것들에 해당하지 않는 경우는 평가대상 외로 한다.

□ 해 설

- 외부 환경과 관련된 각종 모니터링은 공해대책을 중심으로 공적인 기상・환경 관측 기관이나 지방 자치체 등에 의해 행해지거나, 환경 영향 조사의 사후조사 등으로 행해지는 일은 있지만, 개개의 정비 프로젝트 레벨로 계속적으로 실시하는 시도는 아직 많지 않다.
- 여기서는 모니터링의 대상이 될 수 있는 환경 요소마다 해당 평가대상 프로젝트의 시도 유무・정도에 의해 포인트 1～4를 주어 득점률로 레벨을 결정하는 것으로 하였다.
- 모니터링의 목적은 개발 정비와 그 후의 운용에 의한 주변 환경의 영향을 파악하여, 대상 지구 전체의 적절한 유지 관리에 이바지하는 것과 동시에, 관리 기준을 넘었을 경우에 신속하게 적절한 시정・보전 대책을 실시하는 것에 있다.

■간이판■

레벨 1	임하고 있는 항목이 없다.
레벨 2	임하고 있는 항목수가 1 또는 2
레벨 3	임하고 있는 항목수가 3
레벨 4	임하고 있는 항목수가 4 또는 5
레벨 5	(해당 없음)

LRUD3

평가 시도

항 목	내 용
① 대기오염	모니터링의 결과를 대책에 활용하는 구조 또는 실적, 계획이 있다.
② 수질	모니터링의 결과를 대책에 활용하는 구조 또는 실적, 계획이 있다.
③ 소음・진동・악취	모니터링의 결과를 대책에 활용하는 구조 또는 실적, 계획이 있다.
④ 풍해	자치적, 계속적인 모니터링을 실시하고 있거나 실시의 계획이 있다.
⑤ 생물 환경(동식물, 생태계)	자치적, 계속적인 모니터링을 실시하고 있거나 실시의 계획이 있다.

【평가대상 외】

※②의 수질에 대해서는 대상구역 외의 수역에 대해서 관리해야 할 대상 시설이 분명하게 존재하지 않는 경우는 평가대상 외로 한다.

※③의 소음・진동・악취에 대해서는 대상구역에 그러한 원인 요소가 분명하게 존재하지 않는 경우는 평가대상 외로 한다.

※④의 풍해에 대해서는 기준 용적률 150% 이하의 지구의 경우는 평가대상 외로 한다.

※⑤의 생물 환경에 대해서는 다음 두 가지 방법의 적용 사항이 있다.

1) 해당 대상 지구의 개발 이전에 희소 생물이 확인되어 보호, 이식 등의 보전 대책이 실시된 경우 : 그것들의 생육 상황 파악
2) 해당 개발 시에 계획적으로 조성한 식재나 창생한 비오톱의 경우 : 생육의 정도 파악과 적절한 유지 관리 대상구역의 상황상, 명백히 이것들에 해당하지 않는 경우는 평가대상 외로 한다.

□ 해 설

- 외부 환경과 관련된 각종 모니터링은 공해대책을 중심으로 공적인 기상・환경 관측 기관이나 지방 자치체 등에 의해 행해지거나 환경 영향 조사의 사후조사 등으로 행해지는 일은 있지만 개별 정비 프로젝트 레벨에서 계속적으로 실시하는 시도는 아직 많지 않다.
- 여기서는 모니터링의 대상이 될 수 있는 환경 요소마다 해당 평가대상 프로젝트의 시도 유무・정도에 의해 평가하는 것으로 하였다.
- 모니터링의 목적은 개발 정비와 그 후의 운용에 의한 주변 환경의 영향을 파악하여, 대상 지구 전체의 적절한 유지 관리에 이바지하는 것과 동시에, 관리 기준을 넘었을 경우에 신속하게 적절한 시정・보전 대책을 실시하는 것에 있다.

PART Ⅲ. CASBEE의 전체상

1. 지속가능성 추진을 위한 방안

대량의 자원·에너지를 소비·폐기하고 있는 건축 분야에 있어, 지속가능성을 추진하기 위한 구체적인 기술 수단, 정책 수단의 개발과 보급은 매우 시급하다. 지속가능한 건축을 추진하는 수단으로서 환경건축 교육, 정보 발신, 법률 등에 의한 규제 등을 생각할 수 있으나, 가장 실용적인 수법은 평가시스템에 근거하는 시장 메커니즘의 도입이라고 말하고 있다. 실제로, 1980년대 후반부터 지속가능한 건축 추진의 움직임이 급속히 퍼지는 가운데, BREEAM(Building Research Establishment Environmental Method*1)), LEED^{TM}(Leadership in Energy and Environment Design*2)), GB Tool(Green Building Tool*3)) 등 많은 건축물의 환경성능평가 수법이 널리 세계적인 관심을 모으게 되었다. 그리고 평가 실시 및 결과에 대한 공표는 이제 건물의 발주자나 건축주, 설계자, 사용자에게 우수한 지속가능한 건축을 개발하고 보급하기 위한 인센티브로서 가장 좋은 방법의 하나로 평가되고 있다.

CASBEE는 아래 내용을 기본방침으로 개발하였다.

① 보다 우수한 환경디자인을 높게 평가하여 설계자 등에게 인센티브를 향상시킬 수 있도록 구성한다.

② 가능한 한 간단한 평가시스템으로 한다.

③ 폭넓은 용도의 건물에 적용 가능한 시스템으로 한다.

④ 일본·아시아 지역 특유의 문제를 고려한 시스템으로 한다.

2. CASBEE의 구조 : CASBEE 패밀리

2.1 건축물의 라이프사이클과 4가지 기본 툴

CASBEE는 그림 Ⅲ.1.1과 같이 예비 디자인으로 시작하여, 디자인, 포스트 디자인으로 이어지는 건축 디자인 프로세스의 흐름*4)에 따라 개발되었다.

CASBEE는 건축물의 라이프사이클에 대응하여 CASBEE-기획, CASBEE-신축, CASBEE-기존, CASBEE-개수의 4개의 평가 툴로 구성되어 디자인 프로세스 각 단계에 활용된다(그림 Ⅲ.1.2). 이 4가지 기본 툴과 다음 절에 제시한 개별 목적 확장을 위한 툴을 총칭하여 'CASBEE 패밀리'라 부른다. 각 툴에는 각각의 목적과 대상사용자가 설정되어 있어 평가대상으로 하는 다양한 건물의 용도(사무소, 학교, 집합주택 등)에 대응할 수 있도록 설계되어 있다.

*1) 영국 건축연구소(1990)
*2) US그린빌딩 협회(1997)
*3) 그린빌딩 챌린지, 캐나다 천연자원청(1998)
*4) 일본건축학회 지구환경위원회 Sustainable·Building소위원회 「Sustainable·Building에 관한 국내외의 동향조사와 제언」(2001)

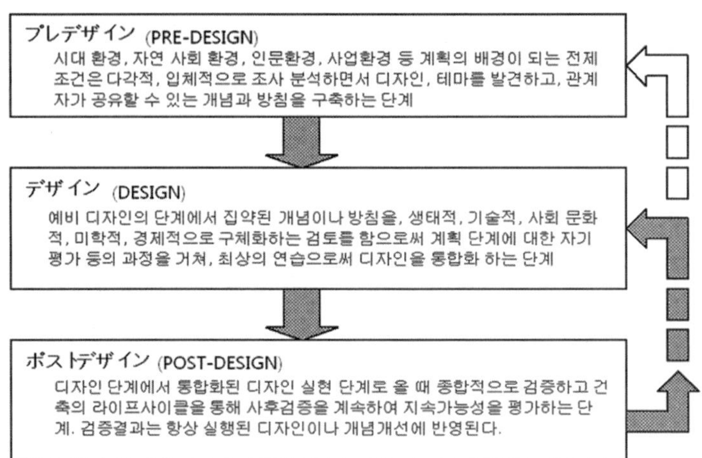

그림 Ⅲ.1.1 건축물의 순환적 디자인 프로세스

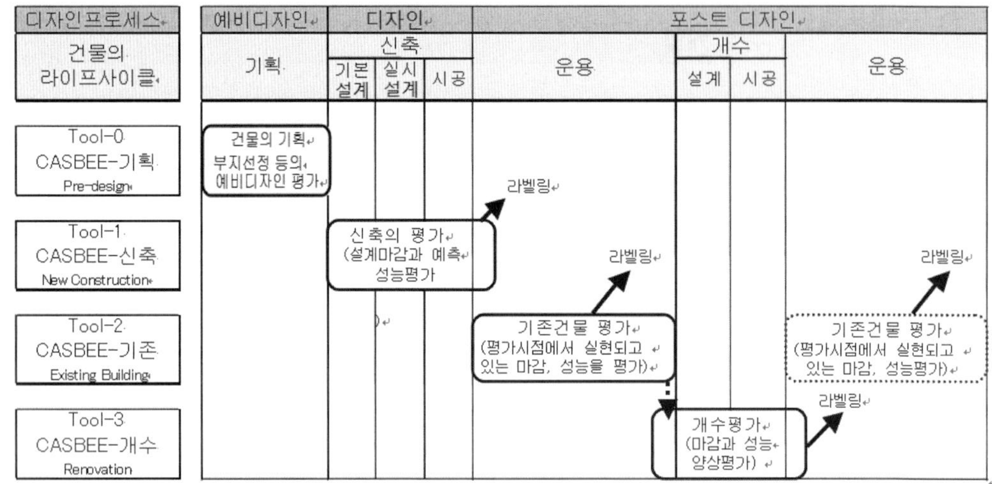

4개의 기본 툴의 명칭과 표기

명칭 (한글)	명칭 (영문)	영문약칭	기호
CASBEE-기획	CASBEE for Pre-design	CASBEE-PD	Tool-0
CASBEE-신축	CASBEE for New Construction	CASBEE-NC	Tool-1
CASBEE-기존	CASBEE for Existing Building	CASBEE-EB	Tool-2
CASBEE-개수	CASBEE for Renovation	CASBEE-RN	Tool-3

그림 Ⅲ.1.2 건축물의 라이프사이클과 CASBEE의 4가지 기본 툴

CASBEE-기획

프로젝트 기획(프리 디자인) 시에 오너나 플래너를 지원하는 것을 목적으로 한다. 크게는 아래의 2가지 역할을 가진 툴이다.

1) 프로젝트의 기본적인 환경 영향 등을 파악하여 적절한 부지 선정을 지원한다.
2) 기획 단계의 프로젝트 환경 성능을 평가한다.

CASBEE-신축

설계자나 엔지니어가, 설계 기간 중에 평가대상 건축물의 BEE값 등을 향상시키기 위한 자기평가 체크 툴이며, 설계 사양과 예측 성능에 근거하여 평가를 실시한다. 전문가에 의한 제3자 평가를 실시하면 라베링 툴로서도 활용된다.

CASBEE-기존

기존 재고 건축을 대상으로 하는 평가 툴로, 준공 후 약 1년 이상의 운용 실적에 근거하여 평가한다. 지산평가에도 활용할 수 있도록 개발되었다.

CASBEE-개수

'CASBEE-기존'과 동일하게 기존 재고를 대상으로, 향후 중요성이 더해지는 ESCO 사업이나 재고 개수의 이용도 관점에 넣고 있어, 건물의 운용 모니터링, 커미셔닝이나 개수 설계 제안 등에 활용할 수 있는 툴이다.

2.2 개별 목적의 CASBEE 활용

CASBEE의 기본 툴군을 발전시켜 다양한 개별 목적에도 대응이 가능하다.

(1) 단기 사용 건축물의 적용

가설 건축물처럼 단기간의 사용을 위해 건설되는 건물의 평가를 실시하는 툴로서 'CASBEE 단기 사용(전시 시설)'이 개발되었다. 이것은 'CASBEE-신축'의 확장판으로서 현재는 전시 시설에 한정된 툴이 완성되었다.

(2) 간이 평가

'CASBEE-신축'의 평가를 위해서는 채점에 필요한 근거 자료 작성 시간을 포함하여 3~7일 정도가 필요하다. 'CASBEE-신축(간이판)'은 이래의 목직을 위해 개발된 툴이다. 2시간 정도(저에너지 계획서의 작성 시간 제외)로 예비적인 간이 평가가 가능해지고 있다.

① 환경 성능 수준의 간이 설정(건축주 · 설계자 · 시공자 등의 합의 형성 툴 등)
② 환경 설계 목표의 설정과 달성도 평가(ISO14001에 있어서의 안건 관리 툴 등)
③ 관청 등 신고서류의 작성(건축 행정에서의 환경 대책)

(3) 지역 특성의 배려

'CASBEE-신축(간이판)'은 앞서 설명한 바와 같이 지방자치단체에서의 건축 행정에도 이용할 수 있다. 활용하는 지자체에서는 기상 조건이나 중점 시책 등 각 지역의 사정에 맞추어 가중 계수 등의 변경을 사용할 수가 있다. 각 지자체에서는 저에너지 계획서와 동일하게 건축 확인 신청 시에 행정 신고를 의무화 함으로써 그 지역에 건설되는 건축물의 환경성능 향상에 이비지한다. 일례로서 나고야시 건축물 환경 배려 제도에 의한 'CASBEE 나고야'가 2004년 4월부터 실시되었다. 또한 지역 특성에 대한 Flexibility는 CASBEE 패밀리에 공통적으로 적용된다.

(4) 열섬(heat island) 영향으로의 상세 평가

도쿄나 오사카 등 대도시권에서는 열섬현상에 관한 문제가 심각해지고 있다. CASBEE-HI는 건축물

에서의 열섬현상 완화에 대한 시도를 평가하는 툴로 개발되었다. 이것은 기본 툴에 포함된 열섬현상에 관한 평가항목을 보다 상세하고 정량적으로 평가하는 역할을 가진다.

(5) 지구 규모로의 확장

CASBEE의 기본 툴은 단체 건축물을 평가대상으로 하고 있지만, 건축물군이 되었을 때의 환경 성능을 평가하는 것도 중요하다. 최근 도심 재개발에 많이 볼 수 있듯이 주변 구역을 하나로서 계획을 실시하는 경우, 예를 들어 지구 전체에 면적 에너지 이용을 추진함으로써 주변 환경에 대한 플러스 효과인 환경품질(Q)의 향상이 기대된다. 만약 동마다 건축주가 달라도 구역 내의 건물에 대해서 공통의 제약을 부과함으로 인하여 지구 전체의 환경 성능 향상에 임할 수 있다. 이러한 '도시재생'을 통한 시도나 복수 건물을 포함한 지구 일대에서의 시도 평가도 넣어 'CASBEE-마을 만들기'를 개발하였다.

(6) 단독주택

CASBEE의 기본 툴의 평가대상으로 집합주택은 포함되어 있지만 단독주택은 포함되지 않는다. 단독주택을 평가하기 위한 평가 툴로서 'CASBEE-주거(단독)'를 개발하였다.

표 Ⅲ.1.1 CASBEE의 확장 툴 (2007. 09 현재)

용 도	명 칭	개 요
단기 사용 건축물	CASBEE-단기 사용*1)	현재는 전시 시설에 대응
간이 예비 체크	CASBEE-신축(간이판)*2)	CASBEE-신축의 간이판
개별 지역 적용	-	신축(간이판)을 지역성에 맞추어 변경
열섬 현상 완화 대책 평가	CASBEE-HI*3)	CASBEE 열섬현상 평가의 상세판
건축군(지구규모)의 평가	CASBEE-마을 만들기*4)	지구 규모의 주로 외부 공간의 CASBEE 평가
단독주택 평가	CASBEE-주거(단독)*5)	단독주택에서의 CASBEE 평가

*1) CASBEE for Temporaly Construction
*2) CASBEE for New Construction (Brief version)
*3) CASBEE for Heat Island Relaxation
*4) CASBEE for Urban Development
*5) CASBEE for Home (Detached Houses)

3. CASBEE 개발 배경

3.1 환경성능평가의 역사적 전망

(1) 제1 단계의 환경성능평가

일본에서 가장 초기부터 행해져 온 건축물의 환경성능평가는 주로 건축물의 실내 환경성능 평가수법으로, 즉 기본적으로 건물 사용자에 대한 생활 쾌적성 및 편익의 향상을 목표로 한다. 이것을 건축물의 환경성능평가의 제1 단계라고 할 수 있다. 이 단계에서는 지역 환경, 지구 환경을 개방계로 간주하는 것이 일반적이고, 외부에게 미치는 환경부하에 관한 배려는 미흡하였다. 이런 의미에서 환경평가의 전제가 되는 이념은 오히려 명확하였다.

(2) 제2 단계의 환경성능평가

1960년대에는 토쿄 등의 도시에서 대기오염이나 빌딩 바람 등에 대한 일반 시민의 관심이 높아져, 이에 대한 대응으로 환경영향평가가 사회에 정착하였다. 이때 처음으로 환경성능 평가 안에 환경부하의 시점이 도입되었다. 이것을 건축물의 환경성능평가의 제2단계라고 말할 수가 있다. 여기에서는 빌딩 바람, 일조 저해 등 건물 주변에 대한 마이너스 측면(이른바 도시공해)만이 환경 영향(환경부하)으로 평가되었다. 즉, 제1단계의 평가대상은 사유재 환경인데 반하여, 제2단계는 주로 공공재(혹은 비사유재)의 환경이다.

(3) 제3 단계의 환경성능평가

다음 제3단계는 1990년대 이후에 지구 환경 문제가 표면화되고 난 후의 화제가 된 건축물에 대한 환경성능평가이다. 이에 관해서는 이미 많은 연구 실적에 근거한 구체적인 수법이 제안되고 있는데 BREEAM, LEED™, GB Tool 등이 해당된다. 이러한 건축물의 환경성능평가 수법은 최근 선진국을 중심으로 급속히 보급되어 세계 각국에서 환경배려 설계나 환경 레벨링(등급설정)의 수법으로서 이용되고 있다.

이 단계에서 평가의 중요한 점은 건설 행위의 마이너스 측면, 즉 건축물이 라이프사이클을 통해서 환경에 미치는 환경부하, 즉 LCA의 측면에도 배려한 것이다. 반면 기존 건축물 환경성능 또한 제1단계와 동일하게 평가대상으로 포함되어 있다. 여기서 지적해야 할 것은 상기의 어느 평가 툴에 대해서도 제1단계와 제2단계의 성격이 다른 2개의 평가대상의 기본적인 차이가 명확하게 인식되고 있지 않다는 점이다. 즉, 개념이 다른 평가항목이 병렬로 나열됨과 동시에 평가대상의 범위(경계)도 명확하게 규정되어 있지 않다. 이 점에 대하여 제3단계의 평가수법의 가치관은 제1단계, 제2단계에 비해 평가대상의 테두리는 확장된 반면, 환경성능평가의 전제로서의 구조가 불명확하게 되었다고 생각된다.

3.2 제4 단계의 환경성능평가 : 새로운 컨셉에 의한 건축물의 종합적 환경성능평가

이상과 같은 배경에서 기존 환경성능평가의 구조를 지속가능성 관점에서 보다 명쾌한 시스템으로 재구축하는 것이 필요하다는 인식으로 개발된 것이 CASBEE이다. 원래 앞서 설명한 제3단계의 환경성능평가의 개발은 지역이나 지구의 환경 용량이 그 한계에 직면한 것으로부터 시작한 것이기 때문에 건축물의 환경성능평가에 있어 환경 용량을 결정할 수 있는 폐쇄계의 개념 제시는 빠뜨릴 수 없다. 그러므로 CASBEE에서는 그림에서 제시하듯이 건축 부지의 경계나 최고 높이에 의해 단락지어진 가상의 폐공간을 건축물의 환경평가를 실시하기 위한 폐쇄계로서 제안하였다. 이 가상 경계를 경계로 하는 부지내의 공간은 오너, 플래너를 포함한 건축 관계자에 의해 제어 가능하며, 한편 부지외의 공간은 공공적(비사유) 공간으로 거의 제어 불능인 공간이다

환경부하는 이러한 개념 하에서 '가상폐공간을 넘어 그 외부(공적 환경)에 이르는 환경 영향의 마이너스 측면'이라 정의되는 환경요인이다. 가상폐공간 내부에서의 환경의 질이나 기능의 개선에 대해서는 '건물 사용자의 생활 쾌적성의 향상'으로 정의한다. 제4단계의 환경성능 평가에서는 두 가지 요인을 취급한 상태에서 각각 명확하게 정의하고 구별해 평가한다. 이에 의하여 평가의 이념이 보다 명확하게 된다. 이 새로운 생각이 CASBEE의 구조의 기반이 되고 있다.

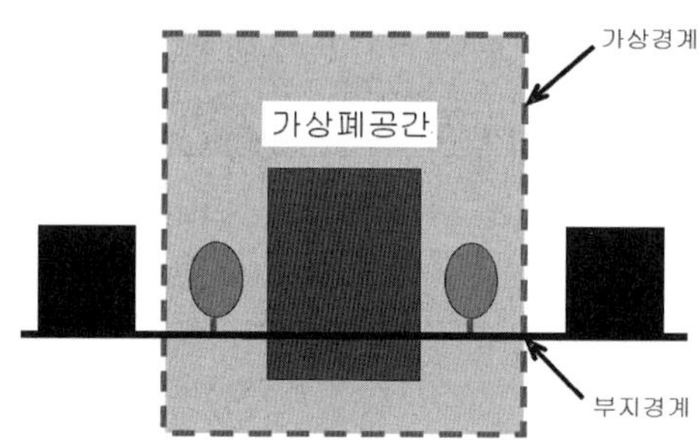

그림 Ⅲ.1.3 부지 경계에 의해 구분되는 가상

3.3 환경효율(Eco · Efficiency)에서 BEE(건물의 환경효율)

CASBEE에서는 건축 부지 내외의 2개 요인을 통합하여 평가하기 위해 Eco · fficiency(환경효율)의 개념을 도입하였다. Eco · fficiency는 통상 '단위 환경부하당 제품 · 서비스 가치'라고 정의된다.*5) 여기서 '효율'은 많은 경우, 투입량(인풋)과 배출량(아웃풋)과의 관계로 정의되므로 Eco · Efficiency의 정의를 확장하여 새로이 '(생산적 아웃풋)을 (인풋+비생산적 아웃풋)으로 제거한 것'이라는 모델을 제안할 수 있다.

그림 Ⅲ.1.4와 같이 이 새로운 환경효율의 모형으로부터 건축물의 환경효율(BEE; Building Environmental Efficiency)을 정의하여 이것을 CASBEE의 평가지표로 하였다.

그림 Ⅲ.1.4 환경효율(Eco · fficiency)의 개념에서 BEE로의 전개

4. CASBEE에 의한 평가 구조

4.1 2개의 평가 분야 : Q와 L

CASBEE에서는 부지 경계 등에 의해 정의되는 '가상 경계'에 내외부 두 공간 각각에 관계하는 2개의 요인, 즉 '가상폐공간을 넘어 그 외부(공적 환경)에 이르는 환경 영향의 마이너스 측면'과

*5) 지속가능한 발전을 위한 세계경제인 회의(WBSDC)

'가상 폐공간 내에 있어서의 건물 사용자의 생활 쾌적성 향상'을 동시에 고려하여, 건축물에서의 종합적인 환경성능평가의 구조를 제안하였다. CASBEE에서는 이 두 요인을 주요한 평가 분야 Q와 L로 정의해 각각 구별해 평가한다.

- Q(Quality) 건축물의 환경품질 :
  '가상폐공간 내에서 건물 사용자의 생활 쾌적성의 향상'을 평가한다.
- L(Load) 건축물의 환경부하 :
  '가상폐공간을 넘어 그 외부(공적 환경)에 이르는 환경영향의 마이너스 측면'을 평가한다.

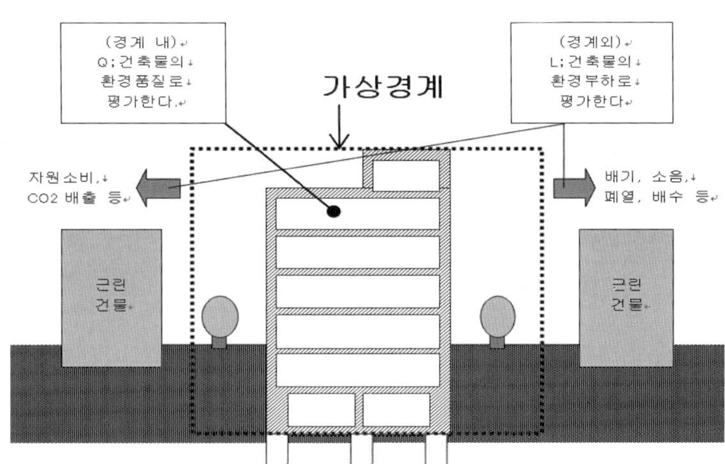

그림 Ⅲ.1.5 가상폐공간의 개념에 근거한 'Q : 건축물의 환경품질'과 'L : 건축물의 환경부하'의 평가 분야의 구분

4.2 CASBEE에서 평가대상으로 선택한 4가지 주요 분야와 그 재구성

CASBEE의 평가대상은 (1) 에너지 소비(energy efficiency), (2) 자원 순환(resource efficiency), (3) 지역 환경(outdoor environment), (4) 실내 환경(indoor environment)의 4분야이다. 이 4분야는 대체로 앞서 서술한 국내외의 기존 평가 툴과 동등한 평가대상이 되어 있지만, 반드시 같은 개념의 평가항목을 표현하는 것은 아니므로 동렬로 취급하는 것은 어렵다. 따라서, 이 4분야의 평가항목의 내용을 정리해 재구성할 필요가 생겼다.

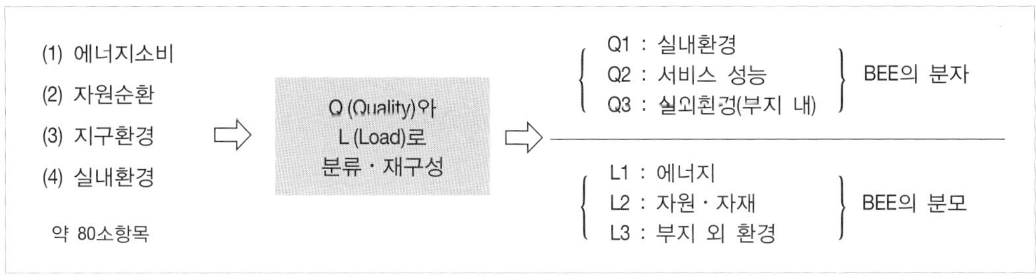

그림 Ⅲ.1.6 Q(건축물의 환경품질)와 L(건축물의 환경부하)에 의한 평가항목의

그 결과, 평가항목은 그림 Ⅲ.1.6와 같이 BEE의 분자측 Q(건축물의 환경품질)와 분모측 L(건축물의 환경부하)로 분류되었다. 그리고, Q는 Q1 : 실내 환경, Q2 : 서비스 성능, Q3 : 실외 환경(부지 내)의 3항목으로 나누어 평가하고, L은 L1 : 에너지, L2 : 자원·자재, L3 : 부지 외 환경의 3항목으로 평가한다.

4.3 환경효율(BEE)을 이용한 환경 라벨링

전항에서 정리한 것과 같이 Q와 L의 2개 평가 구분을 이용한 환경효율(BEE)은 CASBEE의 주요 개념이다. 여기서, BEE(Building Environmental Efficiency)란, Q(건축물의 환경품질)를 분자하고 L(건축물의 환경부하)을 분모로 하여 산출되는 지표이다.

$$\text{건축물의 환경효율(BEE)} = \frac{\text{Q (건축물의 환경품질)}}{\text{L (건축물의 환경부하)}}$$

BEE를 이용함으로써, 건축물의 환경성능평가의 결과를 보다 간결·명확하게 나타낼 수 있게 되었다. Q값이 가로축의 L에 대해서 세로축에 Q가 플롯될 때, 그래프상에 BEE값의 평가 결과는 원점(0,0)과 연결된 직선의 구배로 표시된다. Q값이 높고 L 값이 낮을수록 경사가 커져, 보다 지속가능한 성향의 건축물이라고 평가할 수 있다. 이 수법에서는 기울기에 따라 분할되는 영역에 근거하여 건축물의 환경평가 결과를 랭킹하는 것이 가능하게 된다. 그래프상에서는 건축물의 평가 결과를 BEE값이 증가함에 따라, C등급(떨어짐)부터 B-등급, B+등급, A등급, S등급(매우 우수함)으로 랭킹된다.

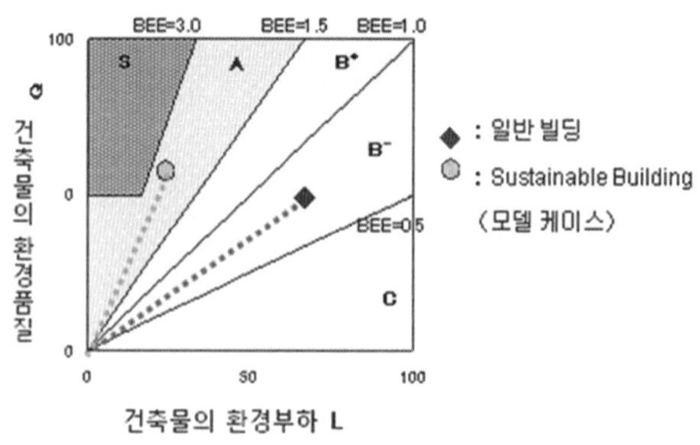

그림 Ⅲ.1.7 BEE에 근거한 환경 라벨링

5. CASBEE에 의한 평가 범위의 기본적 가치관

CASBEE는 건축물의 환경성능에 주목하여 그것을 종합적으로 평가하기 위한 툴이다. 따라서 건축물에 관련되는 모든 성능이나 질을 평가하는 것을 목적으로 하지 않는다. 특히 심미성과 비용/수익성에 관해서는 각각의 전문 분야에서 평가 체계가 이미 별도로 만들어져 있다고 생각하여 CASBEE의 평가대상에서 제외하였다.

(1) 심미성의 평가

CASBEE에서는 '건축물의 환경품질'로서 사용자의 생활 쾌적성이나 일하기 쉬운 측면에 중점을 두어 평가한다. 여기에는 건물의 배치, 형상, 외장 재료 등의 경관 배려나 지역성 배려에 관한 시도는 포함하지만, 객관적 평가가 곤란한 '건물의 아름다움' 등의 심미적 디자인 관련 평가는 취급하지 않는 것으로 하였다.

(2) 비용/수익성의 평가

사업주가 건축물의 환경성능의 향상에 얼마나 투사하는가에 대해서는 완성된 건물의 시장가치나 거기서 영위되는 사업이 가져오는 수익 등 지구 환경 문제와는 다른 판단 요소의 대부분을 차지한다. 민간, 공공을 불문하고 광범위한 건축물의 용도에 적용할 수 있는 평가 툴을 지향하는 CASBEE에 있어서는 이러한 비용대비 효과의 평가는 개별 사업환경에 따른 사업자의 판단에 맡겨야 하는 것이라고 생각하여 평가의 대상에 포함시키지 않았다.

또한 CASBEE는 폭넓은 경제성을 전제로 하여 '품질과 환경의 최상 균형'을 생각하기 위한 지표로서의 역할을 가지는 것으로, 평가항목에는 '지역에 대한 배려'와 같은 사회적 시점도 포함하고 있다.

6. CASBEE의 활용

CASBEE는 이러한 평가시스템의 하나로 개발되어 다음과 같은 다양한 활용 목적에 대응하는 것을 목표로 하고 있다.

(1) 설계자를 위한 환경 배려 설계(DfE)로의 활용

건축물의 설계를 실시할 때에 환경 성능을 체크하고, 건축주에게 환경을 배려한 설계내용을 객관적으로 명시할 수 있는 평가 툴로 한다. 또 건축주, 설계자 등이 스스로 ISO14000 등에 의한 환경 매니지먼트 행동을 평가하기 위한 간접적 목표 설정의 지표로서도 활용할 수 있게 한다.

(2) 건축물의 자산평가에 이용 가능한 환경 라벨링의 활용

건축물의 자산평가를 실시할 때 환경성능평가 도구로서 제3자 기관에 의한 라벨링 등에도 활용 가능하게 한다.

(3) ESCO 사업이나 재고 개수의 이용을 고려한 환경성능 진단 · 개수 설계로의 활용

ESCO(Energy Service Company) 사업이나 재고 개수로의 이용도 고려하여 건물의 운용 모니터링 · 시운전(commissioning), 개수 설계에 대한 제안 등에 활용하게 한다.

(4) 건축 행정에의 활용

도쿄도는 환경 확보 조례(2000년 12월 제정)에 근거하여 연면적 10000㎡을 넘는 건축물을 신축 또는 증개축 하려고 하는 모든 건축주에 대하여 건축물의 종합환경성능을 평가한 계획서(다만 CASBEE와는 다름)를 건축확인신청의 30일 이전에 제출하고, 준공 후 15일 이내에 완료계의 보고서류 등의 제출을 의무화하여 이러한 내용을 인터넷으로 공표하는 제도를 2002년 6월부터 운용하고

있다.

나고야 시는 연면적 2000m^{2}까지 적용 대상을 인하하여 환경보전 조례에 근거하여 CASBEE 나고야에 의한 건축물환경배려제도를 2004년 4월부터 운용 개시하였다.

오사카 시는 오사카 시 건축물 종합환경평가제도(CASBEE 오사카)의 지도 요강을 2004년 5월에 제정해 동년 10월부터 실시하였다. 특히 용적률의 할증 등을 실시하는 종합설계제도를 적용하는 경우에, CASBEE로 5단계 중 3단계(B$^+$등급) 이상일 것을 허가요건으로 하고 있다. 요코하마 시는 나고야시와 동일하게 환경 조례에 근거하여 5000m^2 이상을 대상으로 하여, 2005년 7월부터 실시를 시작하였다. 그 외의 지방공공단체에서도 CASBEE의 활용이 이미 실시되거나 검토되고 있다.

(5) 설계 공모 · 프로포절, PFI 사업자 선정에의 활용

이미 미국의 LEED 등은 주나 시정부가 발주하는 공공 건축물에 적용되어 민간 건축주에게도 활용되고 있는데 일본에서도 설계 공모나 프로포절의 채점이나, PFI 사업자 선정 평가, 설계 단계에 있어서의 환경성능 조건 확인 등에 활용될 날도 멀지 않았다. 건축물의 종합환경 성능표시는 건축주와 설계자, 또는 건물 소유자와 입주자들 간에 환경에 관한 성능 목표를 결정하는 경우에도 활용할 수 있다. 지자체뿐만 아니라 민간 건축주가 설계자에 대해서 종합 환경 성능 목표를 조건 제시하거나 혹은 한정된 예산 내에서 최대한의 환경 성능 발휘를 제안한 설계자의 득점을 올리는 등의 활용 방법도 생각할 수 있다.

(6) 국제적 툴로서의 활용

국제 표준화 기구 ISO에서도 TC59/SC17에 있어 건축물의 환경성능평가 수법의 국제 규격화 작업이 진행되고 있으므로 국제 규격에 적합한 평가시스템이면, 환경 라벨의 다국간 상호 인증 등의 형태로 국제적으로도 통용될 것으로 생각된다. 예를 들어, 일본에 진출하는 외자계 기업이 건물을 임대 혹은 구입하는 경우나, 일본 기업이 해외에 공장을 짓는 경우 등, ISO 규격에 적합한 평가시스템이면 해외에서도 통용이 기대된다. 중국에서는 2008년 개최되는 북경 올림픽 경기 시설의 설계 · 건설 · 운영에 적용되는 환경성능평가시스템(GOBAS : Green Olympic Building Assessment System)이 칭화대학의(清華大学) 강(江) 교수를 중심으로 하는 그룹에서 개발되어 2003년 8월에 공표되었다. 일본이 참가할 기회가 증가하고 있는 중국 · 아시아 등의 국제 공모 등에 종합 환경성능평가시스템이 활용될 날도 가까워졌다.

7. CASBEE 평가 인증제도

CASBEE의 활용은 전술한 바와 같으나 CASBEE의 평가 결과를 제3자에게 제공하는 경우에는 그 신뢰성이나 투명성의 확보가 중요해진다. 평가 인증제도는 정보 제공을 실시하는 경우 신뢰성 확보의 관점에서 설치된 제도로 CASBEE에 의한 평가 결과의 정확성을 확인함으로써, 그 적정한 운용과 보급을 도모하는 것을 목적으로 하고 있다. 평가 인증제도는 건축물을 대상으로 하는 '건축물 종합환경성능평가 인증제도'와 마을 만들기를 대상으로 하는 '마을 만들기 종합환경성능평가 인증제도'가 있다.

후 기

본 연구는 국토교통성 주택국 지원하에 (재)건축환경・에너지절약기구 내에 설치된 산관학 제휴에 의한「건축물의 종합적 환경평가 연구 위원회」(위원장 : 무라카미 슈조우 케이오기쥬꾸 대학교수)의 활동 성과의 일부이며, 이 성과가 향후에 보다 다방면에서 활용되어 지속 가능한 사회의 구축에 기여하는 것을 기대하는 바이다.

2007년 11월

〈건축물의 종합적 환경평가연구위원회 建築物の総合的環境評価研究委員会〉

委員長：村上周三(慶應義塾大学)、幹事：伊香賀俊治(慶應義塾大学)、副幹事：林立也(日建設計総合研究所)、委員：浅見泰司(東京大学)、石野久彌(首都大学東京大学院)、石福昭(建築設備綜合協会)、岩村和夫(武蔵工業大学)、岡建雄(宇都宮大学)、小玉祐一郎(神戸芸術工科大学)、坂本雄三(東京大学大学院)、清家剛(東京大学大学院)、野城智也(東京大学)、山下英和、安藤恒治、板橋薫、尾薗明彦(以上、国土交通省)、松本浩(国土交通省国土技術政策総合研究所)、坊垣和明、大澤元毅(以上、建築研究所)、佐藤文昭(都市再生機構)、山本明、佐々木康乘(以上、東京都)、濱田大洋(大阪府)、石田建一(積水ハウス)、市川卓也(山下設計)、市川徹(東京ガス)、伊東民雄(高砂熱学工業)、魚住正志(長谷工コーポレーション技術研究所)、勝瀬進(大阪ガス)、喜多村義興(大林組)、木村宗光(大和ハウス工業)、栗原潤一(ミサワホーム総合研究所)、坂部芳平(三井ホーム)、佐藤正章(鹿島建設)、鈴木道哉(清水建設)、高井啓明(竹中工務店)、高瀬知章(三菱地所設計)、立原敦(大成建設)、田中康夫(住友林業)、田村富士雄(久米設計)、中川浩(パナホーム)、濱根潤也(関西電力)、福島朝彦(日本環境技研)、林哲也(積水化学工業)、三浦寿幸(戸田建設)、村西良司(中部電力)、矢崎暁(旭化成ホームズ)、柳井崇(日本設計)、柳原隆司(東京電力)、協力委員：石井秀明、佐藤誠(以上、国土交通省)、事務局：遠藤純子(日建設計総合研究所)、稗田祐史、由本達雄、諏佐庄平、生稲清久、吉澤伸記(以上、建築環境・省エネルギー機構)

〈CASBEE 연구개발위원회 CASBEE研究開発委員会〉

委員長：村上周三(慶應義塾大学)、幹事：伊香賀俊治(慶應義塾大学)、副幹事：林立也(日建設計総合研究所)、委員：山下英和、安藤恒治(以上、国土交通省)、岩村和夫(武蔵工業大学)、岡建雄(宇都宮大学)、坂本雄三、清家剛(以上、東京大学大学院)、半澤久(北海道工業大学)、野城智也(東京大学)、持田灯(東北大学大学院)、坊垣和明(建築研究所)、佐藤正章(鹿島建設)、高井啓明(竹中工務店)、山口信逸(清水建設)、専門委員：秋元孝之(芝浦工業大学)、大黒雅之、小柳秀光(以上、大成建設)、三井所清史(岩村アトリエ)、柳井崇(日本設計)、協力委員：石井秀明、佐藤誠、有沢洋平(以上、国土交通省)、事務局：遠藤純子(日建設計総合研究所)、稗田祐史、由本達雄、諏佐庄平、吉澤伸記(以上、建築環境・省エネルギー機構)

〈주거(단독주택) 검토 소위원회 すまい(戸建)検討小委員会〉

委員長：村上周三(慶應義塾大学)、幹事：清家剛(東京大学大学院)、副幹事：近田智也(積水ハウス)、委員：山下英和(国土交通省)、岩村和夫(武蔵工業大学)、秋元孝之(芝浦工業大学)、伊香賀俊治(慶應義塾大学)、中島史郎(建築研究所)、山口信逸(清水建設)、青木宏之(全国中小建築工事業団体連合会)、笹田己由(全国建設労働組合総連合)、瀬野和広(設計アトリエ)、南雄三(南雄

三事務所)、協力委員：石井秀明(国土交通省)、事務局：稗田祐史、由本達雄、牛坂泰則(以上、建築環境・省エネルギー機構)

〈주거(단독주택) 자원이용 검토 WG すまい(戸建) 資源利用検討WG〉

主査：清家剛(東京大学大学院)、幹事：山中裕二(大和ハウス工業)、委員：黒岩保彦(旭化成ホームズ)、田中康夫(住友林業)、近田智也(積水ハウス)、中島史郎(建築研究所)、林哲也(積水化学工業)、専門委員：三井所清史(岩村アトリエ)、中村美和子(武蔵工業大学)、事務局：由本達雄、牛坂泰則(以上、建築環境・省エネルギー機構)

〈주거(단독주택) 환경・에너지 검토 WG すまい(戸建) 環境・エネルギー検討WG〉

主査：秋元孝之(芝浦工業大学)、幹事：近田智也(積水ハウス)、委員：伊香賀俊治(慶應義塾大学)、栗原潤一(ミサワホーム総合研究所)、松岡統(三井ホーム)、中川浩(パナホーム)、林哲也(積水化学工業)、松田克己(旭化成ホームズ)、山本洋史(東京ガス)、渡辺直樹(東京電力)、協力委員：加来純子(サーラ住宅)、専門委員：三井所清史(岩村アトリエ)、中村美和子(武蔵工業大学)、事務局：由本達雄、牛坂泰則(以上、建築環境・省エネルギー機構)

〈주거(단독주택) 범위 검토 WG すまい(戸建) 枠組検討WG〉

主査：岩村和夫(武蔵工業大学)、幹事：三井所清史(岩村アトリエ)、委員：栗原潤一(ミサワホーム総合研究所)、塩将一(積水化学工業)、田中康夫(住友林業)、南雄三(南雄三事務所)、矢崎暁(旭化成ホームズ)、専門委員：中村美和子(武蔵工業大学)、事務局：由本達雄、牛坂泰則(以上、建築環境・省エネルギー機構)

〈주거(단독주택) 사례연구 WG すまい(戸建) ケーススタディWG〉

主査：伊香賀俊治(慶應義塾大学)、幹事：林哲也(積水化学工業)、委員：秋元孝之(芝浦工業大学)、清家剛(東京大学大学院)、笹田己由(全国建設労働組合総連合)、瀬野和広(設計アトリエ)、南雄三(南雄三事務所)、中村美和子(武蔵工業大学)、小名秋人(大成建設)、川津直樹(ミサワホーム)、木戸一成(積水ハウス)、草刈和俊(東京電力)、永田敬博(東京ガス)、田中康夫(住友林業)、近田智也(積水ハウス)、松枝伸明(パナホーム)、三井所清史(岩村アトリエ)、矢崎暁(旭化成ホームズ)、山中裕二(大和ハウス工業)、協力委員：岩前篤(近畿大学)、白石靖幸(北九州市立大学)、伊東真吾(京都府地球温暖化防止活動推進センター)、落合俊也(杉坂建築事務所)、菅原良和(全国建設労働組合総連合)、鈴木秀年(トヨタ自動車)、相馬秀二(下川町ふるさと開発振興公社)、谷口教仁(こもだ建総)、東條一己(岩村アトリエ)、當山雅道(旭化成設計)、中村正吾(オーエムソーラー協会)、長谷川敦志(エス・バイ・エル)、松原俊二(細田工務店)、事務局：由本達雄、牛坂泰則(以上、建築環境・省エネルギー機構)

〈에너지 검토 소위원회 エネルギー検討小委員会〉

小委員長：坂本雄三(東京大学大学院)、幹事：柳井崇(日本設計)、委員：佐藤誠(国土交通省)、石野久彌(首都大学東京大学院)、秋津泰孝(長谷エコーポレーション技術研究所)、秋山博久(中部電力)、阿部裕司(竹中工務店)、村上正吾(大成建設)、市川徹(東京ガス)、伊東民雄(高砂熱学工業)、鈴木正知(山下設計)、鈴木道哉(清水建設)、清家久雄(大林組)、高瀬知章(三菱地所設計)、辻裕伸(関西電力)、中村導彦(久米設計)、日沖正行(鹿島建設)、船谷昭夫(大阪ガス)、柳原隆司

(東京電力)、協力委員：有沢洋平(国土交通省)、事務局：諏佐庄平、生稲清久、吉澤伸記(以上、建築環境・省エネルギー機構)

〈실내환경 검토 소위원회 室内環境検討小委員会〉

委員長：坊垣和明(建築研究所)、幹事：大黒雅之(大成建設)、委員：浦口恭直、佐藤誠(以上、国土交通省)、半澤久(北海道工業大学)、三木保弘(国土交通省国土技術政策総合研究所)、大塚俊裕(清水建設)、小島博(ジョンソンディバーシー)、菅健太郎(久米設計)、三浦寿幸(戸田建設)、山本正顕(長谷工コーポレーション技術研究所)、協力委員：有沢洋平(国土交通省)、事務局：諏佐庄平、生稲清久、吉澤伸記(以上、建築環境・省エネルギー機構)

〈지역환경 검토 소위원회 地域環境検討小委員会〉

委員長：岩村和夫(武蔵工業大学)、幹事：三井所清史(岩村アトリエ)、委員：石井秀明(国土交通省)、伊藤元晴(日本設計)、菊地裕明(都市再生機構)、佐藤誠(国土交通省)、人見修(大成建設)、福島朝彦(日本環境技研)、増田哲男(久米設計)、三浦寿幸(戸田建設)、山下広記(地球工作所)、吉﨑真司(武蔵工業大学)、協力委員：有沢洋平(国土交通省)、事務局：諏佐庄平、生稲清久、吉澤伸記(以上、建築環境・省エネルギー機構)

〈자원순환 검토 소위원회 資源循環検討小委員会〉

委員長：野城智也(東京大学)、幹事：森川泰成、小柳秀光(以上、大成建設)、委員：佐藤誠(国土交通省)、澤地孝男(国土交通省国土技術政策総合研究所)、中島史郎(建築研究所)、市川卓也(山下設計)、兼光知巳(清水建設)、黒田渉(日本設計)、小林謙介(産業技術総合研究所)、千田光(住友金属工業)、間宮尚(鹿島建設)、油谷康史(久米設計)、協力委員：有沢洋平(国土交通省)、事務局：諏佐庄平、生稲清久、吉澤伸記(以上、建築環境・省エネルギー機構)

〈개수 검토 WG 改修検討WG〉

主査：佐藤正章(鹿島建設)、委員：秋元孝之(芝浦工業大学)、伊香賀俊治(慶應義塾大学)、遠藤純子(日建設計総合研究所)、大黒雅之(大成建設)、小柳秀光(大成建設)、高井啓明(竹中工務店)、半澤久(北海道工業大学)、森川泰成(大成建設)、柳井崇(日本設計)、事務局：諏佐庄平、生稲清久、吉澤伸記(以上、建築環境・省エネルギー機構)

〈건축 사례연구 WG 建築ケーススタディWG〉

主査：半澤久(北海道工業大学)、幹事：秋元孝之(芝浦工業大学)、委員：大和田淳(鹿島建設)、加藤剣(都市再生機構)、菊池嘉之(東京電力)、小林伸和(三菱地所設計)、小池正浩(竹中工務店)、佐々木真人(日本設計)、生田目早苗(東京ガス)、林立也(日建設計総合研究所)、村上正吾(大成建設)、百瀬隆(清水建設)、事務局：諏佐庄平、生稲清久、吉澤伸記(以上、建築環境・省エネルギー機構)

〈LCA 검토 WG LCA検討WG〉

主査：伊香賀俊治(慶應義塾大学)、委員：遠藤純子(日建設計総合研究所)、小柳秀光(大成建設)、佐藤正章(鹿島建設)、高井啓明(竹中工務店)、柳井崇(日本設計)、森川泰成(大成建設)、事務局：諏佐庄平、生稲清久、吉澤伸記(以上、建築環境・省エネルギー機構)

〈HI 검토 소위원회 HI検討小委員会〉

委員長：持田灯(東北大学大学院)、幹事：松縄堅(日建設計)、委員：大岡龍三(東京大学)、谷本潤(九州大学大学院)、足永靖信(建築研究所)、森川泰成(大成建設)、柳原隆司(東京電力)、辻裕伸(関西電力)、小島弘(東京ガス)、船谷昭夫(大阪ガス)、岡辺重雄(想像都市研究所)、専門委員：大黒雅之(大成建設)、河野孝昭(建築研究所)、林立也(日建設計総合研究所)、柳井崇(日本設計)、協力委員：山下英和(国土交通省)、丹羽英治(日建設計)、事務局：諏佐庄平、生稲清久、吉澤伸記(以上、建築環境・省エネルギー機構)

〈마을 만들기 검토 소위원회 まちづくり検討小委員会〉

委員長：村上周三(慶應義塾大学)、幹事：山口信逸(清水建設)、蕪木伸一(大成建設)、
委員：山下英和(国土交通省)、浅見泰司(東京大学)、伊香賀俊治(慶應義塾大学)、岩村和夫(武蔵工業大学)、岡建雄(宇都宮大学)、加藤孝明(東京大学大学院)、佐土原聡(横浜国立大学大学院)、篠崎道彦(芝浦工業大学)、菊地裕明(都市再生機構)、室町泰徳(東京工業大学大学院)、持田灯(東北大学大学院)、松隈章(竹中工務店)、協力委員：岡本一彦(清水建設)、事務局：稗田祐史、諏佐庄平、生稲清久、吉澤伸記(以上、建築環境・省エネルギー機構)

〈마을 만들기 사례연구 WG 겸 간이판 검토 WG まちづくりケーススタディWG兼簡易版検討WG〉

主査：浅見泰司(東京大学)、幹事：山口信逸(清水建設)、委員：秋元孝之(芝浦工業大学)、今井隆滋(都市再生機構)、竹村登(日建設計総合研究所)、岡本一彦(清水建設)、加藤剣(都市再生機構)、蕪木伸一(大成建設)、菅野洋一(東京ガス)、菊池嘉之(東京電力)、白石靖幸(北九州市立大学)、松隈章(竹中工務店)、専門委員：伊香賀俊治(慶應義塾大学)、岡垣晃(日建設計総合研究所)、羽根義(清水建設)、沢田英一(清水建設)、山下剛史(大成建設)、内池智広(大成建設)、中沢崇(東京大学大学院)、事務局：諏佐庄平、生稲清久、吉澤伸記(以上、建築環境・省エネルギー機構)

〈마을 만들기 가중치 검토 WG まちづくり重付検討WG〉

主査：松隈章(竹中工務店)、委員：伊香賀俊治(慶應義塾大学)、岡本一彦(清水建設)、蕪木伸一(大成建設)、佐藤正章(鹿島建設)、山口信逸(清水建設)、中沢崇(東京大学大学院)、事務局：諏佐庄平、生稲清久、吉澤伸記(以上、建築環境・省エネルギー機構)

연구체제

CASBEE의 연구개발은 정부 지원하에 산관학 공동 프로젝트로서 시작되어, JSBC(일본 Sustainable · Building · Consortium) 및 산하의 소위원회(아래 그림 참조)가 그 주체적인 운영에 임하고 있다. 사무국은(재) 건축 환경 · 저에너지 기구 내에 설치되어 있다.

■ 역자 소개 ■
최 정 민
고려대학교 건축공학과 학사
일본 도쿄대학 도시공학과 석사 및 박사(Ph.D)
(현) 건국대학교 건축대학 주거환경전공 부교수

강 순 주
일본 오사카시립대학 주거학과 학사
일본 오사카시립대학 생활환경학과 석사 및 박사(Ph.D)
(현) 건국대학교 건축대학 주거환경전공 교수

CASBEE 마을 만들기
건축물 종합환경성능 평가시스템
평가매뉴얼(2007년판)

1판 1쇄 찍은날 2009년 10월 5일
1판 1쇄 펴낸날 2009년 10월 10일

저자 재단법인 건축환경・에너지절약기구
역자 최정민・강순주
책임편집 이지은
펴낸이 오 명
펴낸곳 **건국대학교출판부**
등록 / 제 4-3 호(1971. 6. 21)
주소 / 143-701, 서울시 광진구 화양동 1번지
전화 / (02)450-3891～3
팩스 / (02)457-7202
홈페이지 / http://press.konkuk.ac.kr
e-mail / press@konkuk.ac.kr
찍은곳 동화인쇄공사(주)

정가 25,000원(CD 1매 포함)

ISBN 978-89-7107-515-9 93540

이 도서의 국립중앙도서관 출판시도서목록(CIP)은 e-CIP 홈페이지(http://www.nl.go.kr/cip.php)에서 이용하실 수 있습니다.(CIP제어번호: CIP2009002987)